世界一わかりやすい

concrete5 導入とサイト制作の教科書

庄司早香　菱川拓郎 著
コンクリートファイブジャパン株式会社 監修

技術評論社

注意

ご購入・ご利用前に必ずお読みください

本書の内容について

●本書記載の情報は、2018年3月9日現在のものになりますので、ご利用時には変更されている場合もあります。また、ソフトウェアはバージョンアップされる場合があり、本書での説明とは機能内容や画面図などが異なってしまうこともあり得ます。本書ご購入の前に必ずソフトウェアのバージョン番号をご確認ください。

●concrete5については、執筆時の最新バージョンである8.3.2に基づいて解説しています。

●本書に記載された内容は、情報の提供のみを目的としています。本書の運用については、必ずお客様自身の責任と判断によって行ってください。これらの情報の運用の結果について、技術評論社および著者、監修者はいかなる責任も負いかねます。また、本書の内容を超えた個別のトレーニングにあたるものについても、対応できかねます。あらかじめご承知おきください。

レッスンファイルについて

●本書で使用しているレッスンファイルの利用には、別途、concrete5、レンタルサーバー（エックスサーバーなど）、テキストエディター（Coda2、SublimeTextなど）、ローカルサーバー環境（MAMPなど）、FTPクライアントソフト（FileZillaなど）が必要です。concrete5をはじめとした各ソフトウェア、レンタルサーバー、ネットワーク環境はご自分でご用意ください。

●レッスンファイルの利用は、必ずお客様自身の責任と判断によって行ってください。これらのファイルを使用した結果生じたいかなる直接的・間接的損害も、技術評論社、著者、監修者、プログラムの開発者、ファイルの制作に関わったすべての個人と企業は、一切その責任を負いかねます。

以上の注意事項をご承諾いただいた上で、本書をご利用願います。これらの注意事項をお読みいただかずに、お問い合わせいただいても、技術評論社および著者、監修者は対処しかねます。あらかじめ、ご承知おきください。

はじめに

はじめに採用したCMSはMovable Typeでした。ほどなくWordPressが主力になり、その他にも10を超える様々なCMSのカスタマイズを受託案件で手がけてきました。そんな私が2009年に出会ったCMSが、本書で取り上げる「concrete5（コンクリートファイブ）」です。

出会いは衝撃的でした。2018年の今でこそ、ドラッグ&ドロップで簡単にホームページが作れるツールも当たり前にありますが、当時マウス操作でスイスイとウェブページを作るconcrete5の動画デモは異彩を放っていました（今でもオープンソースでここまでできるCMSは珍しい）。動画を見せた営業は「これはプレゼンで勝てる!」と大喜び。そんなconcrete5の開発者は、なんと2003年からこのCMSを作り続けているらしい!先見の明に舌を巻くとともに、このCMSを覚えるぞ!と決意した瞬間でした。

しかし、当時concrete5の解説書はゼロ。何冊も本を買い、案件をこなし、ようやくWordPressのカスタマイズが分かってきたぞと思っていた当時の私。concrete5も覚えるのは大変だろうなと身構えていました。その時営業から「案件取れたぞ!」の連絡。やばい!ところが、シンプルなルールでカスタマイズできるconcrete5のおかげで、少ない日本語情報でも難なく最初の案件をこなすことができました。このCMSの虜になった瞬間でした。

ということで個人的には本がなくても大丈夫だったのですが、concrete5独自のカスタマイズのルールや、独特なドラッグ&ドロップによる操作方法に戸惑ってしまった方からの、順を追って理解できる解説書の要望の高まりは感じていました。また、進化が早いCMSのため、最新のバージョン8に対応した書籍のリクエストも多数いただきました。

本書はそのような声にお応えし、実際に最新のconcrete5の操作を体験しながら、概念やカスタマイズの仕組みについて理解し、最終的にはオリジナルデザインのサイトをconcrete5で制作できるようになるまでの実践的な知識を、15のLessonにまとめました。CMSそのものの概念やPHPの基礎的な文法もカバーしており、「concrete5が初めて出会うCMS」という方にもオススメです。

最後に、技術評論社からの本書出版へのつながりを作ってくれた、私も共著者として関わった『エンジニアのためのWordPress開発入門』主著者の野島祐慈さんに感謝を。また「プログラマではなくデザイナー目線の解説書にしたい」と白羽の矢が立ち、本書の大部分を書き上げた庄司早香氏と、編集として力強くバックアップしていただいた橘浩之氏に尊敬を込めて感謝を送りたいと思います。

本書を通して、あなたもconcrete5の虜になりますように!

著者を代表して
2018年3月
菱川 拓郎

本書の使い方

●•●● Lessonパート ●●•●

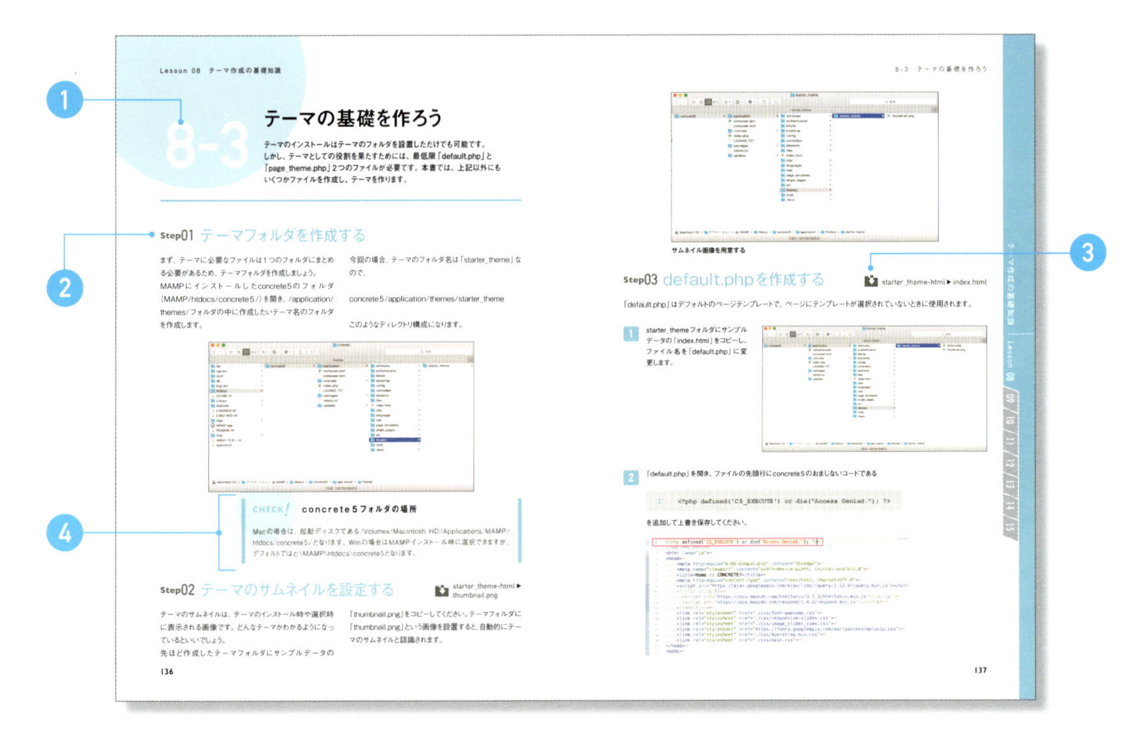

① 節

Lessonはいくつかの節に分かれています。機能紹介や解説を行うものと、操作手順を段階的にStepで区切っているものがあります。

② Step／見出し

Stepはその節の作業を細かく分けたもので、より小さな単位で学習が進められるようになっています。Stepによっては実習ファイルが用意されていますので、開いて学習を進めてください。機能解説の節は見出しだけでStep番号はありません。

③ 実習ファイル

その節またはStepで使用するサンプルデータのフォルダや実習ファイルの名前を記しています。該当のフォルダやファイルを開いて、操作を行います（フォルダやファイルの利用方法については、P.6を参照してください）。

④ コラム

解説を補うための２種類のコラムがあります。

CHECK!

Lessonの操作手順の中で注意すべきポイントを紹介しています。

COLUMN

Lessonの内容に関連して、知っておきたいテクニックや知識を紹介しています。

本書は、concrete5の導入からはじめての独自テーマ作成まで習得できる初学者のための入門書です。
ダウンロードできるレッスンファイルを使えば、実際に手を動かしながら学習が進められます。
さらにレッスン末の練習問題で学習内容を確認し、実践力を身につけることができます。
なお、本書では基本的に画面をmacOSで紹介していますが、Windowsでもお使いいただけます。

練習問題パート

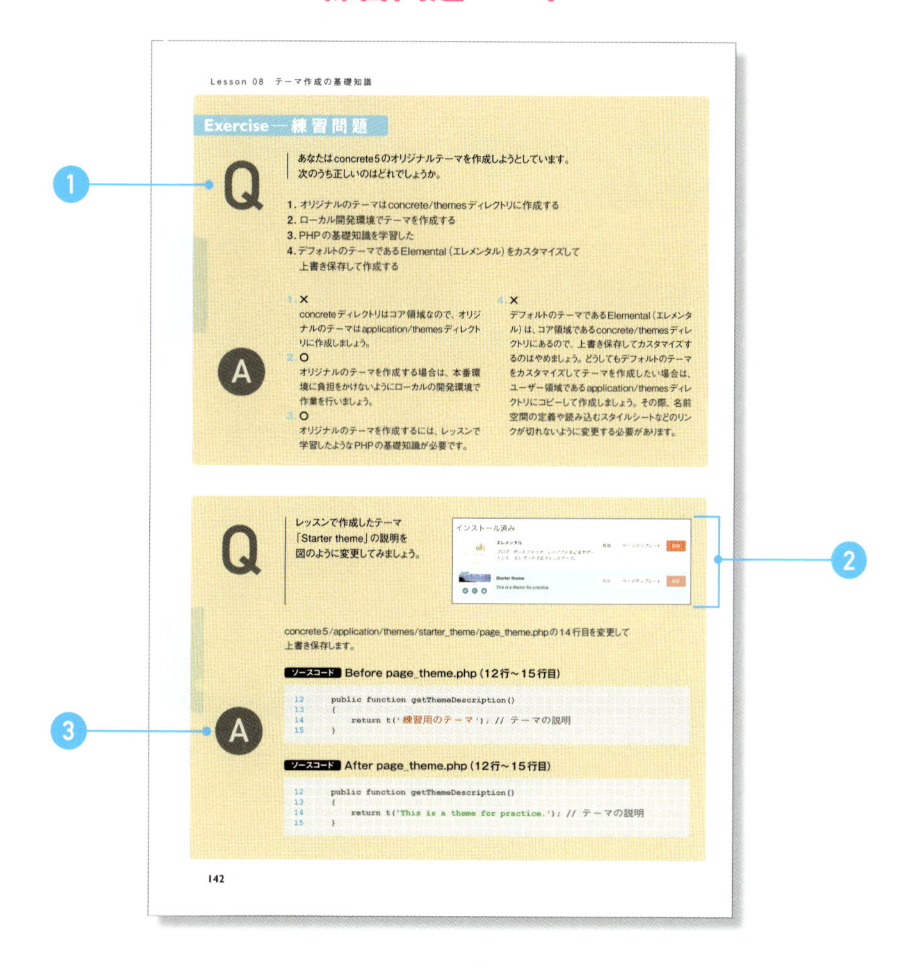
Lesson 08　テーマ作成の基礎知識

Exercise — 練習問題

Q

あなたはconcrete5のオリジナルテーマを作成しようとしています。
次のうち正しいのはどれでしょうか。

1. オリジナルのテーマはconcrete/themesディレクトリに作成する
2. ローカル開発環境でテーマを作成する
3. PHPの基礎知識を学習した
4. デフォルトのテーマであるElemental（エレメンタル）をカスタマイズして上書き保存して作成する

A

1. ×
concreteディレクトリはコア領域なので、オリジナルのテーマはapplication/themesディレクトリに作成しましょう。
2. ○
オリジナルのテーマを作成する場合は、本番環境に負担をかけないようにローカルの開発環境で作業を行いましょう。
3. ○
オリジナルのテーマを作成するには、レッスンで学習したようなPHPの基礎知識が必要です。
4. ×
デフォルトのテーマであるElemental（エレメンタル）は、コア領域であるconcrete/themesディレクトリにあるので、上書き保存してカスタマイズするのはやめましょう。どうしてもデフォルトのテーマをカスタマイズしてテーマを作成したい場合は、ユーザー領域であるapplication/themesディレクトリにコピーして作成しましょう。その際、名前空間の定義や読み込むスタイルシートなどのリンクが切れないように変更する必要があります。

Q

レッスンで作成したテーマ
「Starter theme」の説明を
図のように変更してみましょう。

A

concrete5/application/themes/starter_theme/page_theme.phpの14行目を変更して上書き保存します。

ソースコード Before page_theme.php（12行～15行目）

```
12    public function getThemeDescription()
13    {
14        return t('練習用のテーマ'); // テーマの説明
15    }
```

ソースコード After page_theme.php（12行～15行目）

```
12    public function getThemeDescription()
13    {
14        return t('This is a theme for practice.'); // テーマの説明
15    }
```

142

① Q（Question）

問題にはレッスンで学習したことの復習となる課題と、レッスンの補足としてプラスアルファの新たな知識を勉強するための設問もあります。○×問題や正しい組み合わせの選択問題など、学習内容の定着を図るための工夫をこらしています。

② 完成イメージ

実技問題では完成時点のイメージを確認できます。Lessonで学んだテクニックを復習しながら作成してみましょう。

③ A（Answer）

練習問題を解くための手順を記しています。問題を読んだだけでは手順がわからない場合は、この手順やLessonを振り返り、再度チャレンジしてみてください。

レッスンファイルのダウンロード

1 Webブラウザを起動し、下記の本書Webサイトにアクセスします。

http://gihyo.jp/book/2018/978-4-7741-9651-0

2 書籍サイトが表示されたら、写真右の［本書のサポートページ］のリンクをクリックしてください。

本書のサポートページ
サンプルファイルのダウンロードや正誤表など

3 レッスンファイルのダウンロード用ページが表示されます。下記のIDとパスワードを入力して［ダウンロード］ボタンをクリックしてください。

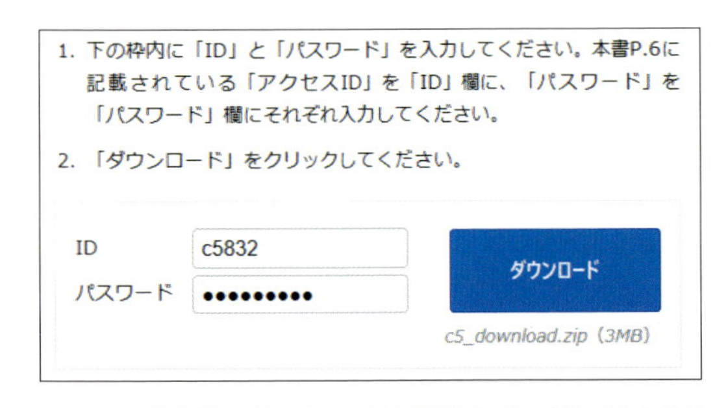

ID — c5832　　パスワード — easiestc5

4 ブラウザによって確認ダイアログが表示されますので、［保存］をクリックします。ダウンロードが開始されます。

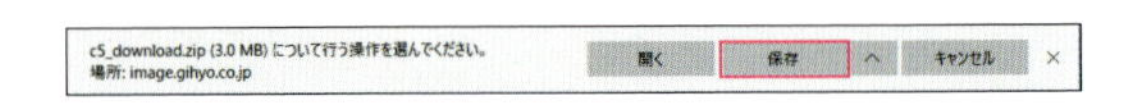

5 Macでは、ダウンロードされたファイルは、自動的に展開されて「ダウンロード」フォルダに保存されます。Windows Edgeではダウンロード後［フォルダーを開く］ボタンで、保存したフォルダが開きます。

6 Windowsでは保存されたZIPファイルを右クリックして［すべて展開］を実行すると、展開されて元のフォルダになります。

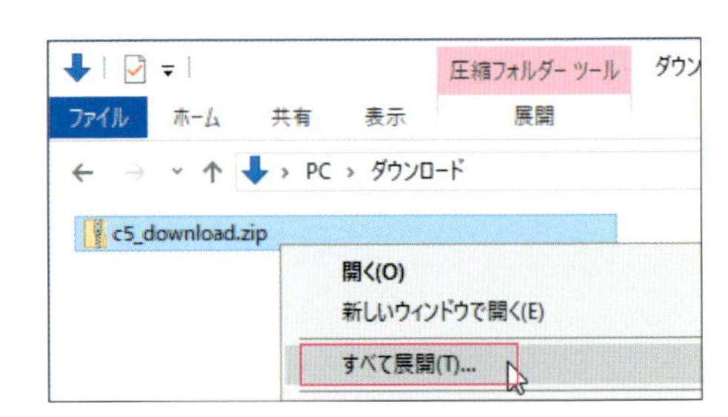

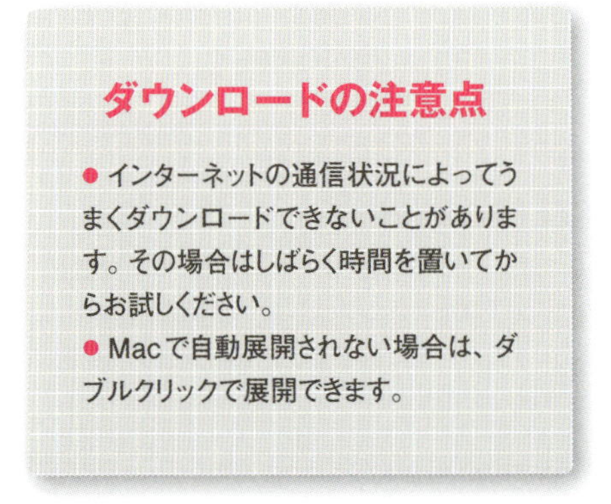

ダウンロードの注意点

● インターネットの通信状況によってうまくダウンロードできないことがあります。その場合はしばらく時間を置いてからお試しください。

● Macで自動展開されない場合は、ダブルクリックで展開できます。

**本書で使用しているレッスンファイルは、小社Webサイトの本書専用ページよりダウンロードできます。
ダウンロードの際は、記載のIDとパスワードを入力してください。
IDとパスワードは半角の小文字と数字で正確に入力してください。**

●●●● ダウンロードファイルの内容 ●●●●

ダウンロードしたzipファイルを解凍すると、c5_downloadフォルダになります。
c5_downloadフォルダには、下記の4つのフォルダが含まれています。

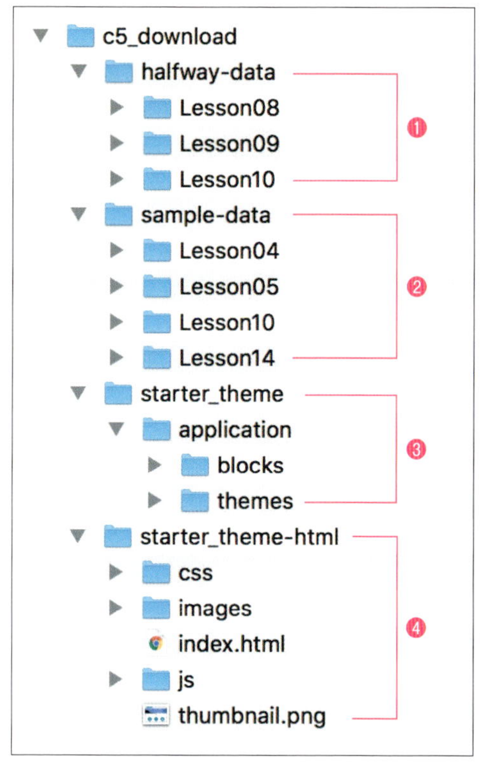

内容によって使用するファイルがないレッスンもあります。

❶ halfway-data
Lesson08～Lesson10の各レッスン終了時点のテーマとカスタムテンプレートのファイルが入っています。読者ご自身で行った編集内容の確認や次のレッスンから始めたいときに使用してください。

❷ sample-data
Lesson04・Lesson05・Lesson10・Lesson14の各レッスンで使用する画像やテキストファイルが入っています。レッスン中の指示にしたがって、コピーして使用してください。

❸ starter_theme
Lesson08～Lesson10で作成するサンプルサイト用のテーマとカスタムテンプレートの完成形が入っています。applicationフォルダ以下のそれぞれのフォルダにコピーすると完成状態で使用することができます。

❹ starter_theme-html
Lesson08～Lesson10で作成するサンプルサイトのもととなる静的サイトのHTMLとCSSなどが入っています。レッスン中の指示にしたがって、コピーして使用してください。

CONTENTS

concrete5へようこそ!

An easy-to-understand guide to concrete5

Lesson 01

concrete5へようこそ！ この本を手に取ったあなたは、ウェブサイトを構築・運営するための大きな自由を手に入れるための一歩を踏み出しました。このレッスンではconcrete5というCMSを理解するために、その特徴や構成要素といった基礎知識を学びます。

1-1 concrete5に備わる「3つの自由」

concrete5とは、オープンソースで公開されている
CMS (Contents Management System・コンテンツ管理システム) で、
世界76万サイト以上で使われている*1 人気のCMSです。

concrete5の特徴

concrete5とは

concrete5はアメリカ生まれの世界で普及しているグローバルなCMSですが、ここ日本でも人気があります。concrete5がリリースされた2008年のうちにはすでに日本語のコミュニティサイトができ、これまでに日本各地で400回以上の勉強会やイベントが開催され、解説書も出版されてきました。concrete5のユーザーの多くはデザイナーを中心としたウェブ制作のプロフェッショナルですが、個人やサークルで利用する人にも受け入れられています。日本語の公式サイトであるconcrete5-japan.orgには2,600人以上のユーザーが登録しており*2、フォーラムなどで活発に情報交換を行っています。

そんなconcrete5の特徴は「コンテンツ管理の自由」「カスタマイズの自由」「権限管理の自由」の3つの自由に集約されます。

concrete5のロゴは、DIY精神を表す手のマークがconcreteのCと5本の指で構成されています。

COLUMN

CMSとは?

Internet ExplorerやGoogle Chromeなどのウェブブラウザでアクセスできるさまざまなウェブサイト。サイト内のそれぞれのページは、HTMLというマークアップ言語で記述されており、ウェブサーバーが配信しています。すべてのページをHTMLファイルでプログラムすることでウェブサイトを管理することも可能ですが、HTMLの知識や管理の手間がかかります。多くのサイトではそれらのコストを軽減するためにCMSを導入しています。ひとことで表すならば、「ウェブサイトを更新するためのシステム」と言えるでしょう。

コンテンツ管理の自由

直感的な操作方法

concrete5は「ブロック型CMS」と呼ばれるCMSのひとつです。2カラム、3カラムなどのレイアウトを自由に組み合わせてウェブページを構成することができ、その中に「ブロック」と呼ばれるパーツを「ドラッグ&ドロップ」によって配置していく、直感的な操作方法を採用しています。
日本では「ブログ型CMS」がよく普及していますが、情報がシンプルなメディアサイトには適しているものの、情報量の多い企業のコーポレートサイトや大学のオフィシャルサイトを構築するにはコンテンツ管理機能が弱いため、「お知らせの追加はできるが、それ以外は制作会社に依頼しないと変更できない」「マニュアルがないと変更の仕方がわからない」サイトができてしまったりします。
ブロック型CMSは、さまざまなレイアウトや情報量のサイトでも「ブロックをドラッグして配置する」「ブロックをクリックすると編集したりデザイン調整できる」というシンプルなルールで扱えます。そのため、HTMLの知識のない人で

*1：concrete5.org調べ、2018年1月現在

*2：2018年1月現在

も、説明書なしで触っているうちにコンテンツの編集ができるようになりますし、サイト内のあらゆるパーツが編集可能になります。concrete5はそんなブロック型CMSの中で、オープンソースとして日本でもっとも普及しているCMSです。

ブログ型CMS

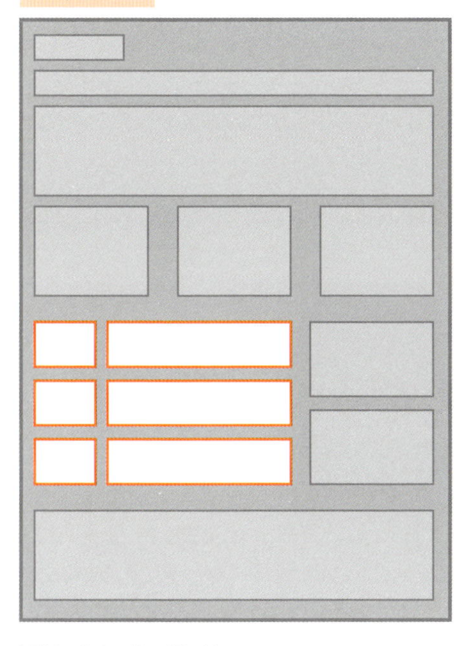

更新できるのは一部だけ…

ブロック型CMS

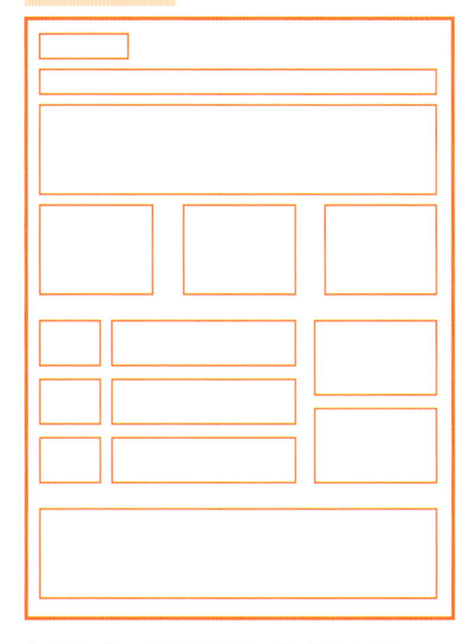

すべてのブロックを編集可能、並び替えも自在!

エンタープライズ向けのコンテンツ管理機能を標準装備

また、concrete5は簡単なだけではありません。オープンソースとして公開されるまでは企業向けに有償ライセンスで提供されていた、エンタープライズソフトウェアとしての側面も持っています。ツリー構造で大規模サイトでも管理しやすいサイトマップ、フォルダで管理できる使いやすいファイルマネージャー、多言語サイト管理機能など、企業が求める機能を標準で備えています。オープンソースのCMSと聞くと「基本機能は最低限のシンプルなもので、プラグインを使えば企業用途にカスタマイズも可能」というイメージを持っている人も多いと思いますが、標準機能の充実したconcrete5であればどのプラグインを選ぶべきかなどの余計なノウハウを覚える必要がなく、コンテンツの作成に集中することができます。

カスタマイズの自由

デザイン作業に集中できる

デザイナーにとって、concrete5はとてもとっつきやすいCMSです。画面に表示されるパーツの設定はすべてマウス操作で完結します。新着情報の表示件数を変更したい? ちょっとこのブロックだけclassを追加したい? これらはすべてマウス操作で簡単にできてしまいます。難しい条件分岐や関数によってプログラムする必要がありません。山のようなテンプレートタグを覚える必要もありません。デザイナーは本来のデザインに集中できます。

また、テンプレートをカスタマイズするルールもとてもシンプルです。concrete5本体の中から、HTMLを変更したいパーツのファイルを見つけたら、そのファイルをカスタマイズ用の領域にコピーするだけ。あとは、自由に中身を変更できます。この「オーバーライド」の発想が、プログラムを極力書きたくないデザイナーにconcrete5が受け入れられている秘密です。
さらにBootstrapやFoundationなど、レスポンシブウェブデザインの時代には必須とも言えるグリッドレイアウトフレームワークに標準対応しているのも、concrete5がデザインに強い特徴と言えるでしょう。

開発者もカスタマイズしやすい

concrete5はプログラマにとっても、最高にカスタマイズしやすいCMSです。誕生した最初のバージョンから、MVCパターンによって高度に抽象化・体系化された構造を持ち、システムのあらゆる部分を開発者が自在に拡張できるように設計されていました。concrete5は2014年に他のメジャーなCMSに先駆けて現在のPHPの進化をいち早く取り込んだバージョン7をリリースし、その後2年かけてその構造をさらに洗練させたことにより、SymfonyやLaravelなどPHP開発者が好むフレームワークの作法がそのまま使えるモダンなCMSとして生まれ変わりました。

> **COLUMN**
>
> **MVCとは?**
>
> アプリケーションを「モデル(Model)」「ビュー(View)」「コントローラー(Controller)」の3つの要素に分解するソフトウェアアーキテクチャを指す用語です。ウェブアプリケーションの開発の際に広く使われている設計方法です。

権限管理の自由

柔軟性の高い権限管理

concrete5は開発当初から、さまざまな組織で複数の編集者が協力してコンテンツを作り上げていくためのシステムとして開発されました。「寄稿者」「編集者」「管理者」のようなお仕着せの権限管理システムでは、現実の業務フローには対応できません。「上司が変更内容を確認して承認するが、編集は行えないように」「同じ階層の隣り合ったページだが、片方は教務部管轄で片方は学生課管轄」のような複雑な権限管理も難なくこなせる柔軟性が、日本企業や大学でconcrete5がよく採用される大きな理由となっています。

従来のお仕着せ型権限管理

concrete5の柔軟な権限管理

1-2 concrete5のサイト制作と運用の流れ

concrete5を使った場合のサイト制作と運用の流れを、一般的なサイト制作と比べながら紹介します。

サイト制作のフロー

一般的なサイト制作の流れの一部を簡単に表現すると、一直線の制作フローになるケースが多いでしょう。はじめにしっかりとサイト設計したうえで、すべてのデザインを用意し、コーディングを行い、CMSを構築し、コンテンツの入力を行う必要があります。

concrete5はデザイナーとライターの分業が可能なCMSですので、デザインやコーディングの完成を待たずにCMSの構築に入ったり、デザインを施していないページを作成してCMSで直接ライティングすることが可能です。concrete5のインストールだけ済ませておき、コーディングやシステム部分が完成する前に、ライターにコンテンツを作成してもらう流れも考えられます。concrete5はブロック型CMSなので、サイト全体が1つの流れに沿って作業する必要がなく、ページやコンテンツごとに作業を分担することも可能です。

また、concrete5上でレイアウト機能を使いワイヤーフレームを作成、ダミーコンテンツを入れてみるなど、実際のイメージを膨らませやすいため、クライアントにヒアリングしながらサイト設計を詰めることも可能です。

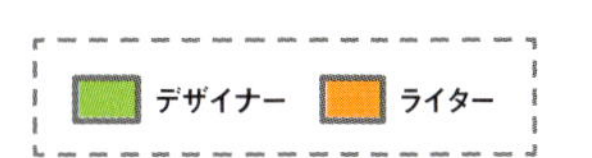

一般的なサイト制作フロー例

サイト全体 or ページごとに決まった流れで制作する

concrete5のサイト制作フロー例

ページやコンテンツごとにフローを変えることもできる

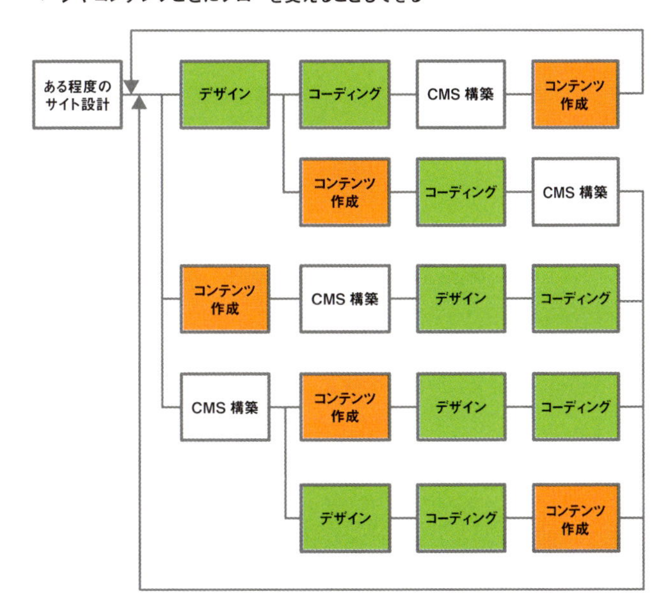

このようにconcrete5は既存の枠組みにとらわれない、さまざまな制作フローでサイトを制作することができるので、分業にぴったりのCMSと言えます。

サイト運用のフロー

次にサイト運用時のフローを見てみましょう。デザイナーとコンテンツ担当者とシステム担当者がいる場合、単純にコンテンツを追加するにもデザインを変更するにもそれぞれが順番に関わることが多いでしょう。

concrete5はブロック型CMSなのでコンテンツごとにデザインの設定や変更の反映タイミングを制御したりすることができるため、運用時にも細かな分業が可能となるわけです。

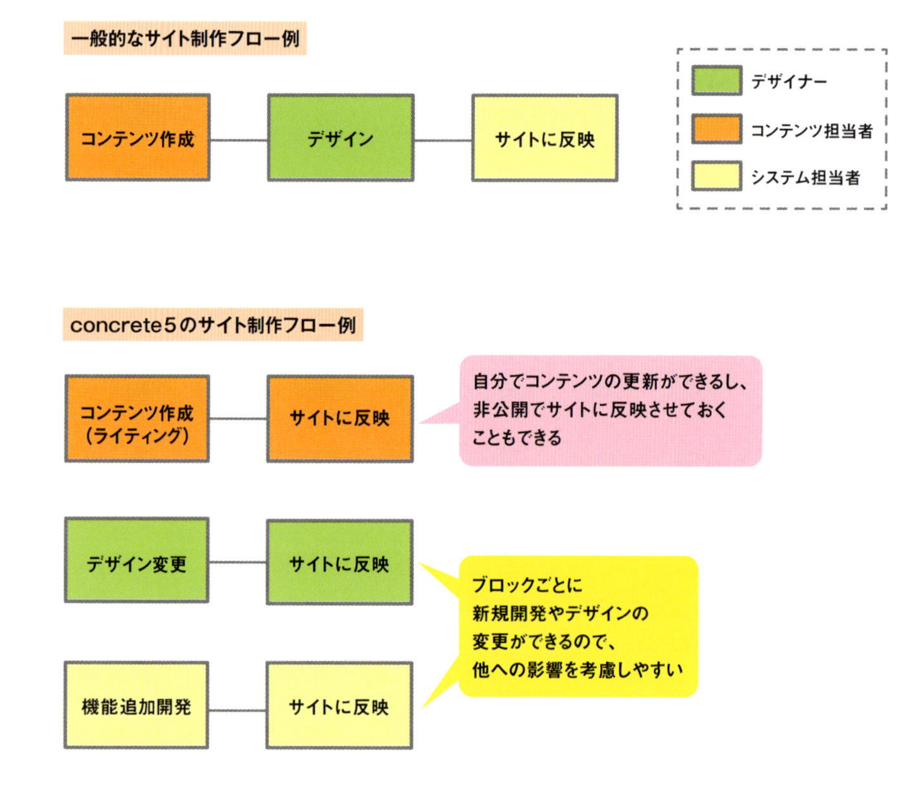

COLUMN

ライセンスについて

concrete5が採用しているのは「MITライセンス」です。MITライセンスは、数あるオープンソースライセンスの中でも特に制限の少ないライセンスとして知られています。ソフトウェアを再配布する際にライセンスを変更してはならない「コピーレフト」のオープンソースライセンスもありますが、MITライセンスはそういった制限すらもありません。もちろん、商用利用も可能です。MITライセンスはそのシンプルさから、オープンソースプロジェクトが多数ホストされているGitHubでも、もっともポピュラーなオープンソースライセンスになっています（https://github.com/blog/1964-open-source-license-usage-on-github-com）。

concrete5の作者は誰？

concrete5のライセンス表示を見ると、作者は「Concrete CMS Inc.」と記載されていますが、これはconcrete5の元になった「Concrete CMS」を開発していたアメリカの会社です。現在は「PortlandLabs Inc.」と社名を変更して、引き続きconcrete5の開発を主導しています。一企業が責任を持って開発を続けているというのもconcrete5のひとつの特徴です。もちろん、オープンソースとなったconcrete5には、これまで世界中から（もちろん、日本からも!）100人以上のプログラマが開発に貢献しています。それらのコミュニティからの貢献者も、concrete5の作者のひとりと言えるでしょう。

1-3 concrete5のサイトの仕組みと構成要素

concrete5で作られたサイトはどのように表示されるのでしょうか。また、どのような構造でできているのでしょうか。

concrete5によるページの表示

CMSを使わないページの表示

ブラウザのアドレスバーにURLをタイプしてサイトにアクセスすると、ページが表示されます。このURLは、ざっくり大きく分けると「ホスト名」と「パス」の2つの部分からできています。

example.com	/apple.html
ホスト名	パス

ホスト名は「どのウェブサーバーにアクセスするか」を表します。これは、CMSを使う場合でもCMSを使わない場合でも同じです。パスは「どのファイルを表示するか」を表します。図の場合は「apple.htmlというファイルを表示したい!」ということですので、ウェブサーバーがサーバー上に保存されているapple.htmlファイルを配信します。

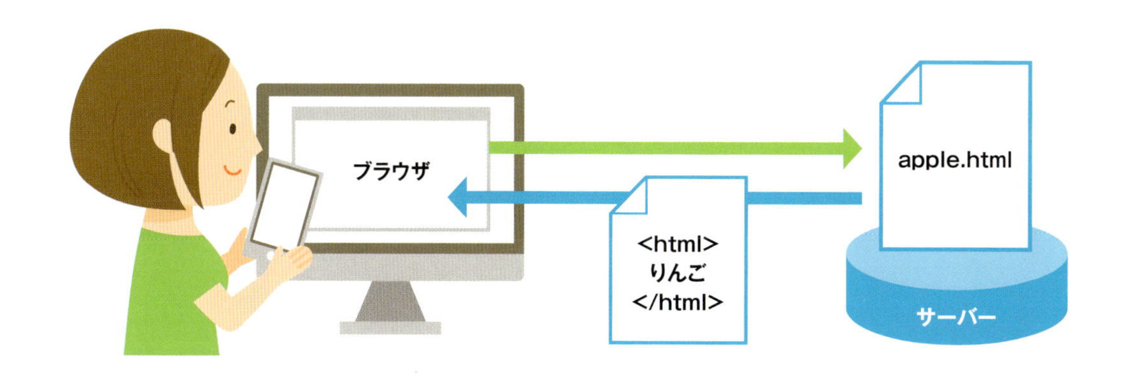

CMSを使ったページの表示

CMSを使っている場合は、少し複雑になります。まず、パスはファイル名を直接指すのではなく、「どのページを表示するか」という抽象的な情報になります。そして、CMSがパスを解釈し、どのコンテンツを配信するかを判断します。ページのコンテンツはデータベースに保存されていて、CMSがデータベースから取得します。CMSは最後に、コンテンツにテンプレートを適用して、HTMLを組み立ててブラウザに表示します。

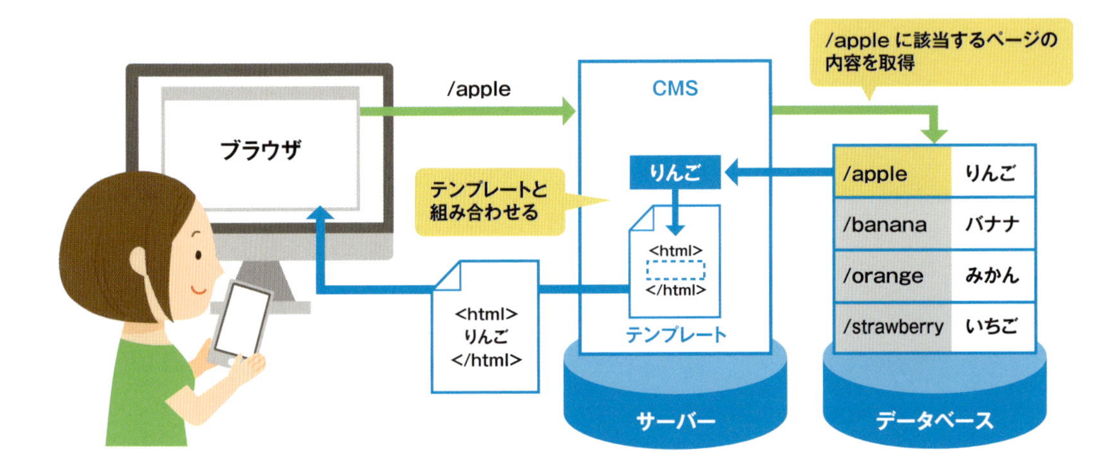

CMSを使わない場合は、あらかじめサーバーにアップロードされているHTMLファイルをそのまま配信しているのに対し、CMSを使う場合は、都度データベースから取得したコンテンツとテンプレートを組み合わせて表示します。このような仕組みのため、コンテンツとデザインを分けて管理することができるようになります。

concrete5によるコンテンツの更新

コンテンツの更新もブラウザからサーバーにアクセスし、CMSを操作して行います。コンテンツはデータベースに保存されます。

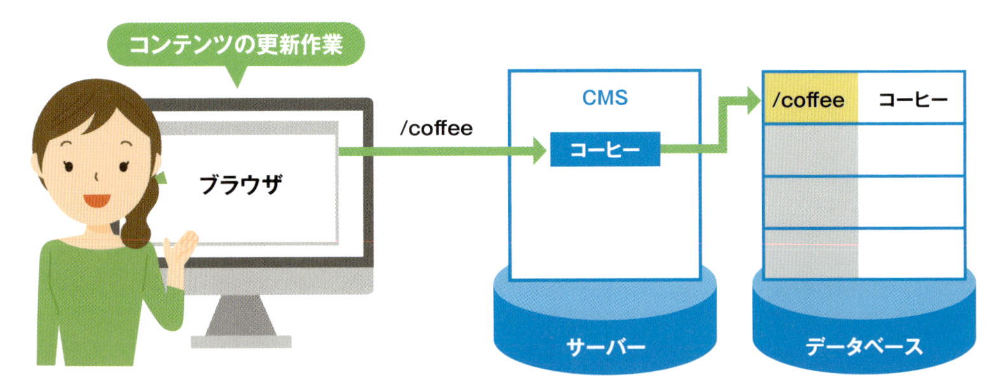

PHPとMySQL

concrete5は、「PHP」というプログラミング言語で動作します。そのため、PHPが動作するサーバーでなければconcrete5は利用できません。また、データの保存には「MySQL」データベースを使用します。どちらもオープンソースの製品です。バージョンなどの詳細な条件はLesson02（P.26）で紹介します。

COLUMN

MariaDB

世界中で広く使われているMySQLデータベースですが、所有権がオラクルデータベースで有名なオラクル社に移ったことから、開発の継続性に疑問を抱いたMySQLの開発者などが中心となって、オープンソースとしての開発を継続することを目的にMySQLから派生させたデータベース製品が「MariaDB」です。両製品には互換性があり、concrete5はMariaDBでも問題なく動作します。

concrete5のディレクトリ構造

concrete5の本体を構成するディレクトリとファイルについて説明します。

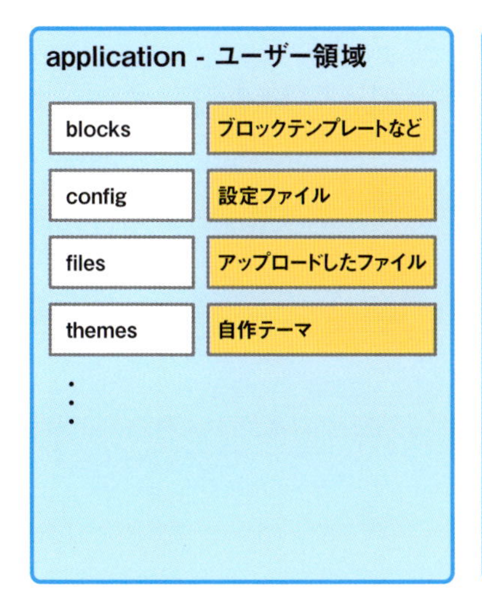

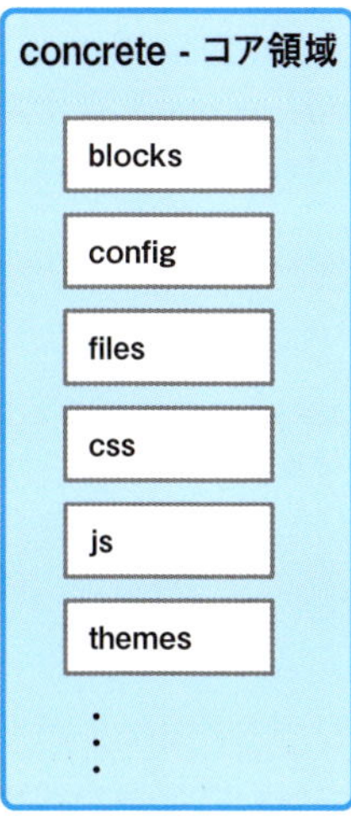

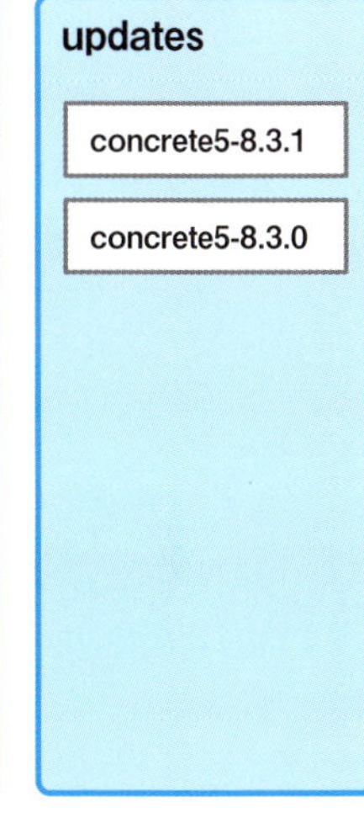

application ディレクトリ

このディレクトリは、ユーザーが変更を加えることができるカスタマイズのためのディレクトリで、「ユーザー領域」といいます。「concrete ディレクトリ」と同じような構成の空ディレクトリが含まれており、サイトを作る際に、concrete5のコアファイルを変更することなく、機能を上書きすることができます。
「config ディレクトリ」には、インストール時に設定したデータベースの情報などの設定ファイルが保存されます。「files ディレクトリ」には、concrete5からアップロードした画像などのファイルやキャッシュファイルが保存されます。

concrete ディレクトリ

concrete5本体を構成するためのコアとなるプログラムファイルが入っているディレクトリです。concrete5が行う処理がこのディレクトリに含まれており、「コア領域」と呼ばれています。サイト制作時に、このディレクトリ内のファイルを直接変更したり修正すると、アップデートができなくなってしまうため、カスタマイズの際は「application ディレクトリ」と間違えないように注意してください。

packages ディレクトリ

テーマやアドオンなど拡張機能のパッケージファイルが置かれます。Lesson06でマーケットプレイスからダウンロードしたテーマやアドオンは、ここに納められます。

updates ディレクトリ

concrete5のバージョンアップデートに使用されます。Lesson14の「concrete5をアップデートしよう」(P.263)でアップデートに必要なファイルを格納します。

concrete5の三大要素

concrete5は大きく分けて「ページ」「ファイル」「ユーザー」の3つの要素でコンテンツを管理しています。
「ページ」は、サイトマップをツリー構造で確認して管理することができます。「ファイル」はファイルマネージャーでカテゴリー分けして管理できます。「ユーザー」はグループ分けができ、グループもツリー構造で管理できます。

また、concrete5には「属性」という機能があり、「ページ」「ファイル」「ユーザー」などに対して独自の情報を保存できます。入力項目はテキスト、日付、画像、URLなどの属性タイプから選んで設定することができます。たとえば、ページにサムネイルの属性を設定しておくことで、他のページから呼び出すことができるようになります。

1-4 concrete5の情報を入手しよう

concrete5には本書では網羅しきれないほどのたくさんの機能があり、
日々新しいバージョンが開発・リリースされています。
また、時にはテンプレート制作や操作方法に行き詰まることもあるでしょう。
そのようなときの助けになるヒントをまとめました。

公式サイト　http://www.concrete5.org

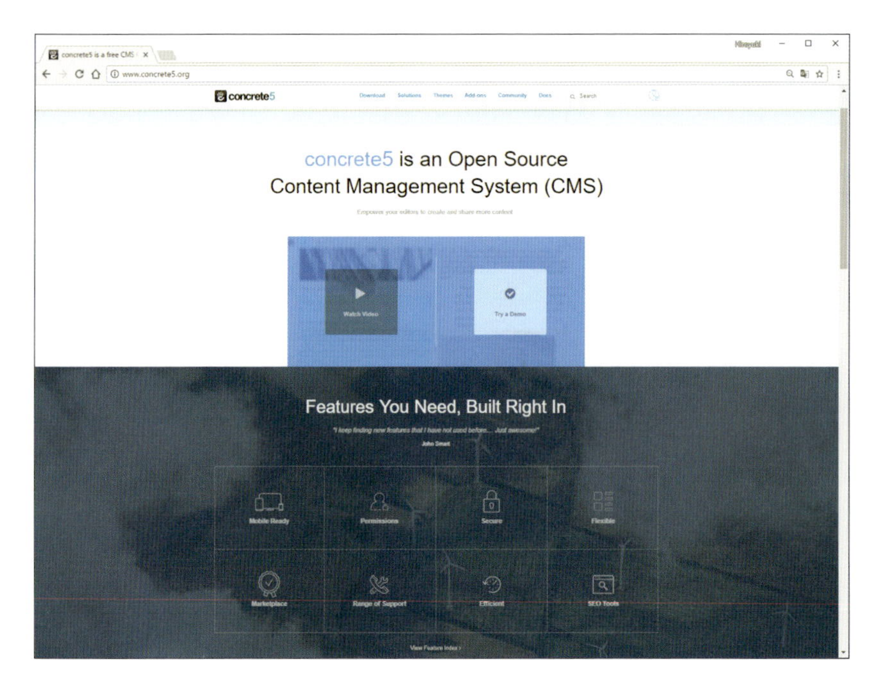

concrete5の公式サイトです。concrete5を開発するコアチームからの最新で正確な情報は、つねにこのサイトで入手できます。公式サイトのいくつかの機能をご紹介しましょう。

ダウンロード	concrete5の最新バージョンをダウンロードしたり、リリースノートを確認できます。過去のバージョンもここからダウンロードできます。	http://www.concrete5.org/download
マーケットプレイス	テーマ（デザイン）やアドオン（拡張機能）を探すことができます。	http://www.concrete5.org/marketplace
エディターガイド	コンテンツ編集者向けのマニュアルです。	https://documentation.concrete5.org/editors
デベロッパーガイド	開発者・デザイナー向けのドキュメントです。	https://documentation.concrete5.org/developers

日本語公式サイト https://concrete5-japan.org

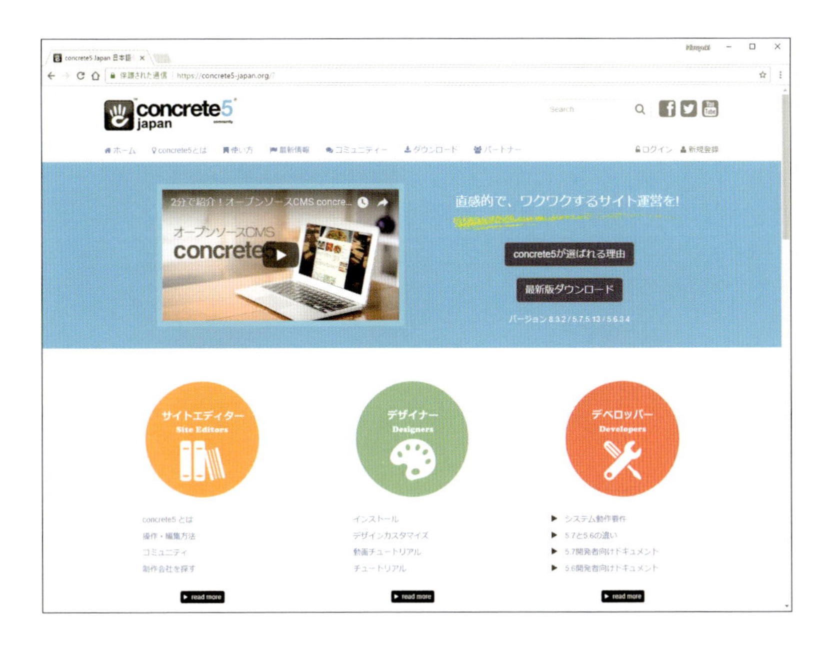

公式サイトの情報は、残念ながらすべて英語ですが、心配ありません! 日本語の公式サイトもあります。日本語公式サイトは、日本のユーザーコミュニティとコンクリートファイブジャパン株式会社によって運営されています。

使い方・ヘルプ	concrete5の使い方についての情報がまとまっています。英語の公式サイトのエディターガイドとデベロッパーガイドを順次日本語訳して掲載しています。	https://concrete5-japan.org/help/
最新情報	concrete5のリリース情報や、日本国内のイベント情報が掲載されています。	https://concrete5-japan.org/news/
フォーラム	日本語で運営されているフォーラムでconcrete5について気軽に質問することができます。	https://concrete5-japan.org/community/forums/
パートナー	concrete5に精通した日本国内の制作会社やフリーランスを探すことができます。構築事例も検索できます。	https://concrete5-japan.org/partners/

COLUMN

フォーラムに投稿する際のコツ

フォーラムで回答してくれる人も同じconcrete5ユーザーの仲間です。トラブルのときこそひと呼吸置いて、あなたの質問も将来の誰かの役に立つという意識でていねいな質問を心がけましょう。

- **トラブルの内容だけでなく、再現手順も書こう!**

全員が同じトラブルに遭遇していることはまずありません。どのような操作をするとトラブルが発生するのかを説明しましょう。

- **できるだけ詳しい情報を添えよう!**

使っているconcrete5のバージョン、テーマやアドオンのバージョン、PHPのバージョンなどは、回答者にとって重要な情報です。管理画面内の「環境情報」ページから、これらの情報を確認することができます。また、マウス操作がうまく動かないときは、使っているブラウザのバージョンも記入するとよりよいでしょう。

- **新しいトピックに書こう!**

過去の質問を検索しても答えが見つからなかったので、新しく質問を書こうとする場合、つい似たような質問にコメントを書いてしまいがちですが、似ていると思っても原因が違ったり、スレッドが長くなることであとから見た人にとってわかりにくくなってしまいます。また、古い質問だと、バージョンが全然違うので参考にならない場合もあります。新しく質問を投稿するときは、「トピックを作成」リンクを使って、新しいスレッドを立てましょう。

- **テーマやアドオンの質問は、件名に名前を入れよう!**

テーマやアドオンに関する質問の場合は、その作者の目に止まるのが一番の解決への近道です。わかりやすいように、テーマやアドオンの名前を件名に入れるとよいでしょう。

SNSに参加しよう

公式サイト以外でも、concrete5に関する情報発信をしていたり、情報交換が行われている場所があります。

Facebook　https://www.facebook.com/concrete5japan/

Facebookでも日本語でconcrete5の最新情報を発信しています。ぜひ「いいね!」してみてください。また、全国のユーザーグループもFacebookでグループを作成している地域がありますので、検索して探してみましょう。

Twitter　https://twitter.com/concrete5japan

Twitterでも日本語でconcrete5の最新情報を発信しています。イベント情報やリリース情報をいち早く知るためにも、フォローしてみましょう。

YouTube　https://www.youtube.com/user/concrete5japan

YouTubeでも、concrete5の使い方やカスタマイズに関する日本語解説を動画で配信しています。不定期にコンテンツ動画をアップしていますので、チャンネル登録すると見逃しがありません。

Slack　https://slack.concrete5.org

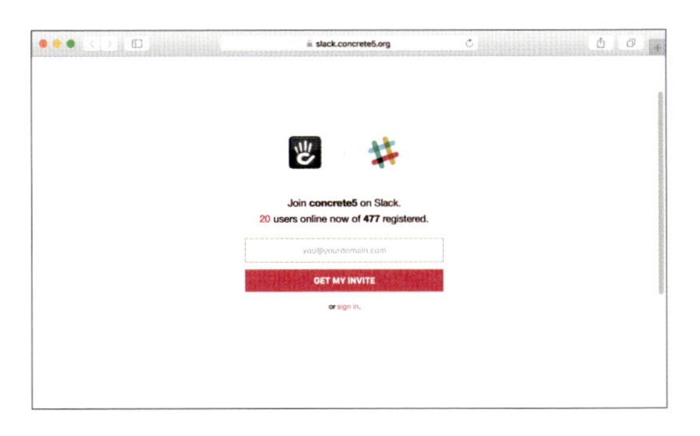

チャットツールのSlackにも、concrete5の専用スペースがあります。URLにアクセスしメールアドレスを送信すると、招待メールを受け取ることができます。全世界のconcrete5ユーザーが英語で交流していますが、「#jp-chit-chat」など日本語専用のチャンネルもありますので、気軽に登録してみましょう。

イベントに参加しよう

オンラインでもconcrete5の情報を取得できますが、concrete5ユーザーに直接会って質問したい!という場合は、イベントに参加してみましょう。各地域のユーザーグループは、次のURLから確認できます。

https://concrete5-japan.org/community/local/

また、最新のイベント情報は公式サイトから確認できます。さまざまな企画の勉強会や、ユーザーの交流会なども開催されています。日本のconcrete5はとてもフレンドリーなコミュニティですので、気になるイベントに足を運んでみてはいかがでしょうか。

https://concrete5-japan.org/news/events/

Exercise — 練習問題

concrete5の説明として間違っているものは
次のうちどれでしょうか。

1. concrete5は「ブロック型CMS」と呼ばれており、コンテンツの配置がドラッグ&ドロップで行える
2. concrete5をカスタマイズするにはたくさんのテンプレートタグを覚える必要がある
3. 運用する組織に合わせて柔軟に権限を設定することができる
4. concrete5はMITライセンスを採用しているため、サイト上にライセンスを表示する必要がある

1. ○
ブロックと呼ばれるコンテンツをドラッグ&ドロップで配置でき、並び替えも行えます。

2. ×
HTMLとCSSがわかればある程度カスタマイズすることができます。たくさんのテンプレートタグを覚える必要はありません。

3. ○
concrete5は開発当初からさまざまな組織で運用されることが想定されていたので、複雑な権限管理も行えます。

4. ×
MITライセンスはサイト上にライセンスを表示する必要はありません。

Q

レッスンで紹介した日本語公式サイト(concrete5-japan.org)にユーザー登録してみましょう。

❶concrete5日本語公式サイト新規ユーザー登録ページ(**https://concrete5-japan.org/index.php/register/**)にアクセスします。
❷ルール(**https://concrete5-japan.org/community/terms-of-use/**)をよく読み、アカウント設定とプロフィール情報を入力します。
❸[ユーザー登録]ボタンをクリックし、届いたメールからメールアドレスの確認を行ったら完了です。

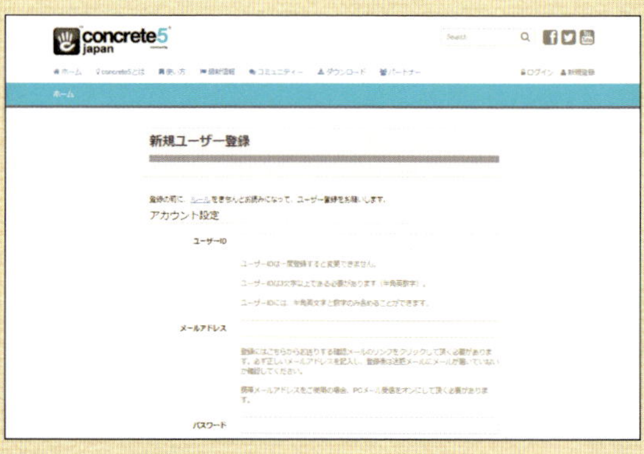

新規ユーザー登録ページ

concrete5を
インストールしよう

An easy-to-understand guide to concrete5

Lesson 02

このレッスンでは、concrete5を使うために必要となるサーバーへのインストールを行いましょう。インストール先であるレンタルサーバーを用意し、データベースなどの準備やインストール方法を学習します。

2-1 サーバーを選ぼう

concrete5を使うにはウェブサーバーにインストールする必要があります。
まずはインストールするウェブサーバーを用意しましょう。

動作環境を確認する

インストールするウェブサーバーを用意するために、concrete5の動作環境を確認しましょう。サーバーを選ぶ際は、concrete5の使用条件を満たしているかどうかが重要になってきます。使用条件はバージョンによって変化するため、concrete5日本語公式サイト(**http://concrete5-japan.org/about/requirement/**)で確認してください。
今回インストールする最新のconcrete5バージョン8.x系のシステム要件は、下記のとおりです。

- **Apache、Nginxなどの Webサーバー(Apache2.4を推奨)**
- **PHP5.5.9以降(PHP5.6.x&7.xを推奨)**
- **PHPモジュール**
  MySQL(PDO Extension), DOM, SimpleXML, iconv, GD(要freetype), FileInfo, Mbstring, CURL, Mcrypt(PHP7では不要), ZipArchive
- **PHPセーフモードオフ**
- **PHP memory_limit は 128MB以上**
- **空のデータベース1つ(MySQL 5.1.5以降もしくはMariaDB)**
- **MySQL Innodb テーブルサポート**

このような要件を満たしたサーバーをゼロから構築するには、環境構築を始めとするいろいろな知識が必要であり、運用やセキュリティのことも考えるとリスクが高く大変なため、本書ではレンタルサーバーを使用します。レンタルサーバーは、ある程度の環境を構築済みのサーバーが利用できるだけではなく、サーバーのメンテナンスやセキュリティ管理などを行ってくれているところが多く、個人では対応しきれない部分を請け負ってくれます。

レンタルサーバーを探す

レンタルサーバーは世界中にたくさんのサービスがあるため、どれを利用するべきか悩むこともあるでしょう。レンタルサーバーを選ぶときに大切なのは、レンタルサーバーを利用して「何をするのか」を明確にすることです。
今回はconcrete5を使うためのサーバーを選ぶので、先ほど説明した使用条件を満たしているかがもっとも重要になってきます。次に「どのようなサイトを運営するのか」「どのような機能やサポートを求めるのか」などによって、レンタルサーバーに求める条件が変わってきます。同じような価格帯のレンタルサーバーでもサポートの体制や機能に違いがあるので、よく比べてみましょう。妥協できない部分を見出しにして表を作ると比べやすいです。
目的を明確にすることで条件がはっきりし、条件とレンタルサーバーの仕様を比べることで、自ずと絞り込まれていくはずです。

レンタルサーバー	プラン	必須条件	電話サポート	その他機能
A社	A	○	○	×
A社	B	×	○	×
B社	S	○	○	○
C社	-	○	×	×

レンタルサーバー比較表のサンプル

2-2 レンタルサーバーと契約しよう

**実際にレンタルサーバーと契約してみましょう。
concrete5を使用できるレンタルサーバーはたくさんありますが、
本書では「エックスサーバー」を利用して説明します。**

エックスサーバーの特徴

エックスサーバーは稼働率99.99%以上の安定性とさまざまな機能、速度が売りのレンタルサーバーです。concrete5を使用するのに必要な要件を満たしているうえ、条件を満たしていれば無料で独自SSLやWebフォントも利用できます。また、お試し期間として10日間無料でサーバーを使用できるので、支払い後に使いたいソフトがインストールできないなどの問題を回避することができます。

エックスサーバーに申し込む

それではエックスサーバーに利用申し込みをしてみましょう。

1 https://www.xserver.ne.jp/にアクセスし、上部のメニューにある[お申し込み]をクリックします。

2 サーバー新規お申し込みの流れをひと通り確認したら、[お申し込みフォーム]をクリックします。

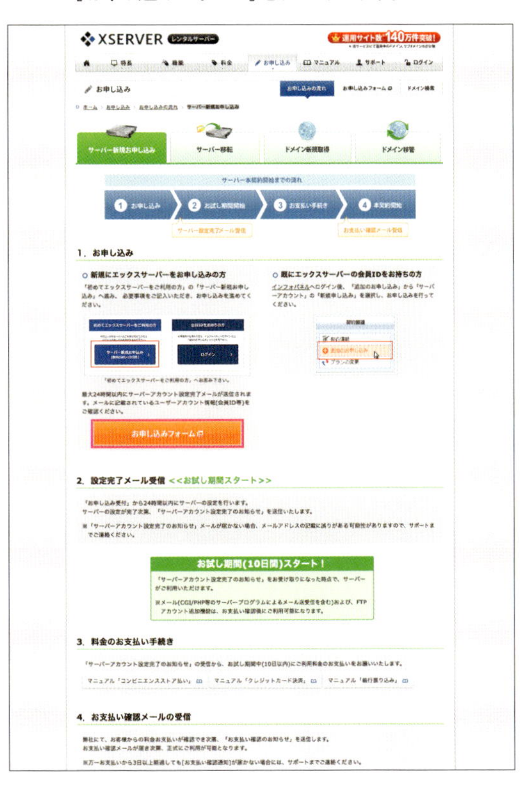

3 「初めてエックスサーバーをご利用の方」の［サーバー新規お申込み］をクリックします。

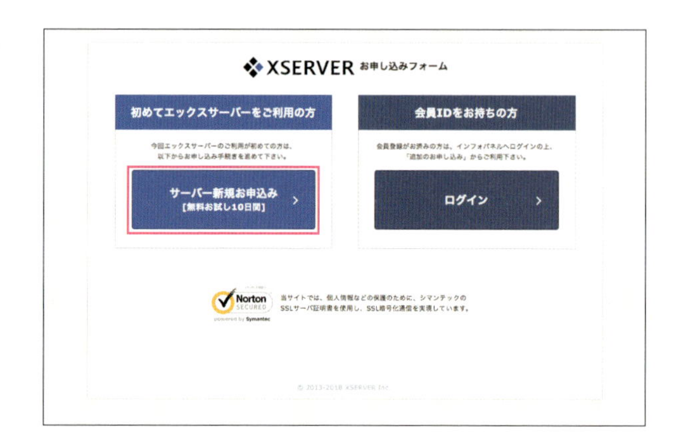

4 契約内容を入力します。
「サーバーID（初期ドメイン）」❶は、サーバーを申し込むと利用できるようになるドメインです。すでに他の利用者が使用しているIDは申し込みができません。独自ドメインを使用しない場合、このサーバーIDがドメインに含まれる文字列になり、あとから変更することはできないので注意してください。
「プラン」はサイトの方針に合わせて選択❷してください。本書では［X10（スタンダード）］を選択して進めます。

5 会員情報を入力します。
「メールアドレス」は必ず受信可能なメールアドレスを入力してください。
その他についても入力例を確認しながら入力していきます。

6 規約等にある「利用規約」と「個人情報の取扱いについて」を確認し、[「利用規約」「個人情報の取扱いについて」に同意する]にチェックを入れます❶。[お申し込み内容の確認]ボタンがクリックできるようになるのでクリック❷します。

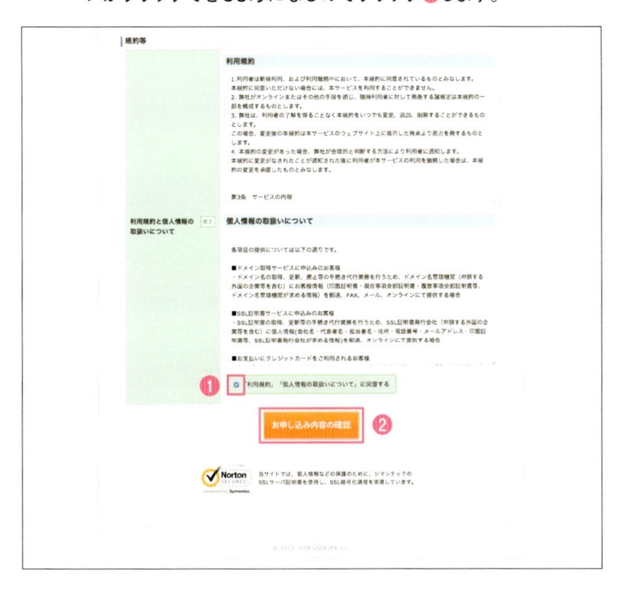

7 入力内容に間違いがないかをよく確認し、[お申し込みをする]ボタンをクリックします。

8 お申し込み完了画面に移動したら、利用申し込みは完了です。

9 入力したメールアドレスに「お申し込み受付のお知らせ」メールが届きます。その後、24時間以内に送信される「サーバーアカウント設定完了のお知らせ」メールが届くと、サーバーを利用できるようになります。「サーバーアカウント設定完了のお知らせ」メールは、サーバーを利用するために必要な情報が書いてあるため、大切に保管してください。

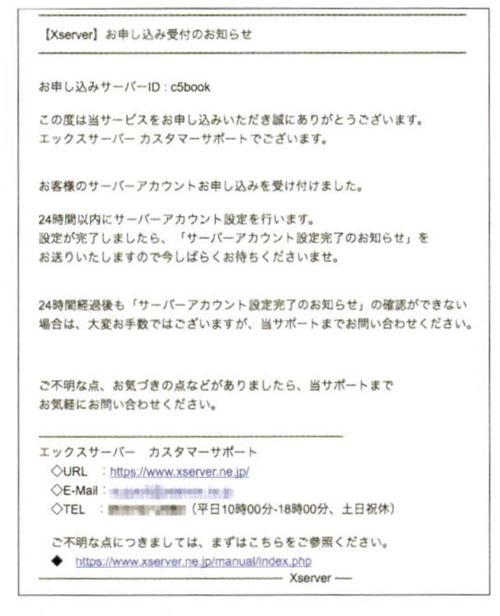

【Xserver】お申し込み受付のお知らせ

お申し込みサーバーID：c5book

この度は当サービスをお申し込みいただき誠にありがとうございます。
エックスサーバー カスタマーサポートでございます。

お客様のサーバーアカウントお申し込みを受け付けました。

24時間以内にサーバーアカウント設定を行います。
設定が完了しましたら、「サーバーアカウント設定完了のお知らせ」を
お送りいたしますので今しばらくお待ちくださいませ。

24時間経過後も「サーバーアカウント設定完了のお知らせ」の確認ができない
場合は、大変お手数ではございますが、当サポートまでお問い合わせください。

ご不明な点、お気づきの点などがありましたら、当サポートまで
お気軽にお問い合わせください。

エックスサーバー　カスタマーサポート
◇URL　：https://www.xserver.ne.jp/
◇E-Mail：
◇TEL　：（平日10時00分-18時00分、土日祝休）

ご不明な点につきましては、まずはこちらをご参照ください。
◆ https://www.xserver.ne.jp/manual/index.php
Xserver

「【Xserver】お申し込み受付のお知らせ」メール

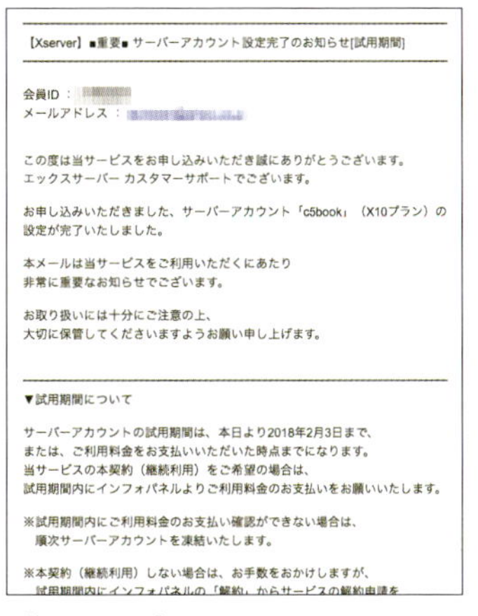

【Xserver】■重要■ サーバーアカウント設定完了のお知らせ[試用期間]

会員ID：
メールアドレス：

この度は当サービスをお申し込みいただき誠にありがとうございます。
エックスサーバー カスタマーサポートでございます。

お申し込みいただきました、サーバーアカウント「c5book」（X10プラン）の
設定が完了いたしました。

本メールは当サービスをご利用いただくにあたり
非常に重要なお知らせでございます。

お取り扱いには十分にご注意の上、
大切に保管してくださいますようお願い申し上げます。

▼試用期間について

サーバーアカウントの試用期間は、本日より2018年2月3日まで、
または、ご利用料金をお支払いいただいた時点までになります。
当サービスの本契約（継続利用）をご希望の場合は、
試用期間内にインフォパネルよりご利用料金のお支払いをお願いいたします。

※試用期間内にご利用料金のお支払い確認ができない場合は、
順次サーバーアカウントを凍結いたします。

※本契約（継続利用）しない場合は、お手数をおかけしますが、

「【Xserver】■重要■ サーバーアカウント設定完了のお知らせ」メール

エックスサーバーにログインする

エックスサーバーには「インフォパネル」と「サーバーパネル」の2つの管理パネルが存在します。
「インフォパネル」は登録情報の確認、変更、利用期限の確認などが行えます。登録時に自動で設定される「会員ID」を用いてログインします。

「サーバーパネル」はサーバーに関する設定が行える管理システムです。登録時に入力した「サーバーID」と「サーバーアカウント設定完了のお知らせ」メールに書かれているパスワードでログインします。

サーバーパネルにログインする

「サーバーアカウント設定完了のお知らせ」メールが届いたら、サーバーアカウント情報に書かれているサーバーIDとサーバーパスワードでサーバーパネルにログインしてみましょう。

1 サーバーパネルログインフォーム(https://www.xserver.ne.jp/login_server.php)にアクセスして、サーバーIDとサーバーパスワードを入力し[ログイン]ボタンをクリックします。

2 ログインが完了すると、サーバーパネルが表示されます。

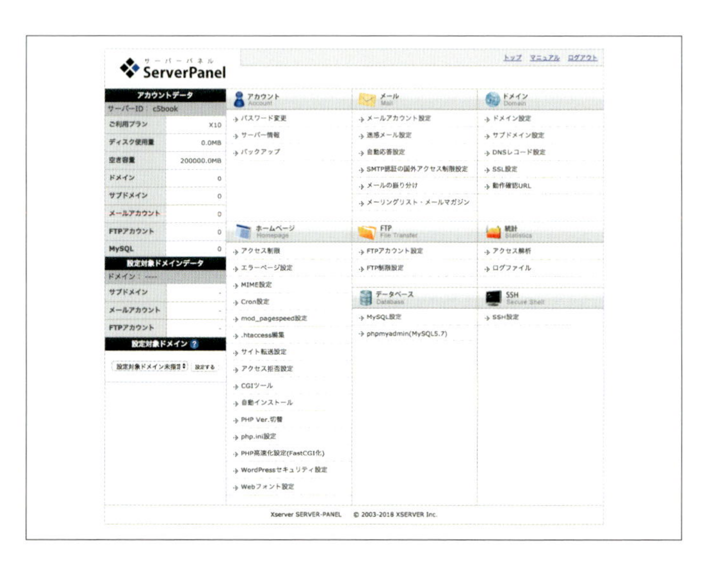

CHECK! お試し期間中の機能制限について

無料期間中はメール(CGI／PHPなどのサーバープログラムによるメール送受信を含む)および、FTPアカウント追加機能に制限がかかっています。concrete5のパスワード再設定機能は、プログラムによるメールの送信が必要なため、お試し期間中は利用できません。ログアウト後にインストール時に入力するパスワードを忘れてしまうと、再度ログインできなくなってしまうので注意してください。

2-3 インストール前の準備をしよう

レンタルサーバーと契約したら、用意したレンタルサーバーにconcrete5をインストールしてみましょう。まずはインストール前の準備として、データベースの作成とPHPの設定を行います。

Step01 MySQLデータベースを作成する

サーバーパネルからMySQLデータベースを作成します。エックスサーバーでデータベースを使用するには、

❶データベースを作成
❷MySQL用ユーザーを作成
❸アクセス権を付与

の3ステップの作業を行います。

データベースを作成する

1 サーバーパネルにログインしたら、データベースにある［MySQL設定］をクリックします。

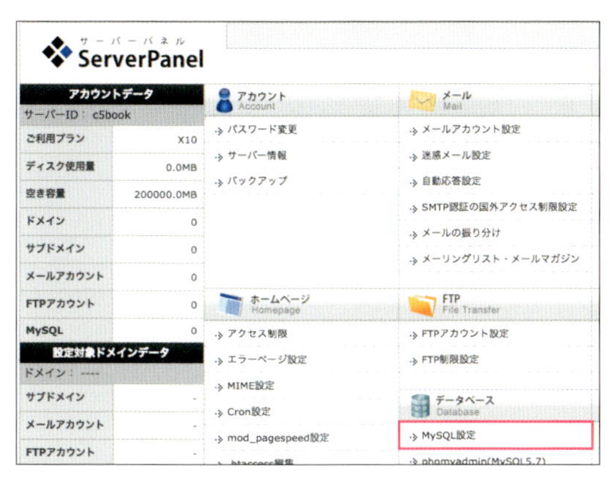

2 ［MySQL追加］タブをクリックします。

3 MySQLデータベース名に任意のデータベース名（本書の例では「c5book01」）を入力❶し、文字コードは［UTF-8］を選択❷したら、［MySQLの追加（確認）］ボタンをクリック❸します。

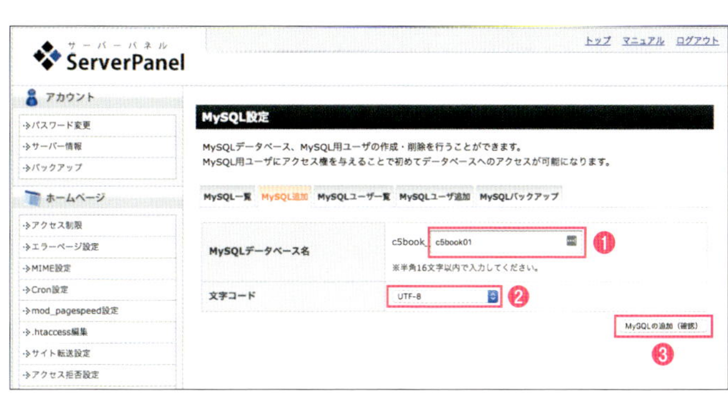

4 確認画面が表示されるので、MySQLデータベースが「*サーバーID_任意のデータベース名*」、文字コードが「UTF-8」となっていることを確認し、[MySQLデータベースの追加（確定）]ボタンをクリックします。

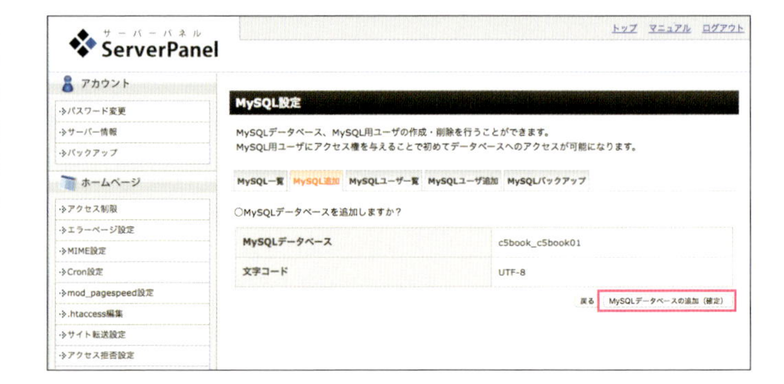

5 「MySQLデータベースの追加を完了しました。」とメッセージが表示されるので、[戻る]ボタンをクリックします。

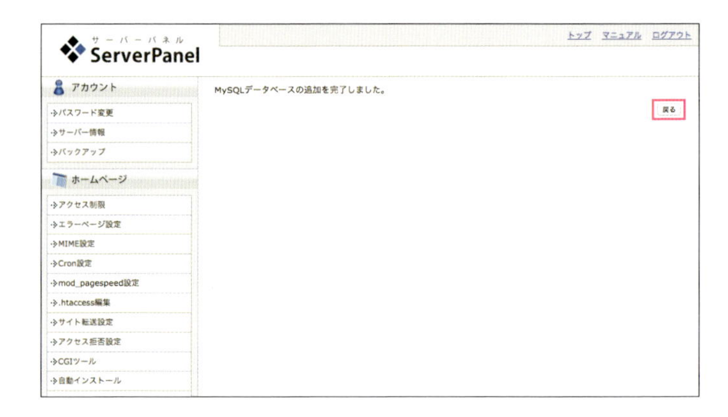

MySQL用ユーザーを作成する

1 MySQL設定ページの[MySQLユーザ追加]タブをクリックします。

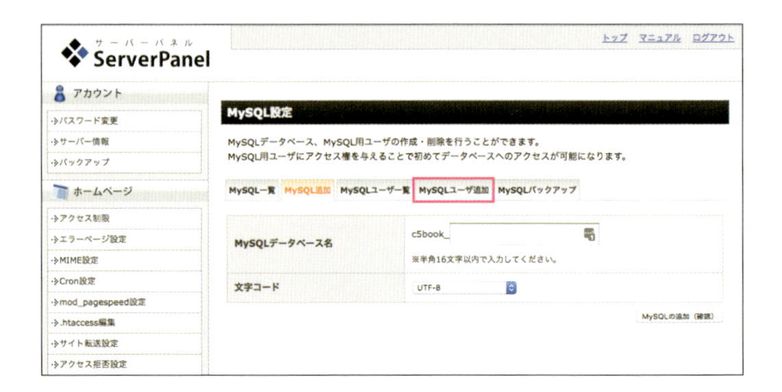

2 MySQLユーザIDに「*任意のユーザー名*」❶、パスワードは他者に推測されにくいもの❷、パスワードの確認には上のパスワードと同じものを入力します。入力できたら[MySQLユーザの追加（確認）]ボタンをクリック❸します。
入力したパスワードはサーバーパネルから変更することもできますが、忘れないように注意してください。

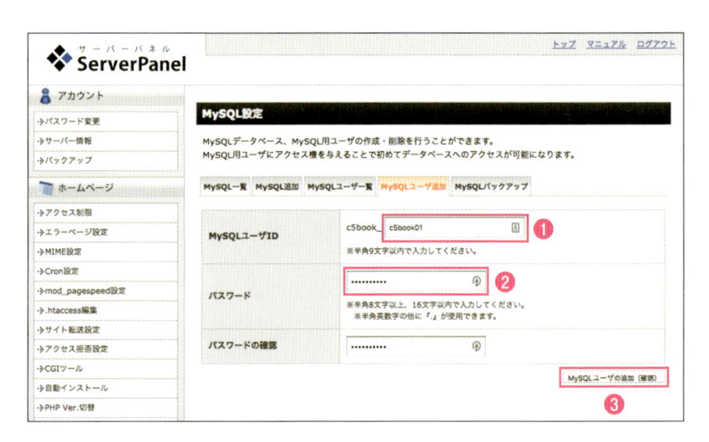

3　確認画面が表示されるので、MySQLユーザが「*サーバーID_任意のユーザー名*」となっていることを確認し、[MySQLユーザの追加(確定)]ボタンをクリックします。

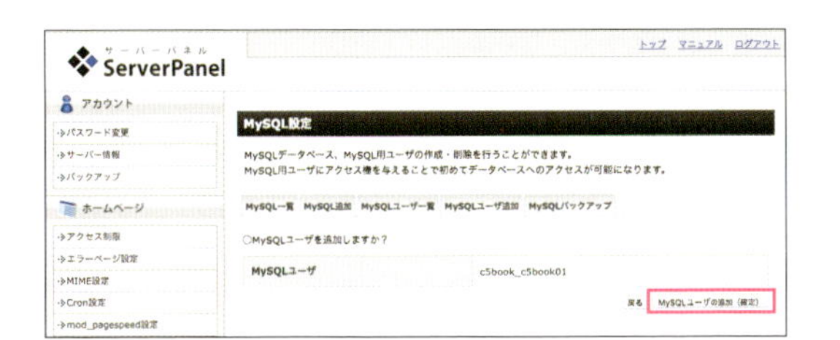

4　「MySQLユーザの追加を完了しました。」とメッセージが表示されるので、[戻る]ボタンをクリックします。

MySQL用ユーザーにデータベースのアクセス権を付与する

1　MySQL設定ページの[MySQL一覧]タブをクリックします。

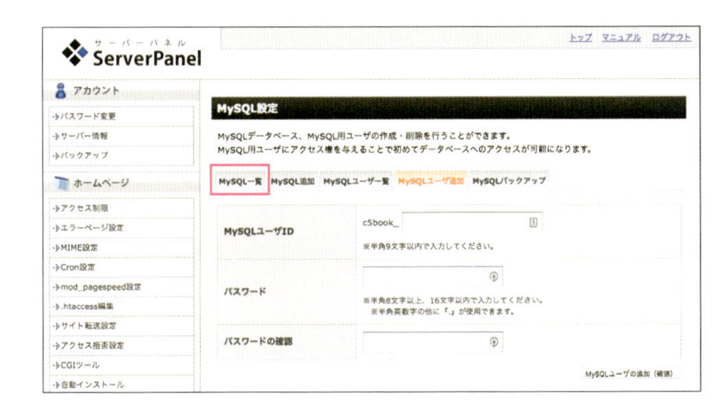

2　サーバーに追加されているデータベースの一覧が表示されます。それぞれのデータベースのアクセス権の設定や削除などが行えます。
「*サーバーID_任意のデータベース名*」の行のアクセス権未所有ユーザの列のセレクトボックスが「*サーバーID_任意のユーザー名*(***)」になっていることを確認し、[追加]ボタンをクリックします。

3　「MySQLデータベースへのアクセス権の追加を完了しました。」とメッセージが表示されるので、[戻る]ボタンをクリックします。

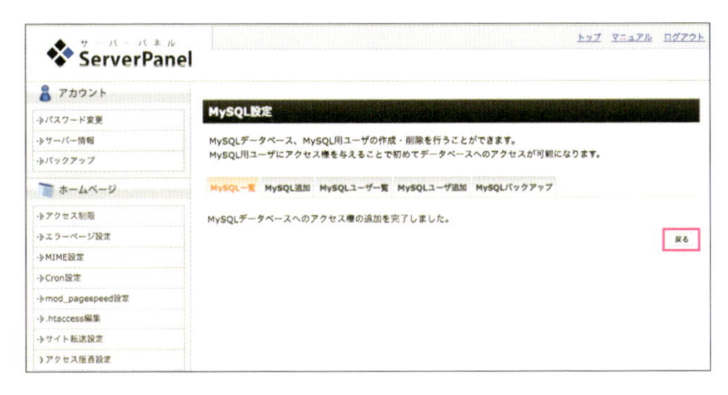

4 アクセス権所有ユーザの列のセレクトボックスが「*サーバーID_任意のユーザー名* (***)」に変わり、データベース「*サーバーID_任意のデータベース名*」にアクセス権が付与されたことがわかります。

CHECK! **データベースの管理**

エックスサーバーはサーバーパネル上で簡単にデータベースやユーザーの追加が可能です。1人のMySQLユーザーが複数のMySQLデータベースのアクセス権を持つことや、1つのMySQLデータベースを複数のMySQLユーザーによって管理することができます。

Step02 PHPを設定する

エックスサーバーではPHPのバージョンなどをドメインごとに設定することができます。PHPのバージョンや設定の確認・変更を行いましょう。

PHPバージョンを変更する

PHPのバージョンを初期設定から推奨されているものへ変更してみましょう。

1 サイドバーの「ホームページ」にある[PHP Ver.切替]をクリックします。

2 ドメイン名「*サーバーID*.xsrv.jp」の横の[選択する]をクリックします。

3 変更後のバージョンを「PHP7.1.x(推奨)」に変更したら、[PHPバージョン切替(確認)]ボタンをクリックします。

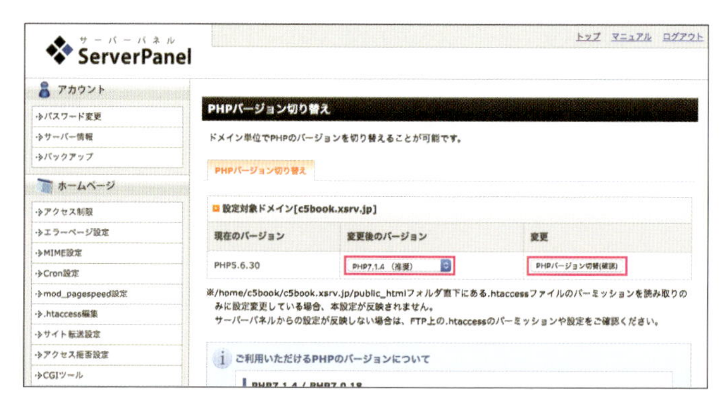

4 変更後のバージョンが「7.1」になっていることを確認し、[PHPバージョン切替（確定）]ボタンをクリックします。

5 「PHPバージョンを「PHP7.1.x」に変更しました。」とメッセージが表示されたら、PHPバージョンの変更は完了です。

php.iniの設定

php.ini設定機能を利用してPHPの設定をconcrete5の使用条件に合わせて変更します。

1 サイドバーの「ホームページ」にある[php.ini設定]をクリックします。

2 ドメイン名「*サーバーID*.xsrv.jp」の横の[選択する]をクリックします。

3 [php.ini設定変更]タブをクリックします。

4 文字コード設定のmbstring.languageに「neutral」と入力❶し、［設定する（確認）］ボタンをクリック❷します。

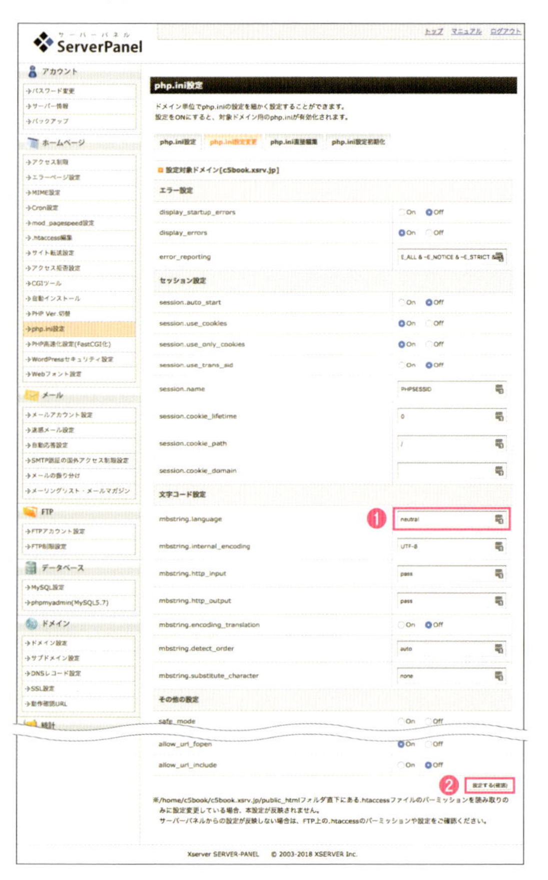

5 mbstring.languageが「neutral」になっていることを確認❶し、［設定する（確定）］ボタンをクリック❷します。

6 「php.iniの編集が完了しました。」とメッセージが表示されたら、PHP設定は完了です。

2-4 レンタルサーバーにインストールしよう

concrete5のインストールは、concrete5のファイルをサーバーにアップロードしたあと、ブラウザからインストールページにアクセスして行います。

Step01 concrete5をダウンロードする

concrete5のファイルをサーバー上に展開してくれるconcrete5 CMS Simple Downloaderというプログラムがありますので、concrete5 CMS Simple Downloaderを利用してサーバーにファイルを準備しましょう。

1 日本語公式サイトのconcrete5 CMS Simple Downloaderページにアクセスします。

https://concrete5-japan.org/help/5-7/developer/installation/simple-downloader/

concrete5 CMS Simple Downloader の使い方にある［こちらから c5downloader.php］リンクをクリックします。

2 「c5downloader-master.zip」がダウンロードされるので、解凍してください。解凍して現れたc5downloader-masterフォルダにはc5downloader.phpとREADME.mdが入っています。

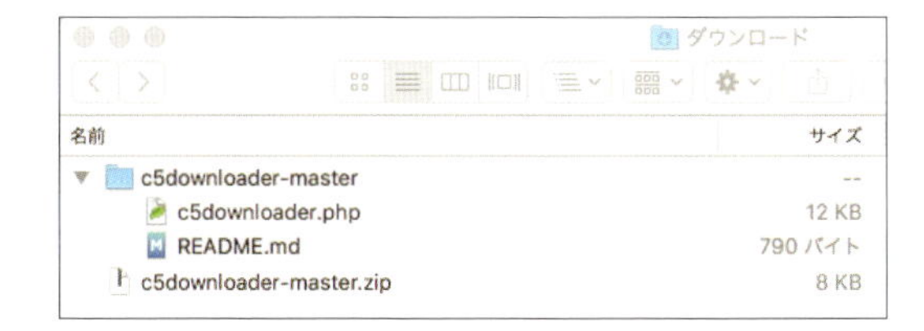

3 エックスサーバーのファイルマネージャログインフォームページにアクセスします。

https://www.xserver.ne.jp/login_file.php

「サーバーアカウント設定完了のお知らせ」メールに書かれているFTPユーザー名（FTPユーザーID）とFTPパスワードを入力❶し、［ログイン］ボタンをクリック❷します。

4　［サーバー*ID*.xsrv.jp］をクリックします。

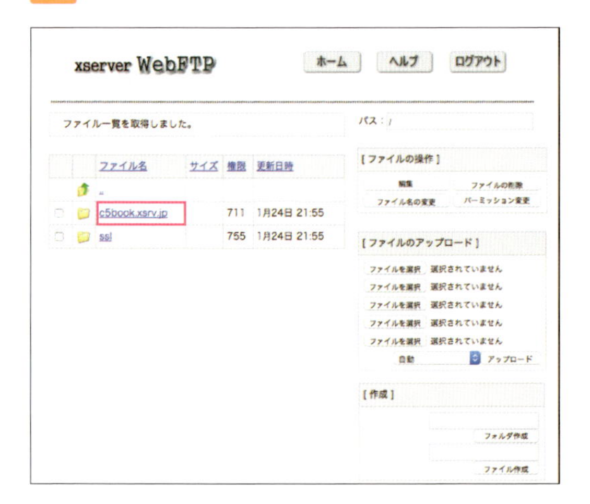

5　［public_html］をクリックします。

6　ここが「http://サーバー*ID*.xsrv.jp」にアクセスしたときに表示される公開ディレクトリです。
［ファイルのアップロード］の下の［ファイルを選択］をクリック❶し、先ほどダウンロードして解凍したc5downloader.phpを選択したら、［アップロード］をクリック❷します。

7　公開ディレクトリである/サーバー*ID*.xsrv.jp/public_html/にc5downloader.phpをアップロードすることができました。

8　ファイルマネージャはもう一度利用しますので、ブラウザの別のタブでhttp://サーバー*ID*.xsrv.jp/c5downloader.phpにアクセスします。［ダウンロード開始］ボタンをクリックしてください。

9　ダウンロードと解凍がサーバー上で行われます。

10 自動でconcrete5のインストールページへ移動したら、ファイルの準備が完了したということです。

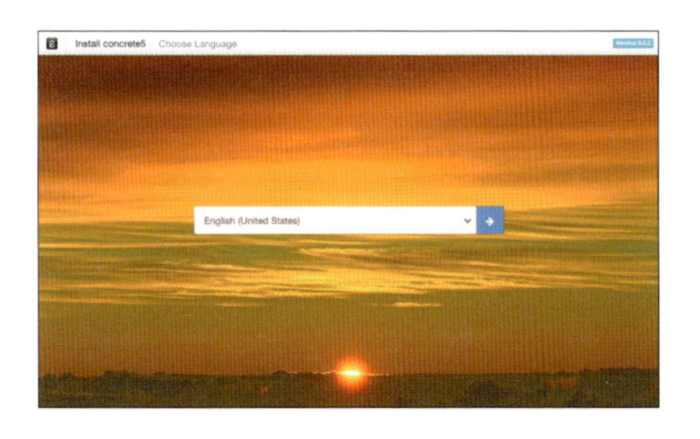

Step02 不要ファイルを削除する

ファイルの準備に使用したconcrete5 CMS Simple Downloaderがサーバー上に残っていると、誰もがconcrete5をダウンロード&解凍できてしまい危険です。きちんと削除されているかファイルマネージャで確認してみましょう。また、エックスサーバーによって用意されていたデフォルトのindex.htmlなども削除します。

1 エックスサーバーのファイルマネージャにアクセスし、公開ディレクトリを表示しましょう。前項手順8のとおり別のタブで表示したままの場合は、[ファイル名]をクリックすると最新の状態が反映され、ファイル名順にソートされます。

2 default_page.pngとindex.htmlの横にチェックを入れて選択❶してください。このときにc5downloader.phpが残っていないかしっかりと確認してください。残っていた場合は、c5downloader.phpにもチェックを入れてください。また、index.htmlとindex.phpを間違えないように注意してください。
ファイルを選択したら、右上にある[ファイルの削除]ボタンをクリック❷します。

3 「削除してもよろしいですか?」と表示されたら、[OK]ボタンをクリックします。

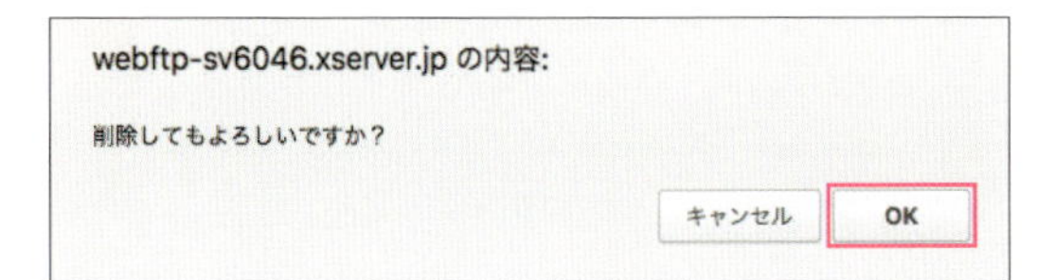

4 「選択されたファイルを削除しました。」と表示されたら、ファイルの削除は完了です。

Step03 concrete5をインストールする

1 ブラウザからconcrete5のインストールページにアクセスします。concrete5 CMS Simple Downloaderを使用した場合は自動で移動しています。

http://サーバーID.xsrv.jp/index.php/install

中央に表示されているセレクトボックスから管理画面の言語を選択します。ここでは[日本語(日本)]に変更❶し、[矢印]ボタンをクリック❷します。

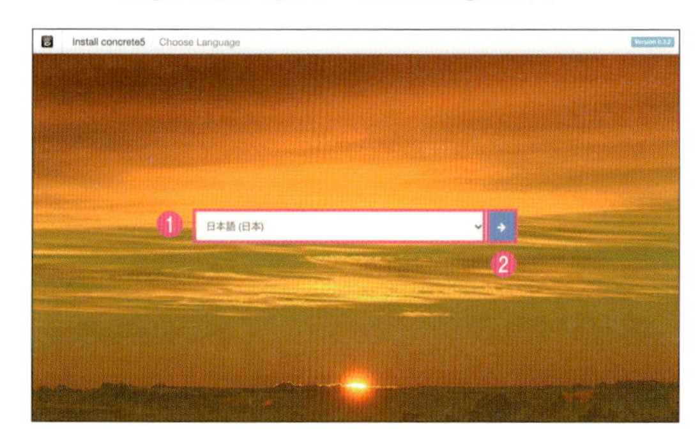

2 サーバーの環境確認が行われます。すべての項目にチェックが入っている状態になっていれば、[インストールを続ける]ボタンをクリックします。

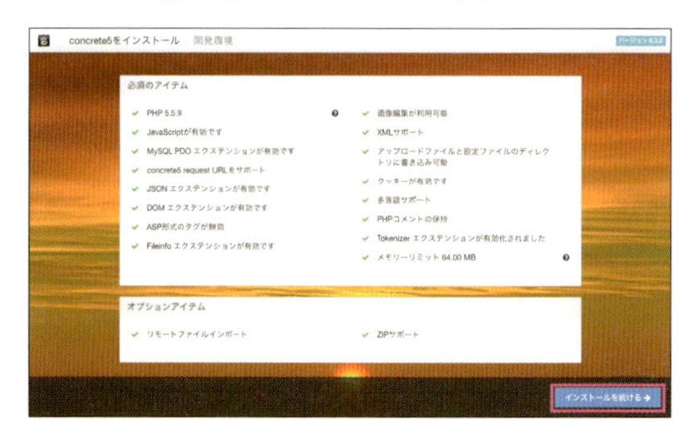

CHECK!

エラーメッセージが表示されたら

「インストール環境に問題あります。」とエラーメッセージが表示された場合は、該当箇所に対応後、リロードして進んでください。concrete5日本語公式サイト(P.21)にはユーザーフォーラムがありますので、使用しているレンタルサーバーや行った設定などを書いて質問すると解決策が見つかるかもしれません。

3 サイト情報を下記のとおり入力します。本書の学習を進めるにあたり、[スターティングポイント]の項目は[空白のサイト]を選択してください。
サイト情報の入力が終わったら[concrete5をインストール]ボタンをクリックします。

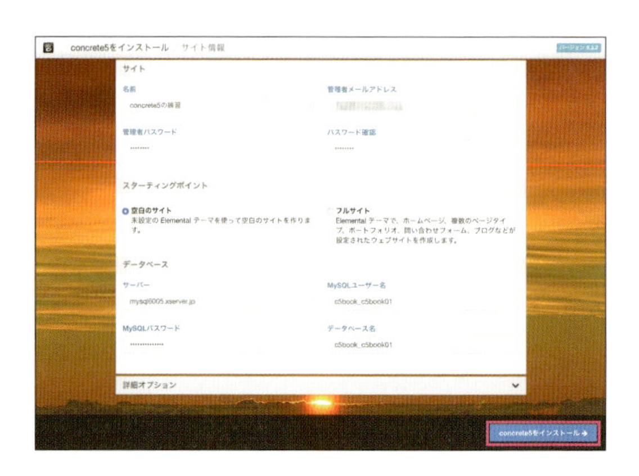

【サイト】 サイトの基本情報と管理者アカウント情報を入力します。

名前	concrete5の練習
管理者メールアドレス	管理者アカウント「admin」用のメールアドレスを入力
管理者パスワード	管理者アカウント「admin」用のパスワードを入力
パスワード確認	管理者アカウント「admin」用のパスワードを再度入力

※ここで入力したメールアドレスやパスワードは忘れないように注意してください。

【スターティングポイント】 インストール時にサンプルコンテンツをインストールするか否かを選択できます。

空白のサイト	未設定のElementalテーマ（P.100）を使って空白のサイトを作ります。ページなどが一切設定されていない状態からサイト制作を始めることができます。
フルサイト	Elementalテーマで、ホームページ、複数のページタイプ、ポートフォリオ、問い合わせフォーム、ブログなどが設定されたウェブサイトを作成します。

【データベース】 2-3で作成したデータベースの情報を入力します。

サーバー	mysql***.xserver.jp サーバーはサーバーパネルのMySQL5.7ホスト名に表示されているものを入力します（下図を参照）。
MySQLユーザー名	*サーバーID_任意のユーザー名*
MySQLパスワード	MySQLユーザ作成時のパスワード
データベース名	*サーバーID_任意のデータベース名*

サーバーパネルのMySQL5.7 ホスト名

4 インストール中はconcrete5に関するページへの案内が表示されます。

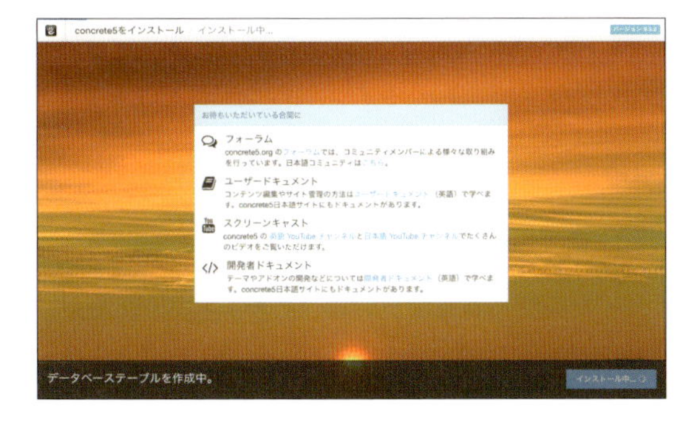

5 インストールが完了するとメッセージが現れるので、［サイトを編集］ボタンをクリックします。

すでに「admin」というユーザーでログインした状態になっており、ヘルプがポップアップ表示されます。ヘルプはそのユーザーがはじめてログインしたときのみ自動でポップアップします。以降は?アイコンをクリックすることでヘルプを表示することができます。

以上でconcrete5のインストールは終了です。

Exercise — 練習問題

あなたはconcrete5を使うためにレンタルサーバーと契約しようとしています。
見つけたサーバーの仕様は下記のとおりでした。
concrete5バージョン8系の使用条件を満たしているものは
次のうちどれでしょうか。(2018年3月現在)

1. ウェブサーバーはNginx
2. PHPのバージョンは5.5、5.6、7.1から選択可能
3. MySQL、MariaDB使用不可
4. 独自ドメイン使用不可

1. ○
concrete5はNginxで使うことができます。
2. ○
PHPのバージョンは5.5.9以降であればconcrete5を使うことができます。
3. ×
concrete5を使うにはMySQLかMariaDBが必ず必要になります。
4. ○
concrete5を使うのに独自ドメインは必須ではありません。

あなたはconcrete5を使うためにインストール前の準備を進めてきました。
次の組み合わせのうち、準備が完了しているものはどれでしょうか。

1. 【使用条件を満たしたレンタルサーバー】【他のCMSをインストールしたデータベース】
2. 【使用条件を満たしたレンタルサーバー】【concrete5のファイル】【空のデータベース】
3. 【サーバーの仕様が不明のレンタルサーバー】【concrete5のファイル】【空のデータベース】

1. ×
concrete5をインストールするには、concrete5のファイルと空のデータベースを用意する必要があります。
2. ○
準備は完了しているのでインストールページにアクセスし、インストールを進めることができます。
3. ×
インストール時に環境の確認が行われるので、サーバーの仕様が不明のままインストールを進めることもできますが、仕様がわからないサーバーを利用するのはトラブルが起きたときに対処に困るため、おすすめしません。

初期設定をしよう

An easy-to-understand guide to concrete5

Lesson 03

このレッスンでは、インストールしたてのconcrete5に必要な初期設定について解説します。concrete5の基本的な使い方を学びながら、サイト名の変更やサイト開発時におすすめの設定を行っていきます。

3-1 concrete5の基本的な使い方

concrete5でサイトを管理するために必要となるログイン・ログアウトの方法、ページの編集や管理画面へのアクセスを行うツールバーについてチェックしていきましょう。

concrete5にログインする

Lesson02でインストールしたconcrete5のサイトを実際に編集するには、ログインが必要となります。
concrete5はインストール時に入力したメールアドレスとパスワードでスーパーユーザー(サイト内で1アカウントのみの特権管理者のこと)のアカウントが作成されているので、まずはそのアカウントでログインします。

CHECK! インストール直後はログイン済み

concrete5のインストールが完了している場合は自動でログインしています。

ログイン方法

1 ログインするには、ログインページへアクセスします。ログインページへはページの下部に表示されている[ログイン]をクリックすることで移動できます。

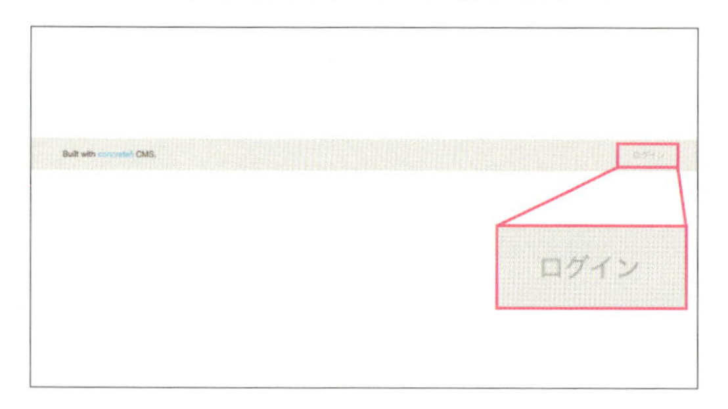

CHECK! [ログイン]が非表示の場合は

テーマによってログインページへのリンクがない場合もあります。その場合は、URLを直接入力して移動してください。

http:// *サーバID*.xsrv.jp/index.php/login

なお、ドメインは例ですので、インストールしたサーバーによって異なります。

2 ログインページが表示されたら、ユーザーIDとパスワードを入力して[ログイン]ボタンをクリックします。

ユーザーIDとパスワードの初期設定は下記のとおりです。

ユーザーID	admin
パスワード	インストール時に入力したもの

3 ログインに成功するとサイト上部にツールバーが表示され、ようこそページへ遷移します。ようこそページは、サイトの情報やアドオンの情報を確認できるページです。

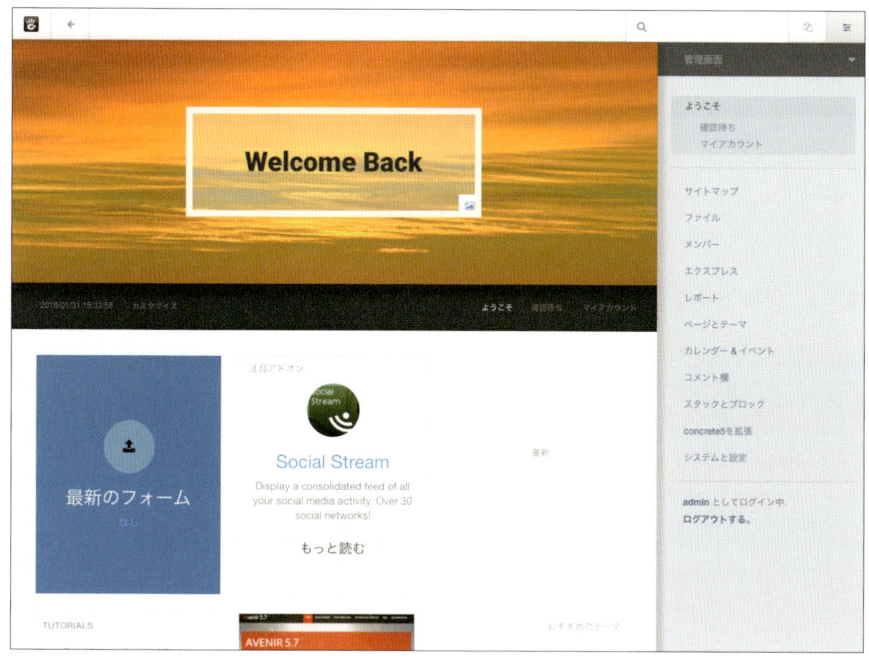

concrete5の「ようこそページ」

ツールバーと各パネルを見てみる

ログインをするとサイト上部にツールバーが表示されます。
最初はようこそページが表示されているので、左上の［矢印］ボタンでトップページへ移動しましょう。

［矢印］ボタンの機能 CHECK!

ツールバー左上の［矢印］ボタンは、管理画面にアクセスする前に表示していたページへ移動するボタンとなっています。つねにトップページへ遷移するわけではありません。

トップページへ移動するとツールバーの表示内容が変わります。これは、ページによってツールバーから行える操作が違うためです。
基本的にはページの編集、設定、ページの追加、管理画面へのアクセスなどをツールバーから行うことができます。

トップページのツールバー

❶編集モード

編集モードとは、その名のとおりページを編集するためのモードです。通常の状態ではサイトをプレビューするだけですが、編集モードに変更することでクリック操作によるコンテンツの編集などができるようになります。編集モードについてはLesson04（P.54）で詳しく解説します。

❷コンポーザー／ページ設定パネル

コンポーザーは、あらかじめ設定しておいた項目を入力し編集することができる機能です。合わせて表示されるページ設定パネルからは、デザインの変更や属性の追加など、ページに関する詳細を設定できます。

❸ページにコンテンツを追加

コンテンツ追加パネルが表示され、そこからページへコンテンツを追加できます。パネル上部のメニューでブロック、クリップボード、スタックの一覧に切り替えることができます。編集モードになっていない場合は、自動で編集モードになります。ブロックについてはLesson04（P.56）で詳しく解説します。

❹concrete5内を検索

キーワードを入力し、サイト内のページ、管理画面のページ、concrete5.orgのヘルプ、アドオンを検索できます。

❺ページ追加とサイト案内

新しいページの作成、下書き状態のページの確認、サイトマップの確認ができます。

❻管理画面パネル

管理画面の一覧が表示されます。ページ編集以外のサイト全体に関するconcrete5の設定などは、ここから行います。ログアウトもここからできます。

ページ設定パネル

ページ設定パネルではページに関する詳細を設定できます。

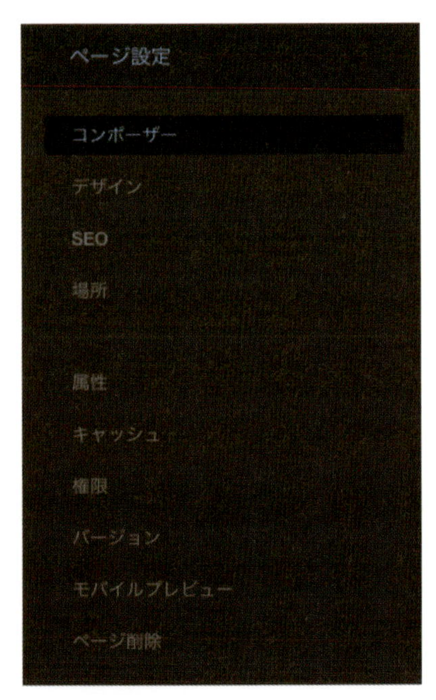

ページ設定パネル

コンポーザー

ページタイプでコンポーザーを設定している場合は、コンポーザーでページの内容を編集することもできます。

デザイン

ページテンプレートの変更、テーマの変更ができます。テーマがスタイルカスタマイズに対応している場合は、カスタマイズから対応しているCSSの編集などもできます。

SEO

ページ名やURLスラッグの他metaタグタイトルなどを編集できます。

場所

ページのURLを設定できます。複数のパスを設定し、リダイレクトさせることもできます。

属性

ページ属性の編集ができます。

キャッシュ

ページキャッシュの設定ができます。現在のキャッシュの状態を確認することができます。

権限

表示と編集ができる権限をユーザーグループ単位で設定できます。（上級権限モードの場合はこの限りではありません）

バージョン

バージョンの確認とロールバック、バージョンから新規ページの作成などができます。

モバイルプレビュー

スマートフォンやタブレット端末での表示確認ができます。

ページ削除

ページの削除ができます。削除したページはシステムページ内のゴミ箱に移動されます。

コンテンツ追加パネル

ページにコンテンツを追加するためのパネルです。追加可能なブロックなどが表示されます。
パネル上部をクリックする❶と、メニューが開き「クリップボード」と「スタック」に切り替える❷ことができます。

❶

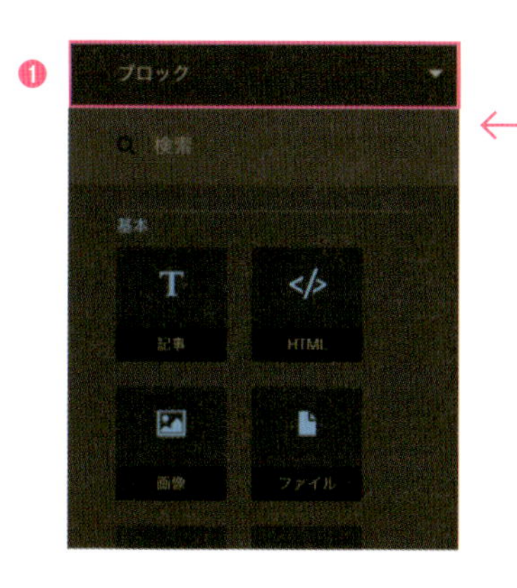

❷

コンテンツ追加パネル

クリップボード
ページに配置したブロックやスタックをクリップボードにコピー(P.239)して再利用することができる機能です。ブロックをコピーするとそのブロックがクリップボードに追加され、そこから設定を維持したまま新しいブロックとして配置することができます。

スタック
15-1(P.272)で詳しく解説します。

＋アイコンをもう一度押すと、鍵アイコンに変化します。通常、ページにコンテンツを追加するとパネルは閉じますが、鍵アイコンにしておくと、追加したあとに自動でもう一度パネルが開きます。連続してブロックを配置する際に利用するとよいでしょう。

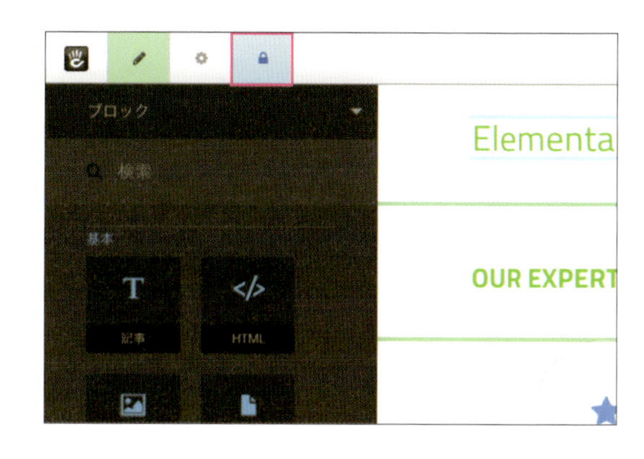

ページ追加とサイト案内パネル

新しいページの作成や下書きへのアクセス、サイトマップの表示ができます。

新しいページ
ページ
お知らせ記事
ページ下書き
(タイトル無し) 2018/01/31 17:12
サイトマップ
ホーム
お知らせ一覧

新しいページ
ページタイプを選択して新しいページを追加することができます。詳しくは5-3(P.88)で解説します。

ページ下書き
ページを追加する際、公開せずに保存したページが下書きとして表示されます。ここから再度編集を行うことができます。

サイトマップ
サイト内のページがツリー構造で表示されます。クリックすると、そのページへアクセスできます。

ページ追加とサイト案内パネル

初期設定をしよう　Lesson 03　04 05 06 07 08 09 10 11 12 13 14 15

管理画面パネル

パネル下部では現在どのユーザーでログインしているかを確認できます。

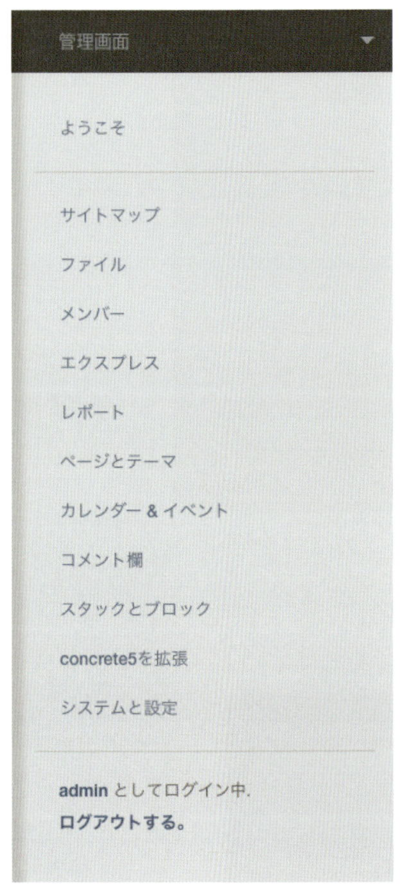

管理画面パネル

ようこそ
ようこそページではサイトの情報やconcrete5の最新情報などを確認できます。表示する内容はユーザーごとにカスタマイズすることができ、通常のページのようにブロックを追加したり、不要なブロックは削除して表示させないこともできます。

サイトマップ
concrete5で管理しているページを確認することができます。サイトマップでは、ページ名をクリックするとメニューが現れます。そのメニューからページへアクセスしたり、設定変更や削除などができます。

ファイル
concrete5で使用する画像やファイルはファイルマネージャーで管理することになります。ここからサイトで使用する画像やファイルの追加・検索・置換・削除などができます。画像の基本的な編集も行うことができます。

メンバー
concrete5にログインするにはユーザーアカウントが必要です。インストール時に追加されるadminのほか、独自にユーザーを作成し運用することができます。

エクスプレス
エクスプレスは、リレーショナルデータベースを構築できる機能です。

レポート
サイトに設置したフォームの一覧と送信された回答や、アンケートブロックの回答、サイトで発生したエラーのログやメールメッセージのログを閲覧できます。

ページとテーマ
サイトの見た目などに関わるテーマやページ作成に関わるページタイプ、ページテンプレート、ページ属性などの設定を行うことができます。

カレンダー & イベント
イベントカレンダーを作成することができる機能です。

コメント欄
サイト内に設置したコメント欄ブロックに書き込まれたメッセージの閲覧ができます。

スタックとブロック
スタックとグローバルエリアの管理やブロックとスタックの追加に関する権限の設定、インストール済みのブロックの確認などができます。

concrete5を拡張
concrete5にアドオンを追加したりテーマを入手したりと拡張することができます。詳しくはLesson06で解説します。

システムと設定
concrete5に関する細かい設定を行うことができます。

concrete5からログアウトする

複数人で使用する端末などからログインしていた場合は、更新作業がひと段落したらログアウトしましょう。ログインしたままでパソコンの前から離れてしまうと、誰でもページの編集が可能となってしまいます。

1 ツールバー右上の アイコンをクリックすると、管理画面パネルが開きます。

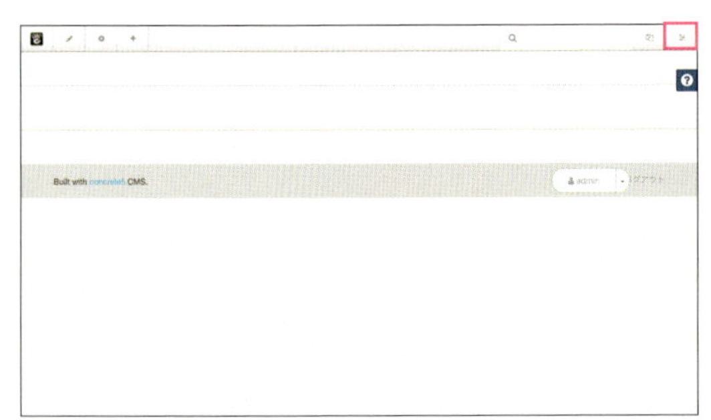

2 パネル下部の［ログアウトする］リンクをクリックすると、ログアウトします。

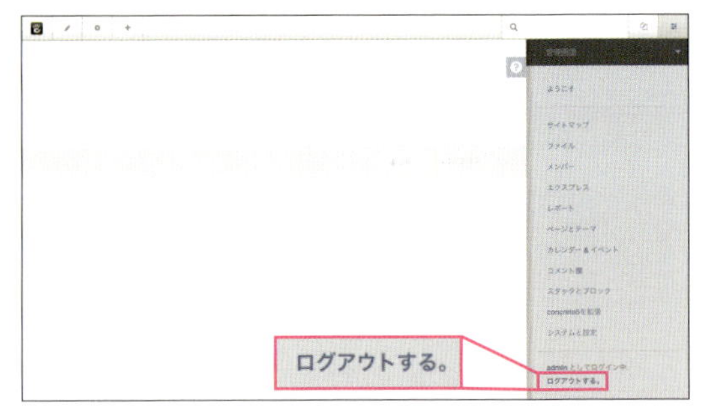

3-2 サイトの概要を設定しよう

concrete5の基本操作や画面について確認したところで、サイトの概要と開発のための設定を行いましょう。これらの設定はあとから変更することができます。

Step01 サイト名を変更する

インストール時に入力したものからサイト名を変更してみましょう。

1 ツールバー右上の アイコンから管理画面パネルを開き、[システムと設定]をクリックします。

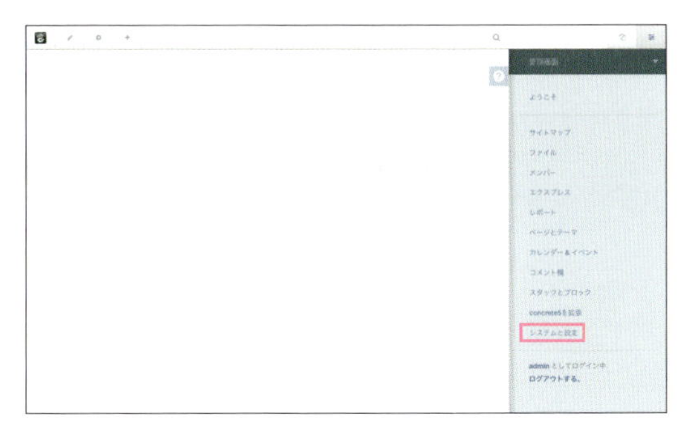

2 「システムと設定」ページが表示されたら、[基本]にある[名前 & 属性]をクリックします。

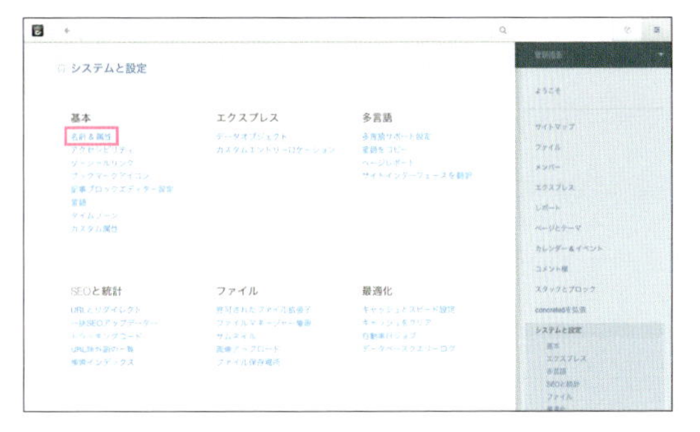

3 「名前 & 属性」ページに移動します。「コアプロパティ」の[サイト名]部分がサイトのタイトルとなります。任意のサイト名を入力します。ここでは「世界一わかりやすいconcrete5」と入力❶して、[保存]ボタンをクリック❷します。「サイト名が保存されました。」とメッセージが表示されたら変更完了です。

Step02 キャッシュの設定をする

concrete5はサイトを高速化するためにキャッシュを保存しています。開発中は最新の状態を確認できるよう、キャッシュの設定をすべて無効にしてください。

1 管理画面パネルの［システムと設定］をクリック❶します。「システムと設定」ページの「最適化」にある［キャッシュとスピード設定］をクリック❷します。

2 「キャッシュとスピード設定」ページにある6種類すべての項目で無効をチェックし［保存］ボタンをクリックします。

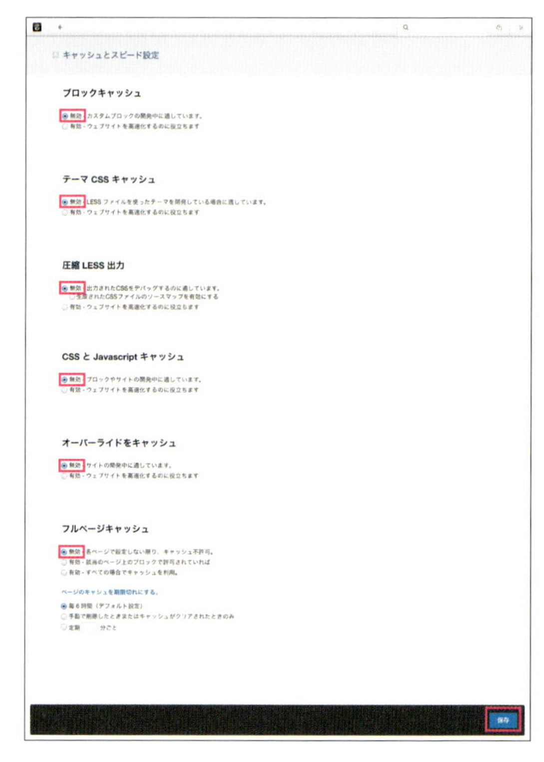

Step03 デバッグモードをオンにする

サイト内でエラーが起こった際に対処しやすいように、開発中はデバッグ表示を有効にしておきます。

1 管理画面パネルの［システムと設定］をクリック❶します。「システムと設定」ページの「サーバー設定一覧」にある［デバッグ設定］をクリック❷します。

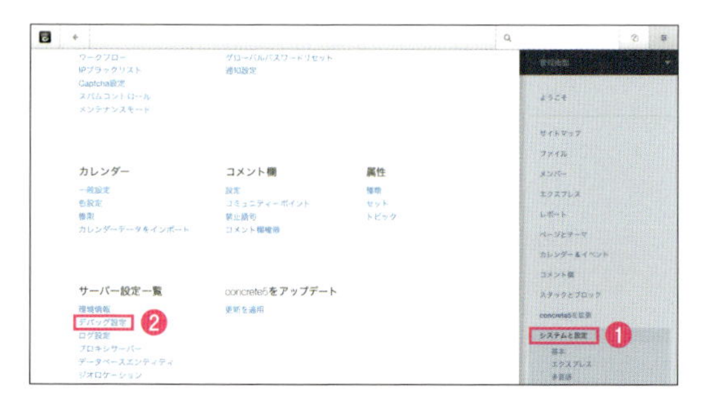

2 「エラーを表示」の［サイトユーザーにエラー情報を表示］にチェックが入っていることを確認し、「エラー詳細」の［エラーのデバッグ出力を表示］を選択❶して［保存］をクリック❷します。
「デバッグ設定が保存されました。」とメッセージが表示されたら、設定は完了です。

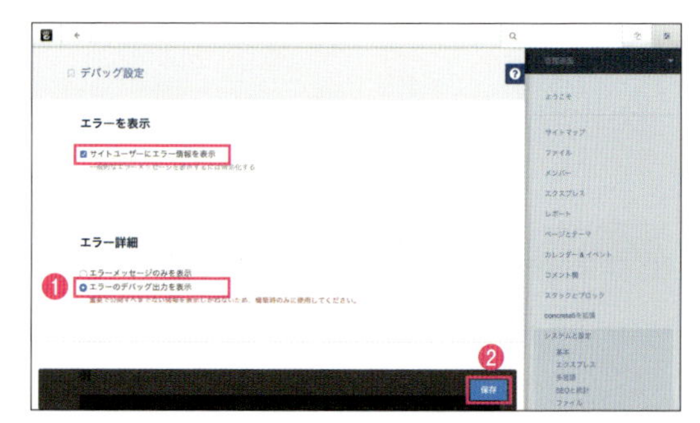

Step04 非公開状態で開発する

インストールしたばかりのサイトはログインしていないユーザーにも閲覧が可能な状態です。開発中のサイトを公開したくない場合は、メンテナンスモードを有効にすることで、非公開状態でサイトの作成を行えます。早速、メンテナンスモードを有効にしてみましょう。

1 管理画面パネルの［システムと設定］をクリック❶します。「システムと設定」ページの「権限とアクセス」にある［メンテナンスモード］をクリック❷します。

2 ［有効］にチェックを入れ❶、［保存］ボタンをクリック❷します。問題がなければ、「メンテナンスモードになり、このサイトは非公開になりました。」とメッセージが表示されます。これで非公開状態でサイト開発を行えるようになりました。

3 ツールバー左上の［矢印］ボタンからトップページへ移動します。今はログインしている状態なので、ページは変わらず見えているはずです。

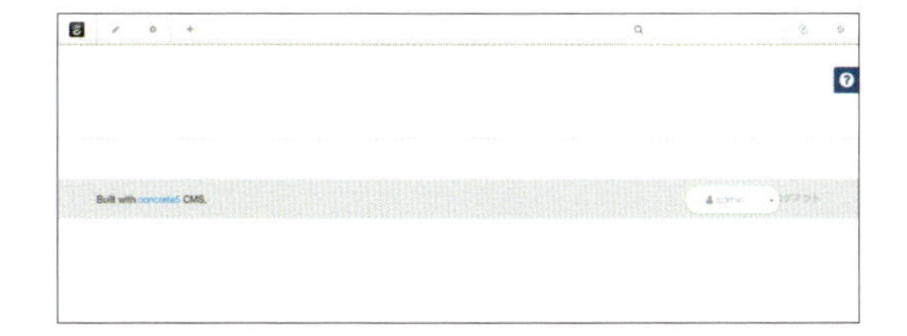

CHECK! メンテナンスモードのサイトはどう表示される？

ログインしていない状態でサイトにアクセスした場合、ページのコンテンツが見えない非公開状態であることが確認できます。

COLUMN

パスワードの再発行方法

もしパスワードを忘れてしまった場合は、以下の方法で再発行することができます。

❶ログインページにアクセスして［パスワード再発行］リンクをクリック
❷「パスワードを忘れた方はこちら」の画面で、ユーザー登録時のメールアドレスを入力して送信
❸届いたメールに記載されているURLにアクセス
❹「パスワードリセット」画面で新しいパスワードを入力し、［パスワードを変更してログイン］ボタンをクリック

Exercise — 練習問題

Q

ツールバーのアイコンと機能が正しく組み合わさるように線で結びましょう。

ア	ⓐページ追加とサイト案内
イ	ⓑ編集モード
ウ	ⓒ管理画面パネル
エ	ⓓページにコンテンツを追加
オ	ⓔコンポーザー／ページ設定パネル

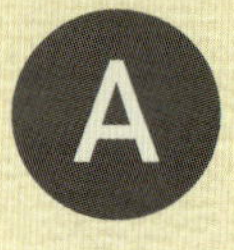

アとⓑ、イとⓔ、ウとⓓ、エとⓐ、オとⓒ

Q

管理画面パネルを使用せずに「メンテナンスモード」ページにアクセスし、メンテナンスモードを無効に変更してみましょう。

1. concrete5にログインしてツールバーを表示させます。
2. ツールバーにあるconcrete5内を検索する機能のフォームに「メンテ」と入力します。
3. 表示された検索結果のシステムと設定の[メンテナンスモード]リンクをクリックします。
4. [無効]にチェックを入れ、[保存]ボタンをクリックします。

CHECK!

メンテナンスモードは有効に戻す

このあとのレッスンではメンテナンスモードは有効状態になっている前提で進みますので、設定を変更したら必ず[有効]に戻してください。

コンテンツを
追加・編集しよう

An easy-to-understand guide to concrete5

Lesson 04

このレッスンでは、Lesson03で初期設定を終えたウェブサイトを実際に操作しながらページの編集についての基本知識と操作を学びます。concrete5の特徴である編集モードでページを編集し、エリアやブロックについて学んでいきましょう。

4-1 編集モードでコンテンツを編集してみよう

サイトのデザインや開発を学ぶ前に、デフォルトのテーマのまま、基本的なコンテンツの編集方法を確認しましょう。

編集モードについて理解する

ページのコンテンツを編集するには「編集モード」で行います。編集モードでは、編集したい部分をクリックして内容の編集をしたり、ドラッグ&ドロップでテキストや画像の追加や移動が行えるなど、直感的にウェブページを編集することができます。

編集モードにする

まずはトップページを「編集モード」にしてみましょう。編集モードにするのはとても簡単です。トップページでツールバー左上の✏アイコンをクリックします。するとアイコンが緑色に変わり、編集モードになります。

編集モード

エリアとブロック

ページを編集モードに切り替えると、編集可能な領域である「エリア」が表示されます。この「エリア」の中に「ブロック」と呼ばれるコンテンツを配置していき、ページを作成します。コンクリートブロックを積み重ねていくイメージです。

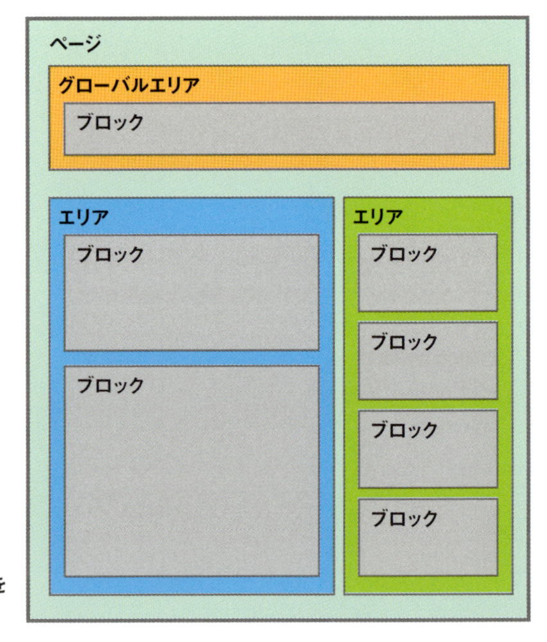

エリアの中にブロックを配置していく

コンテンツを配置する「エリア」

エリアには「エリア」と「グローバルエリア」の2種類があります。エリア内ではブロックの設置や並び替えがドラッグ&ドロップでできるため、直感的にページの編集が行えます。複数のエリアをまたいだブロックの移動も可能です。

ページ独自のコンテンツを配置するエリア

通常の「エリア」は「メインエリア」や「ページフッターエリア」などページ固有のブロックを入れる領域を指します。通常のエリアに配置したブロックはそのページでのみ表示され、同じ名称のエリアがほかのページにあったとしてもこのエリアに入れたブロックはサイト内で共有されません。たとえば、ページのメインコンテンツはそのページ独自のコンテンツであることが多いため、「メインエリア」に追加します。

サイト内共通のコンテンツを配置するエリア

グローバルエリアは、複数ページ共通のブロックを入れる領域です。同じ名称のグローバルエリアがあるすべてのページに変更が反映されます。ヘッダーやフッターなどサイト全体で共通であることが多いコンテンツをグローバルエリアに配置することで、更新の際の手間が少なくなります。エリア名のタブに「サイト全体の」とついているのが特徴です。

「エリア」と「グローバルエリア」

コンテンツの最小単位「ブロック」

ブロックはconcrete5の編集モードで編集可能なコンテンツや機能の最小単位です。標準でさまざまな種類のブロックが用意されており、機能拡張することで追加もできます。
標準でインストールされているブロックとして、文章などを格納する「記事」ブロックや複数の画像をスライドショー形式で表示する「画像スライダー」ブロック、Googleマップを簡単に埋め込める「Google マップ」ブロックなどがあります。concrete5では、ブロックを組み合わせる方式を採用することで、多彩なページをプログラミングの知識なしで作成することができます。

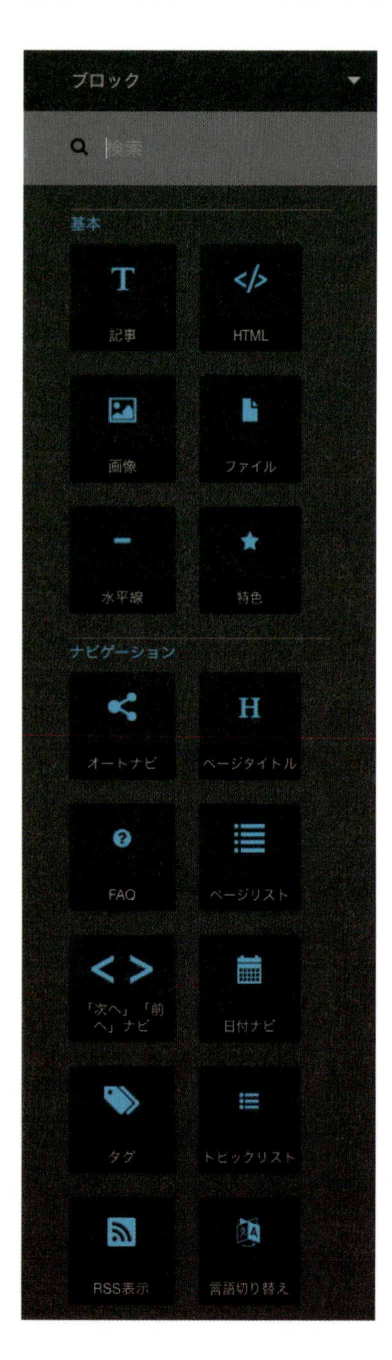

基本

記事
テキストを表示します。

HTML
HTMLを入力し出力します。

画像
画像を表示します。

ファイル
ファイルへのリンクを表示します。ダウンロードを強制させることも可能です。

水平線
水平線（hrタグ）を出力します。

特色
アイコンと見出しと文章を入力し表示します。

ナビゲーション

オートナビ
サイトマップを元にナビゲーションを出力します。

ページタイトル
ページタイトルを出力します。

FAQ
FAQを作成できます。

ページリスト
条件を設定しページの一覧を表示します。

「次へ」「前へ」ナビ
前後のページへのリンクを表示します。

日付ナビ
年月ごとのアーカイブを作成します。

タグ
タグ属性を表示します。

トピックリスト
トピック属性の一覧などを表示します。

RSS表示
RSSフィードを表示します。

言語切り替え
多言語サイト構築の際、言語を切り換えるためのリンクを表示します。

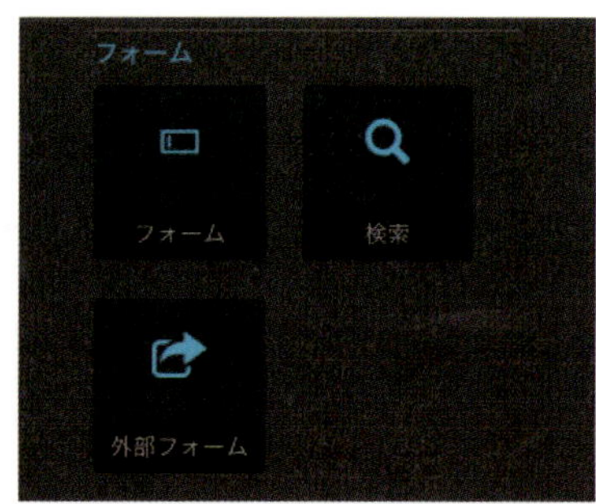

フォーム

フォーム
フォームを作成し出力します。

検索
サイト内検索を表示します。

外部フォーム
サーバー内に作成したフォームのソースコードを読み込み出力します。

エクスプレス

一覧
(Express エントリーリスト)
エクスプレス(P.48参照)のエントリーの一覧を表示します。

詳細
(Express エントリー)
エクスプレスのエントリーの詳細を表示します。

ソーシャルネットワーキング

アンケート
選択式のアンケートを設置します。

コメント欄
コメント機能を設置します。

ソーシャルリンク
ソーシャルアカウントへのリンクを設置します。

紹介
画像・名前・ポジション・会社・会社URL・自己紹介/引用を入力し表示します。

このページをシェア
シェアアイコンを出力します。

カレンダー&イベント

カレンダー
イベントをカレンダー形式で表示します。

イベントリスト
イベントをリスト形式で表示します。

カレンダーイベント
イベント詳細を表示します。

マルチメディア

ページ属性表示
ページ属性を表示します。

画像スライダー
スライドショーを設置します。

ビデオプレイヤー
動画を埋め込み表示します。

ドキュメントライブラリ
ファイルマネージャーのファイルを一覧表示します。

YouTubeビデオ
YouTube動画を埋め込み表示します。

Googleマップ
Googleマップを表示します。

その他

レガシーフォーム
エクスプレス機能と連動していないフォームを作成します。

[他のブロックを入手]ボタン
「他のアドオンを入手」ページへ遷移します。

COLUMN

組み合わせで異なるエリア配置

concrete5で管理しているページには「ページタイプ」(P.78参照)「ページテンプレート」(P.78参照)「テーマ」(P.99参照)が関連付けられています。その組み合わせによって、ページ上にどのように「エリア」が配置されていて、どのようにコンテンツを編集できるかが決められています。

テーマ「Elemental」空白のページのエリア配置

テーマ「Elemental」ブログ記事のエリア配置

4-2 サイト名を追加してみよう

サイト名がサイト全体で表示されるように記事ブロックをグローバルエリアに追加し、エディターでリンクを設定します。

Step01 ヘッダーにサイト名を表示する

サイト内のすべてのページでヘッダーにサイト名を表示するため、グローバルエリアに追加してみましょう。

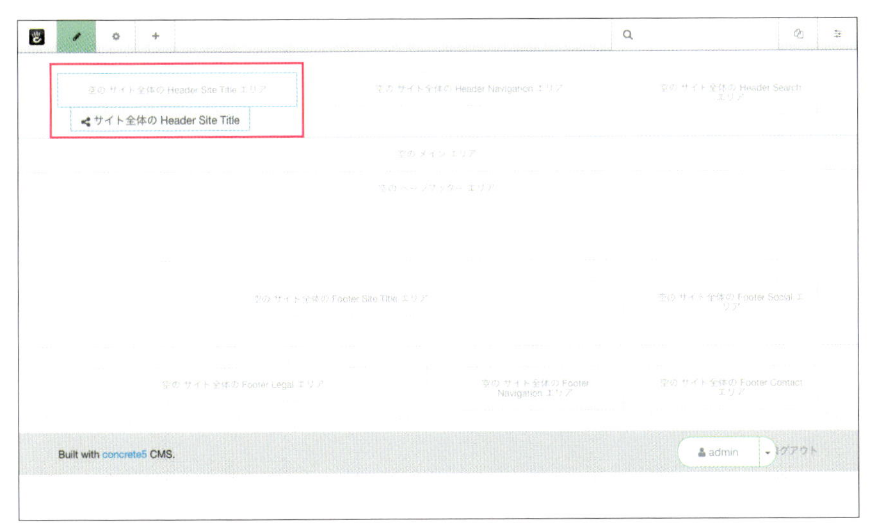

グローバルエリア

記事ブロックを設置する

ここでは、サイト名はテキストなので「記事」ブロックを利用して追加します。

1 ツールバーの[+]アイコンをクリック❶すると、コンテンツ追加パネル（ブロック一覧）が現れます❷。

2 ブロック一覧にある「記事」ブロックを「サイト全体の Header Site Title エリア」にドラッグ&ドロップします。

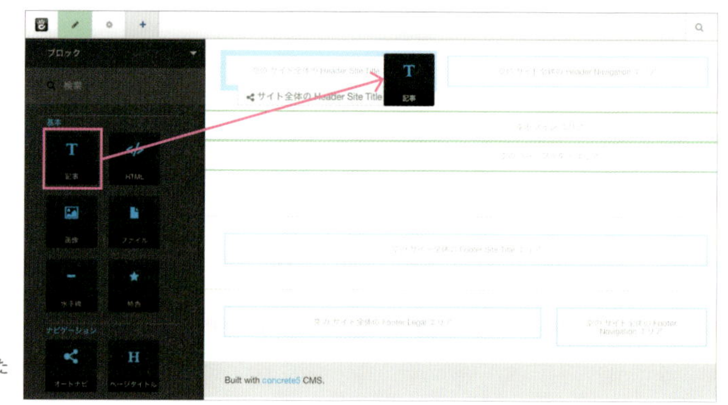

ドラッグして囲み線が太くなったエリアの中に追加できます。

3 今回は「記事」ブロックを追加したので、エディターが現れます。

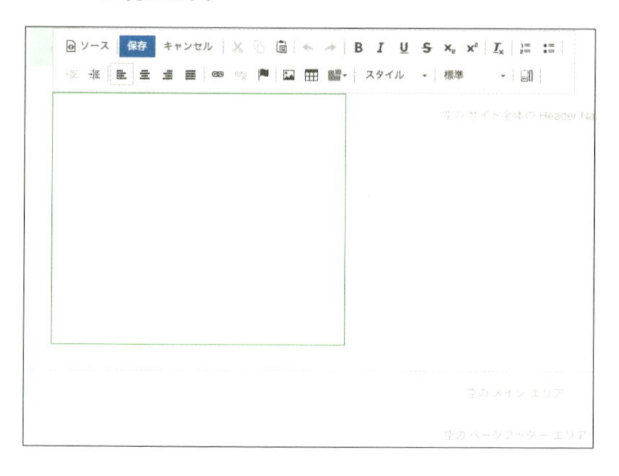

4 サイト名を入力❶し、段落の書式を「見出し1」に設定❷します。サイト名は「世界一わかりやすいconcrete5」と入力しましょう。

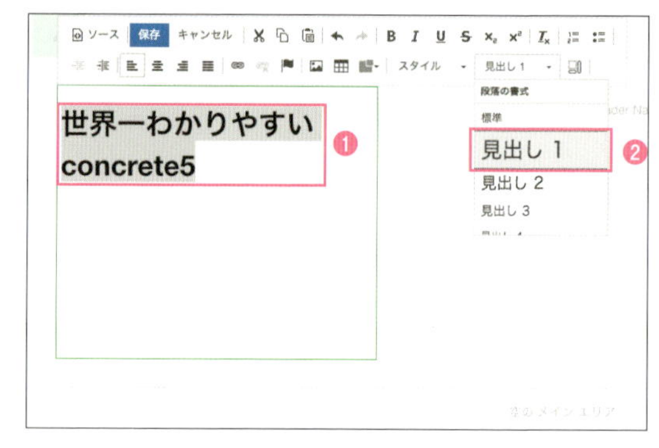

Step02 サイト名にリンクを設定する

次にリンクを追加してみましょう。

1 入力したサイト名を選択した状態で[リンクアイコン]を押し❶、ハイパーリンクの設定画面が現れたら、[Sitemap]ボタンをクリック❷します。

2 サイトマップが開くので、[ホーム]をクリックします。

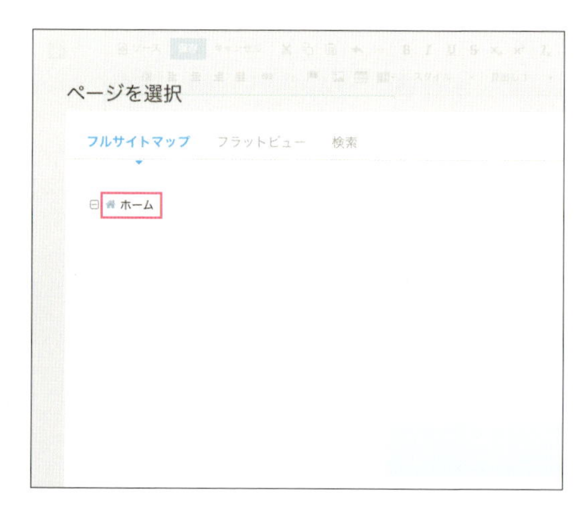

3 ハイパーリンクの設定画面のURLに、2で選択したページのURLが挿入される❶ので、[OK] ボタンをクリック❷します。

ページIDによるリンク管理

concrete5のサイトのページは、ページごとに入力可能な「URLスラッグ」(ページ設定で入力することができアドレスの一部として利用される) とは別に、ユニークな「ページID」が自動で割り振られています。サイトマップからリンク先を選ぶとパス表示ではなく「ページID」でリンクされるので、URLスラッグを変更した場合でもリンクURLを編集する必要がありません。

4 [保存] ボタンをクリックすると、記事ブロックの編集が保存されます。これで、サイト名を表示できました。

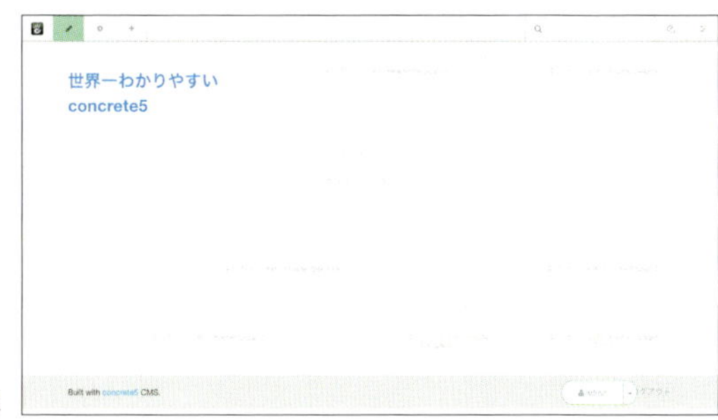

サイト名表示の完成

エディターを使いこなす

「記事」ブロックのエディターについて、もう少し詳しく説明します。なお、concrete5の「記事」ブロックで使えるエディターには、CKEditorが採用されています。

エディターの画面構成と機能

ここではデフォルト状態の機能を紹介します。管理画面のシステムと設定メニューの「基本」にある [記事ブロックエディター設定] で表示する機能をカスタマイズすることもできます。

「記事ブロックエディター設定」ページ

①html（ソース）の表示
②保存
③保存せずにキャンセル
④切り取り（カット）
⑤コピー
⑥貼り付け（ペースト）
⑦元に戻す
⑧やり直す
⑨太字
⑩斜体
⑪下線
⑫打ち消し線
⑬下付き
⑭上付き
⑮書式を解除
⑯番号付きリスト
⑰番号なしリスト
⑱インデント解除
⑲インデント
⑳左揃え
㉑中央揃え
㉒右揃え
㉓両端揃え

㉔リンクの挿入・編集

[Sitemap] をクリックするとサイトマップから、[サーバブラウザ] をクリックするとconcrete5のファイルマネージャーからURLを入力できます。

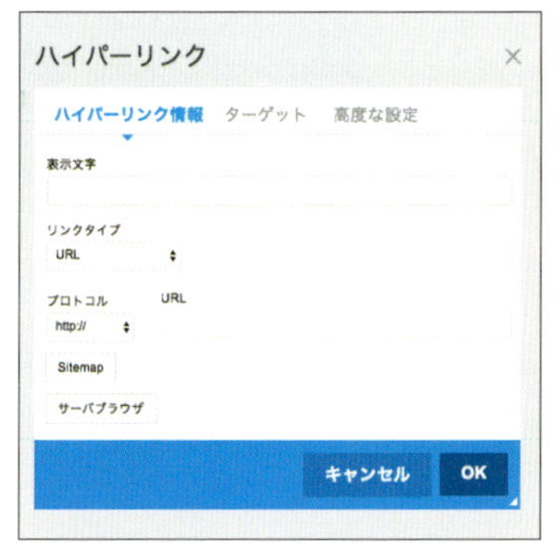

ハイパーリンク

㉕リンクの削除
㉖アンカーの挿入・編集

㉗画像の挿入・編集

[サーバブラウザ] をクリックするとconcrete5のファイルマネージャーからファイルを選択してURLを入力できます。

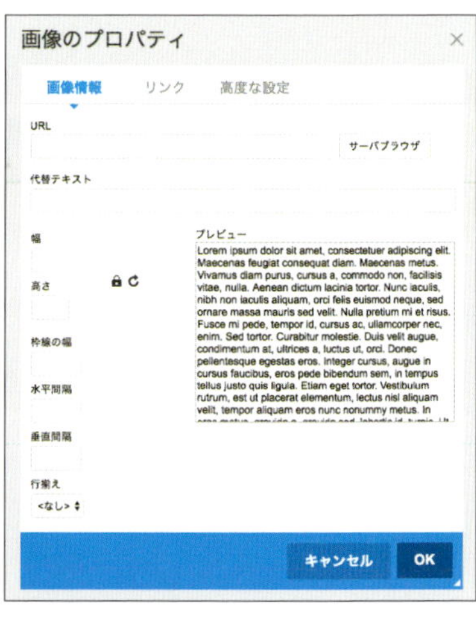

画像のプロパティ

㉘表の挿入

表の編集やセルの結合などは表内にカーソルがある状態で右クリックすることで行えます。

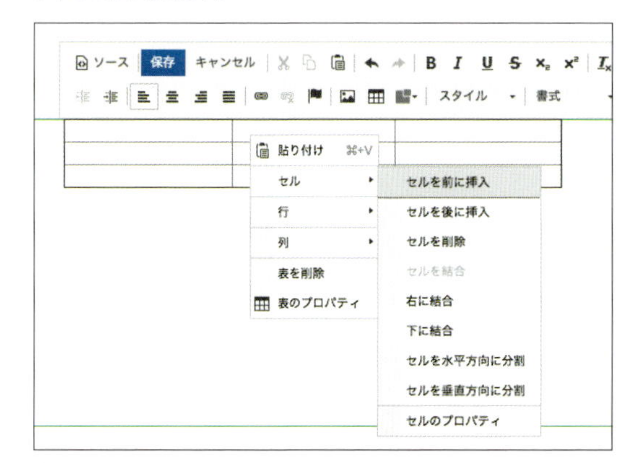

表の編集

㉙スニペット

ページ名とユーザー名を表示できます。

㉚スタイル

オブジェクトスタイルとインラインスタイルを適用します。

㉛書式

段落の書式を編集します。

㉜ブロック表示

ブロック要素を点線で囲われた状態で表示します。

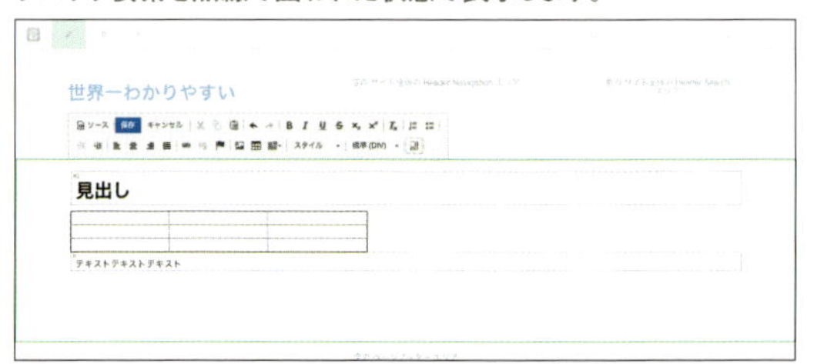

ブロック表示

4-3 スライドショーを追加しよう

「画像スライダー」ブロックを設置しながら、concrete5に画像をアップロードする方法と設定について学びます。

画像スライダーブロックを設置する

画像スライダーとは、アップロードした画像を複数枚選択してスライドショーを表示するブロックです。ここではファイルをアップロードし、画像スライダーに設定してみましょう。

1 ツールバーの[+]アイコンをクリック❶すると、コンテンツ追加パネル（ブロック一覧）が現れます。ブロック一覧の「マルチメディア」セットにある「画像スライダー」ブロックを「空の メイン エリア」にドラッグ&ドロップ❷します。

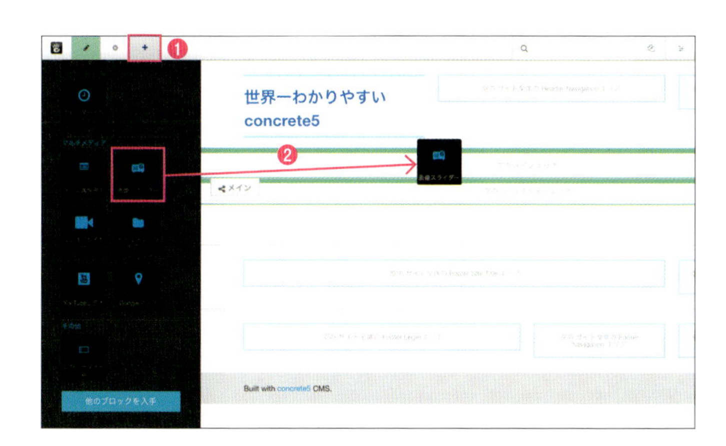

2 「画像スライダーを追加」というポップアップが現れるので、［スライドを追加］ボタンをクリックします。

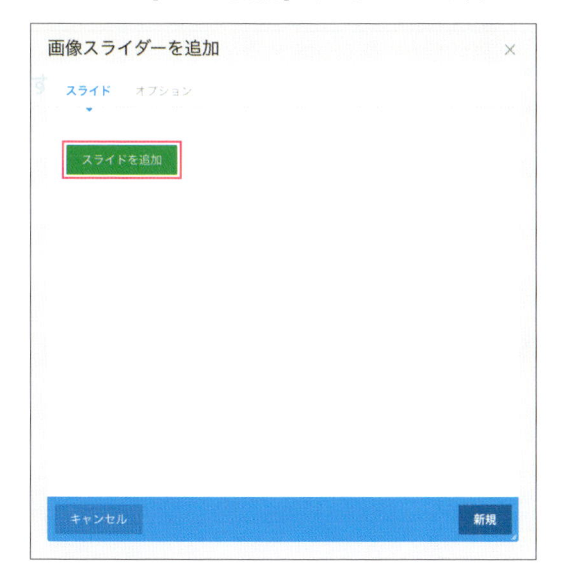

3 1つのスライドに設定できる項目が表示されるので、画像のアイコンをクリックしてください。ファイルマネージャーが開きます。

4 次に、画像スライダーで使用するファイルをアップロードしましょう。サンプル画像の「image01.jpg」をファイルマネージャー上にドラッグ&ドロップしてください。

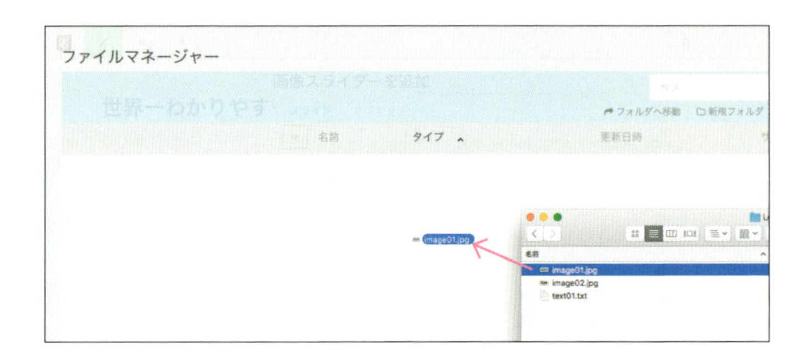

COLUMN

ファイルマネージャーとは?

concrete5で扱う画像やファイルを管理する機能のことです。ドラッグ&ドロップでファイルのアップロードが行えます。フォルダを作成し階層構造で管理する以外に、セットと呼ばれるタグのような機能で管理することもできます。concrete5のファイルマネージャーは管理するだけでなく画像の加工やリサイズも行えます。

5 無事アップロードが完了すると、「アップロード完了」ポップアップが表示されるので、右上の[×]で閉じてください。

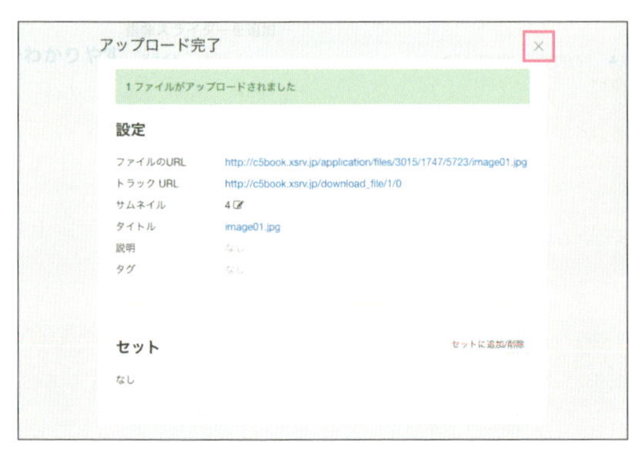

6 先ほどアップロードしたファイルが、ファイルマネージャーに表示されているので、その行をクリックしてください。画像の枠にサムネイルが表示され、どの画像を選んでいるかがわかるようになります。

7 2〜6を参考にもう1つスライドを追加してみましょう。アップロードする画像は、サンプル画像の「image02.jpg」を使用してください。追加が終わったら[新規]ボタンをクリックします。

8 スライドショーは編集モードではプレビューできませんが、どこに追加されているかはわかります。

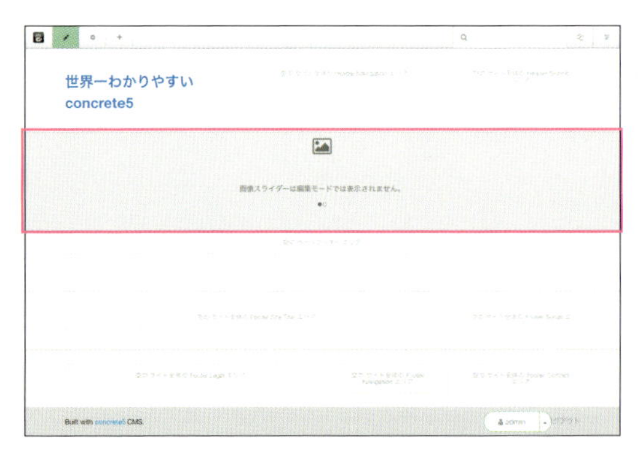

4-4 グローバルナビゲーションを設置しよう

サイト内のページへアクセスできるようにナビゲーションを設置しましょう。concrete5はツリー構造でページを管理しているので、ナビゲーションの設置もブロック1つで簡単に行えます。

ナビゲーションメニューを表示する

オートナビを追加する

オートナビは、サイトマップと連動してナビゲーションメニューを出力するブロックです。

1 ツールバーの[+]アイコンをクリック❶すると、コンテンツ追加パネル(ブロック一覧)が現れます。ブロック一覧の「ナビゲーション」セットにある「オートナビ」ブロックを「空の サイト全体のHeader Navigation エリア」にドラッグ&ドロップ❷します。

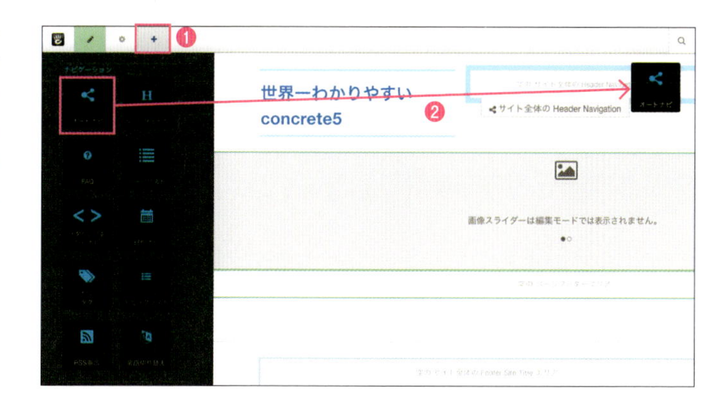

2 「オートナビを追加」というポップアップが表示されます。今回は、設定を変更せずに[新規]ボタンをクリックします。

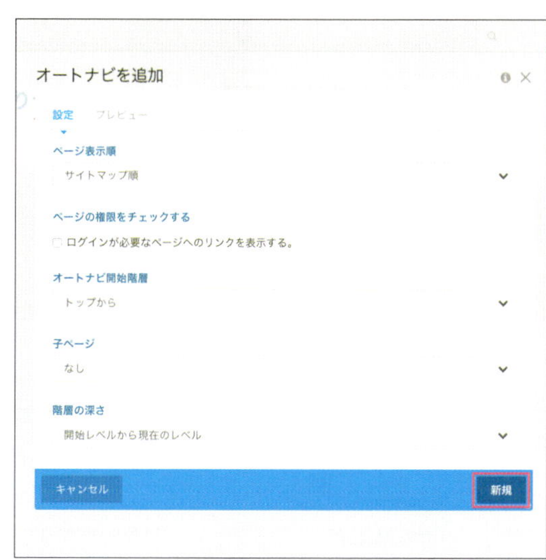

3 これで、ナビゲーションが設置されました。

オートナビの設定項目について

オートナビは設定によってサイト内のさまざまなナビゲーションで使用することができます。ここでは、どのような設定ができるかを紹介します。

ページ表示順：リンクをどのような順番で表示するかを選べます。選択肢は「サイトマップ順」「新しい順」「古い順」「アルファベット順」「逆アルファベット順」「逆サイトマップ順」です。

ページの権限をチェックする：デフォルトでは表示対象のページに権限が設定されていてログインが必要となる場合、リンクは出力されません。この設定を有効にすると、ログインが必要なページも出力します。

オートナビ開始階層：サイトマップのどこからのリンクを表示するかを選べます。「トップから」「第2階層から」「第3階層から」「ひとつ上の階層から」「現在の階層から」「ひとつ下の階層から」「特定のページ下」のどれかを指定できます。

子ページ：子ページを表示するかを設定できます。「なし（表示しない）」「関連する下層ページのみ」「パンくずリスト形式で表示」「すべてを表示」から選べます。

階層の深さ：子ページを表示する際、どの階層まで表示するかを設定できます。「開始レベルから現在のレベル」「開始レベルから現在のレベル＋1」「すべてを表示」「表示レベルを任意指定」から選べます。

設定したオートナビが実際どのように表示されるかは、ポップアップ上部の［プレビュー］タブをクリックすると確認できます。

カスタムテンプレートを適用する

次に、グローバルナビゲーションの見た目を変更するために、カスタムテンプレートを適用します。
「カスタムテンプレート」は、ブロックなどの見た目を変更するための機能です。編集モードで選択できるようにするには、concrete5がインストールされているサーバー内に、PHPファイルを設置する必要があります。
今回は、デフォルトで用意されているカスタムテンプレートを使ってみましょう。

1 先ほど追加したオートナビをクリックし、現れたメニューの［デザイン&カスタムテンプレート］をクリックします。

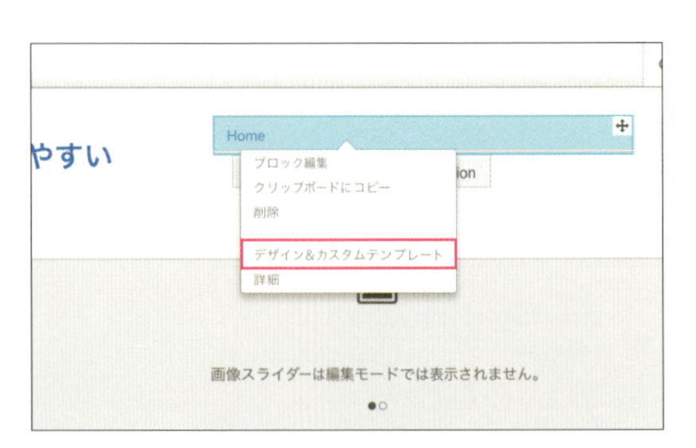

2 デザイン&カスタムテンプレートのメニューがブロック上部に表示されます。［歯車アイコン］をクリックすると、詳細パネルが現れます。

3 「カスタムテンプレート」に利用可能なカスタムテンプレートがドロップダウンで表示されるので、［レスポンシブヘッダーナビゲーション］を選択❶し、［保存］ボタンをクリック❷します。

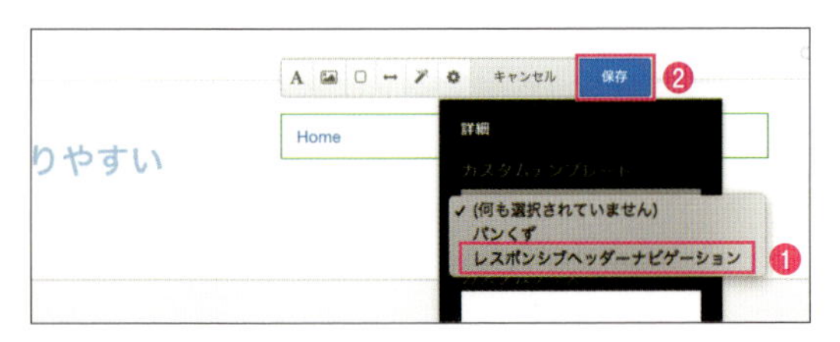

4 先ほどのナビゲーションにデザインが適用されました。これで、グローバルナビゲーションが設置できました。

4-5 レイアウトを編集してみよう

ページのエリアレイアウトはページテンプレートによって決まっていますが、concrete5にはエリアを分割できる機能があります。実際に操作しながら学んでいきましょう。

レイアウトを追加する

編集モードでブロックを追加できるエリアはページテンプレートによって決まっていますが、レイアウト機能を使いエリアを縦に分割することができます。レイアウトを追加するには、テーマ（P.99）側でレイアウトが使えるように設定されている必要があります。レイアウト機能はブロックを横並びにしたいときなどに便利な機能です。

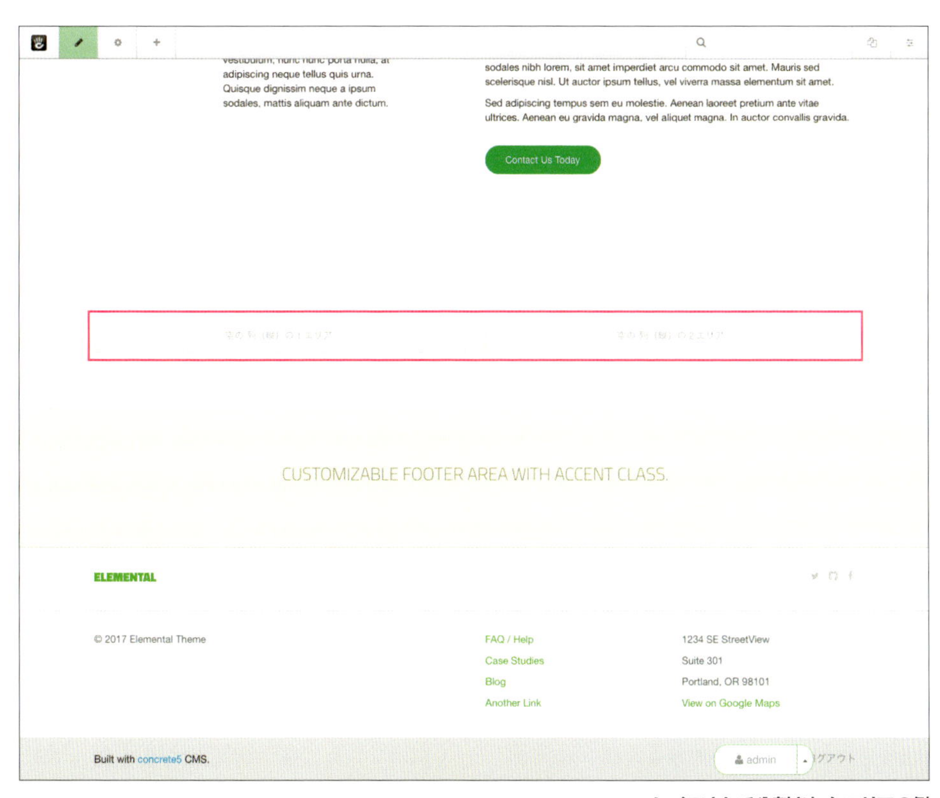

レイアウトで分割されたエリアの例

CHECK! 8.3.2では未対応

現バージョンでは、グローバルエリアはレイアウト機能に対応しておらず、レイアウトを追加できるのは通常のエリアのみとなります。

エリアを分割する

それでは、レイアウト機能を使ってエリアを3つに分割してみましょう。

1 4-3で配置した「画像スライダー」ブロックにマウスカーソルを当てる❶と、メインエリア名のタブが表示されます。［メイン］タブをクリック❷するとメニューが表示されるので、［レイアウトを追加］をクリック❸します。

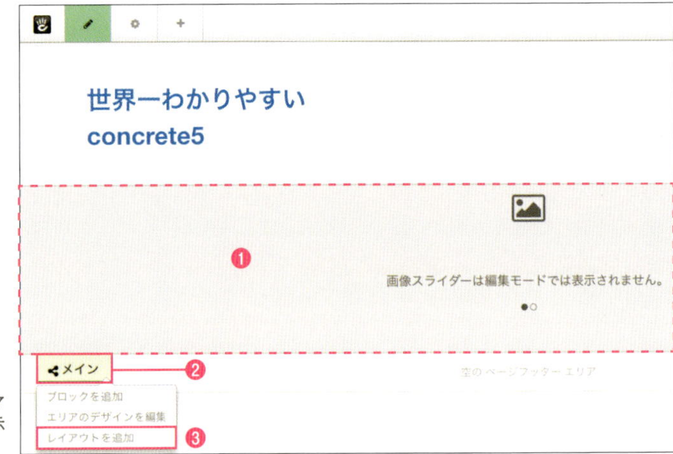

破線で図示したブロックの部分にマウスカーソルをのせると、タブが表示されます。

2 現れたメニューの「グリッド」形式に「Twitter Bootstrap」が選ばれていることを確認して、「カラム」の数字の右横にある▲を押して「3」に増やします。表示されている列が3つに分かれたら、［レイアウトを追加］ボタンをクリックします。

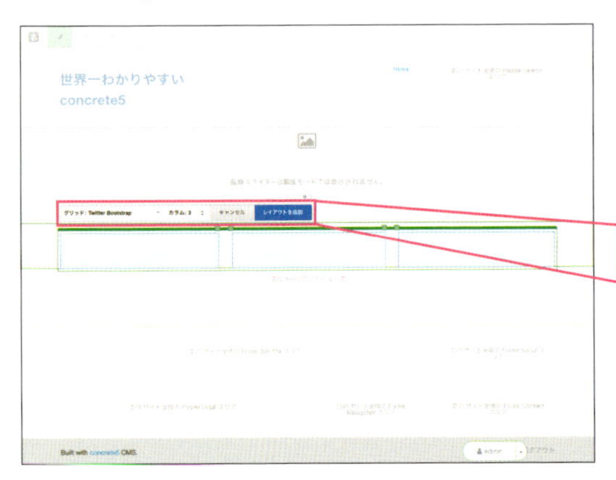

CHECK!　グリッド形式について

デフォルトのテーマでは「Twitter Bootstrap」と「自由形式のレイアウト」を選択できます。プリセットが設定されている場合は、その中から選ぶこともできます。プリセットはよく使うレイアウトを設定しておき、簡単に追加できるようにしたものです。

3 これでレイアウトが追加されました。「列（縦）の○」という名前のエリアが追加され、元からあるエリアと同様にブロックを配置することができます。また、レイアウトの中にレイアウトを追加することもできます。

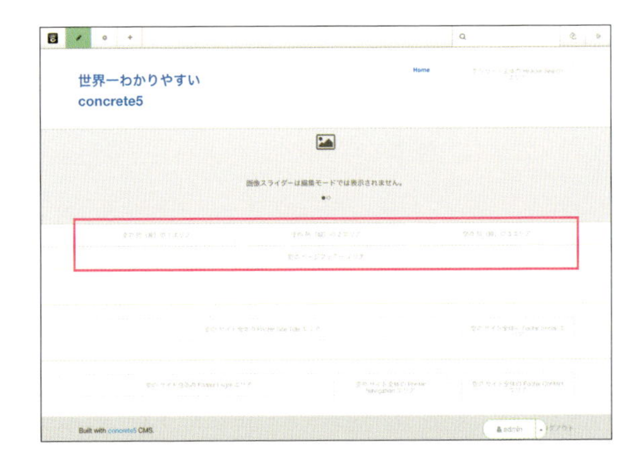

レイアウトを変更する

追加したレイアウトは、移動や削除、カラム幅の変更ができます。

1 レイアウト名のタブをクリックすると現れるメニューにある、［コンテナーのレイアウトを編集］をクリックします。

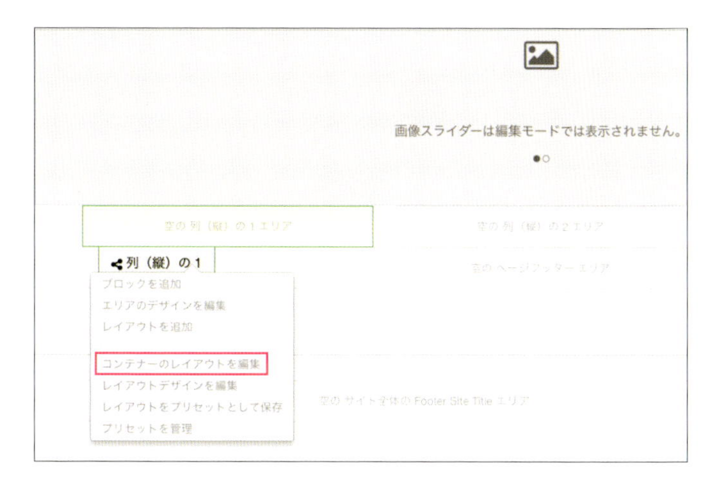

2 カラムの数は変更できませんが幅を調整することができます。カラム上部の緑色の□をドラッグします。

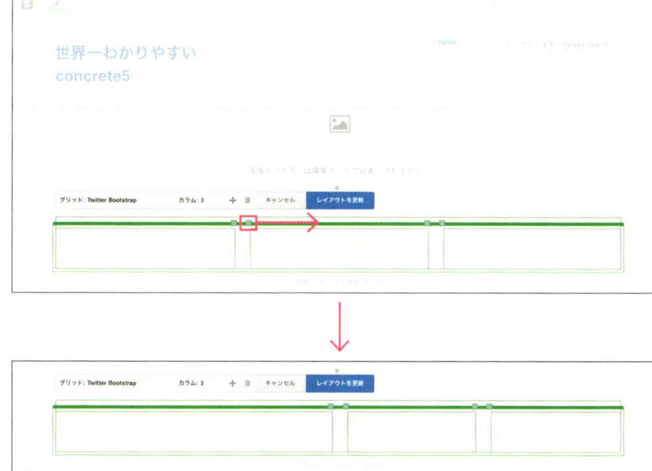

□の部分を左右にドラッグしてカラム幅を設定します。

CHECK! カラム間のスペース設定

「自由形式のレイアウト」を選択しているときは、カラムの間のスペースサイズを「空白」の設定で調整することができます。

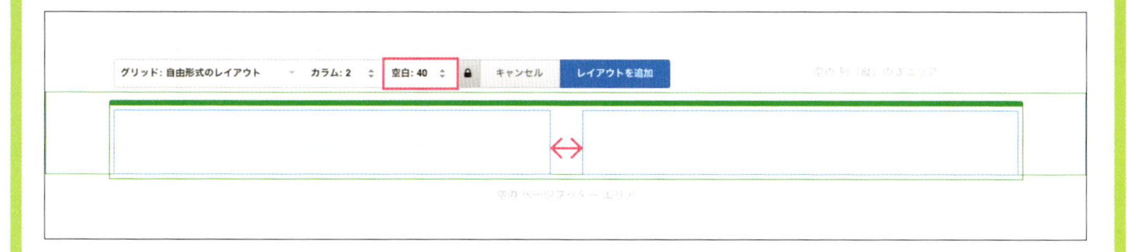

3 レイアウトをページ内の他の場所へ移動することもできます。十字ボタンをドラッグするとエリアレイアウトアイコンになるので、そのままドラッグして移動先の緑色の線が太くなったらドロップします。

CHECK! **移動が上手くいかない場合**

移動先の緑色の線が太く表示されない場合は、ページをリロードしてからもう一度、操作してみてください。

4 ゴミ箱ボタンをクリックすれば、レイアウトを削除できます。

グリッド: Twitter Bootstrap　カラム: 3　キャンセル　レイアウトを更新

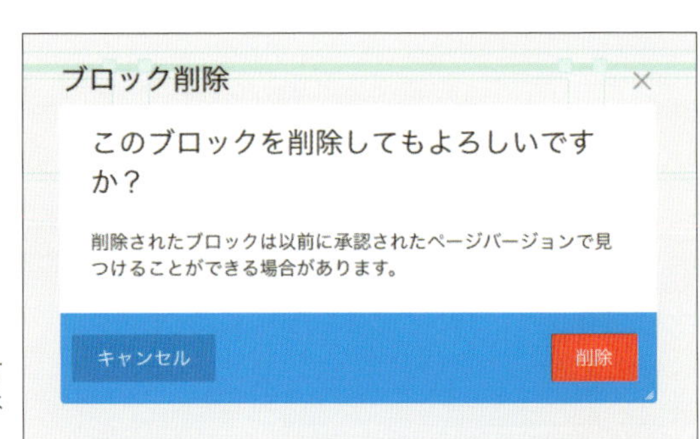

レイアウトは1つのブロックとして扱われているので、削除する際はブロック削除と表示されます。

5 レイアウトの編集を終えたら［レイアウトを更新］ボタンをクリックして保存します。

特色ブロックを設置する

sample-data ▶ Lesson04

レイアウト機能で作ったエリアにブロックを設置してみましょう。ここでは「特色」ブロックという、アイコンと見出しとテキストを表示できる機能を配置してみます。

1 ツールバーの[+]アイコンをクリック❶すると、コンテンツ追加パネル（ブロック一覧）が現れます。ブロック一覧の「基本」セットにある「特色」ブロックを「空の 列（縦）の 1 エリア」にドラッグ&ドロップ❷します。

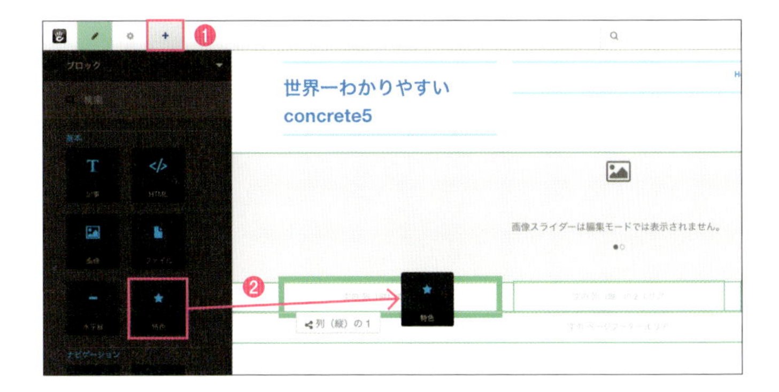

2 「特色を追加」というポップアップが現れます。「特色」ブロックは、「アイコン」「タイトル」「説明」「リンク」の設定ができるブロックです。リストからアイコンを選択すると、どのようなアイコンなのかをプレビューで確認できます。ここでは、[Pencil]を選択❶してみましょう。プレビューに鉛筆のアイコンが表示❷されます。

3 続いて、タイトルと段落を入力します。タイトルには「簡単編集」と入力❶し、段落にはサンプルファイルの「text01.txt」をコピー&ペーストで入力❷してください。入力し終わったら[新規]ボタンをクリック❸します。

4 1～3と同様に操作して「空の 列（縦）の 2 エリア」と「空の 列（縦）の 3 エリア」にも「特色」ブロックを設置します。アイコンやテキストは自由に変更してOKです。

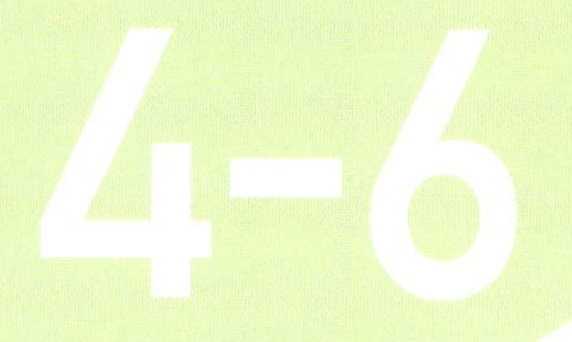

4-6 ページの変更を公開しよう

ページのコンテンツの追加・変更はブロックを編集・保存しただけでは公開されません。編集モードを終了し、公開の手順について確認しましょう。

編集モードを終了する

編集モードになっていることを確認し、✎アイコンをクリックします。4-2から4-5で行った保存していない変更があるので、編集の保存・公開パネルが現れます。［変更を公開］ボタンをクリックしてください。これで、ページの変更が公開されました。

なお、変更がない場合は、パネルは表示されずに編集モードは終了します。

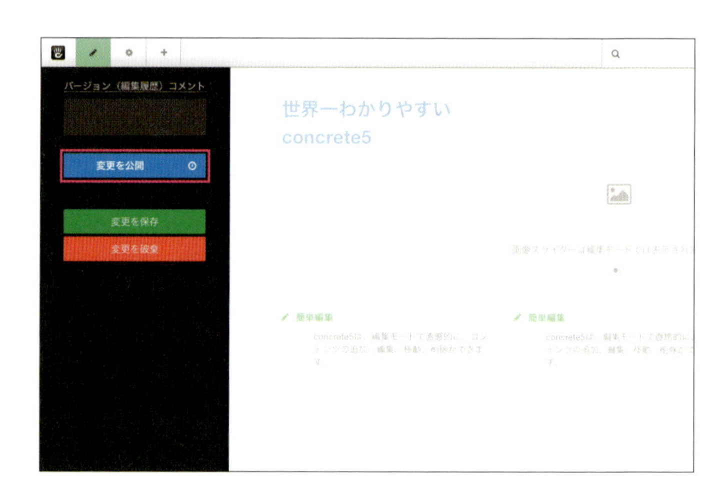

CHECK! 編集の保存・公開パネルの詳細

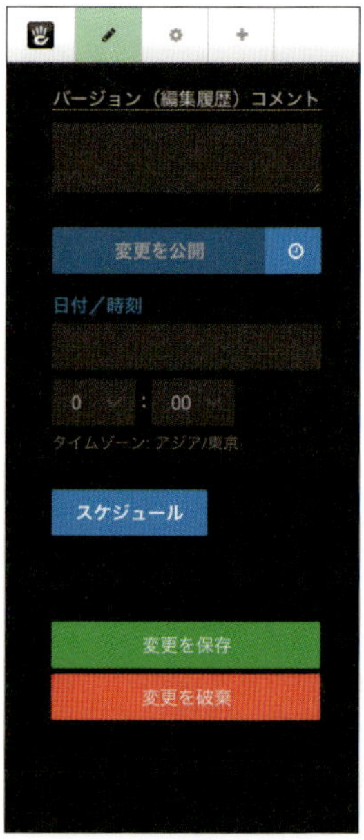

［バージョン（編集履歴）コメント］を残す

ページの変更はバージョン管理されており、バージョンごとにコメントを残すことができます。グローバルエリアなどは、複数ページ共通のコンテンツのため、ページとは別にバージョン管理されています。

時間を指定して公開する

時計アイコンをクリックすると、日付と時刻が入力できるようになり、公開日時を指定することができます。設定後、［スケジュール］ボタンをクリックすると、指定した日時にページの変更が公開されます。

［変更を保存］する

ページの変更をすぐに公開せずに保存できます。ページの編集権限を持ったユーザーには、保存した最新のバージョンのページが表示されます。

［変更を破棄］する

ページの変更は保存されずに破棄されます。

編集の保存・公開パネルで公開時間を設定中。

ブラウザでサイトを確認する

公開または保存することで、編集モードではプレビューできなかった画像スライダーの表示も確認できるようになります。

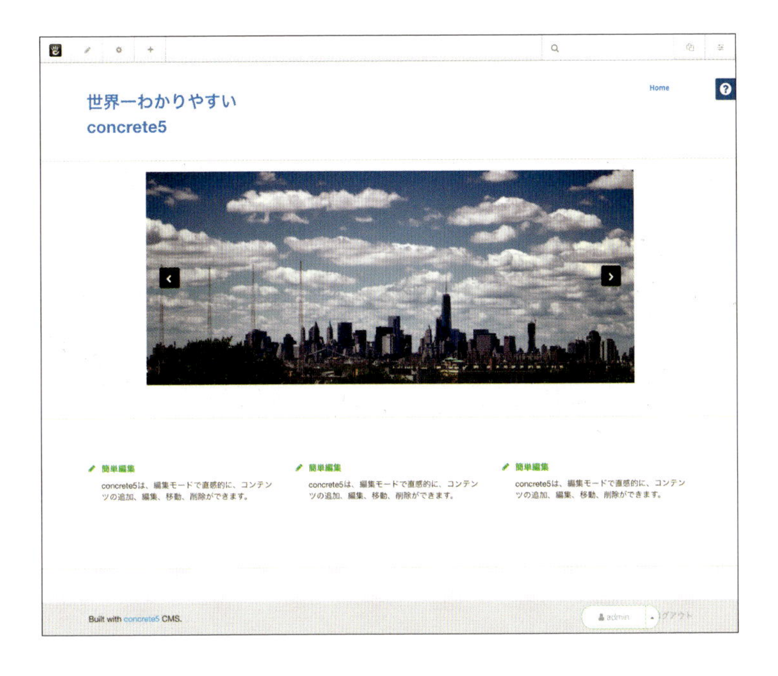

COLUMN

ブロックの編集

すでに追加してあるブロックを編集するには、編集モードで編集したいブロックをクリックしてみましょう。メニューが表示されるので、[ブロック編集]をクリックすると、追加時と同じように編集することができます。
その他にも、メニューによってさまざまな設定が可能です。ぜひクリックして試してみてください。

Exercise ─ 練習問題

編集モードでできることの説明として
正しいものはどれでしょうか。

1. エリアにブロックを配置できる
2. レイアウト機能でグローバルエリアを縦に分割できる
3. エリアに配置したブロックはあとから移動や編集ができる
4. 配置したブロックに背景色を設定することができる

1. O
編集可能な領域であるエリアやグローバルエリアにブロックと呼ばれるコンテンツを配置できます。

2. ×
レイアウト機能で分割することができるのはエリアです。

3. O
編集モードではエリアをまたいだブロックの移動など直感的に編集できます。

4. O
デザイン&カスタムテンプレートから背景色をつけることができます。

「特色」ブロックをメインエリアに設置し、背景色を設定してみましょう。
編集モードで背景色がついたのを確認できたら、
ツールバーの アイコン→［変更を破棄］の順でクリックして終了します。

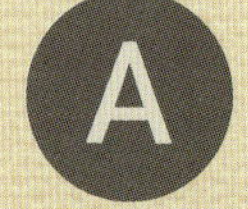

❶ツールバーの アイコンをクリックして編集モードにします。
❷ツールバーの＋アイコンをクリックすると現れるコンテンツ追加パネルから「特色」ブロックをメインエリアに設置します。
❸設置したブロックをクリックし［デザイン&カスタムテンプレート］をクリックします。
❹左から2つ目の［画像］アイコンをクリックし、背景色を選択して［保存］ボタンをクリックします。

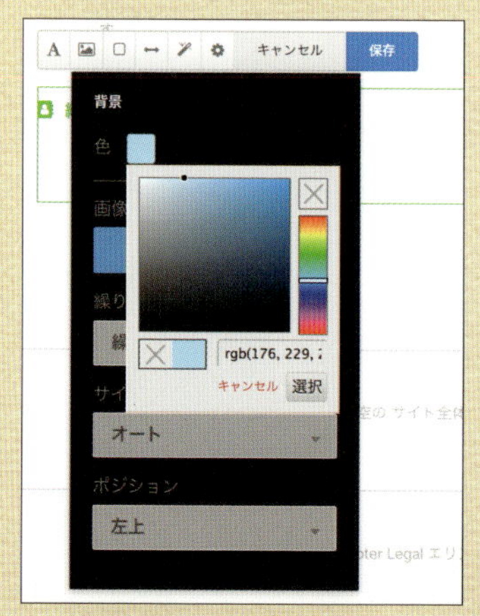

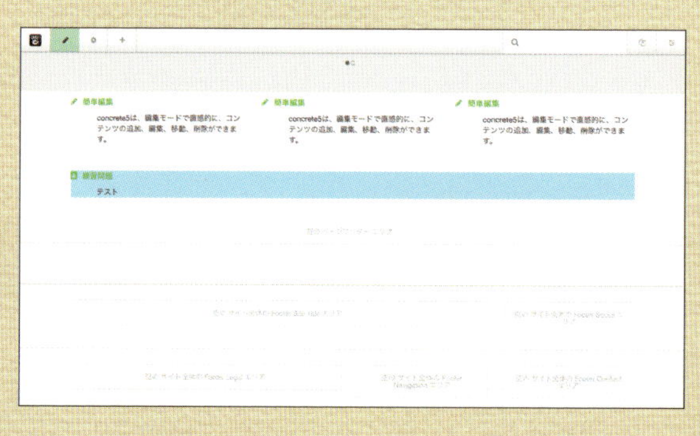

背景に選択した色が施されたら正解。

ページを追加・管理しよう

An easy-to-understand guide to concrete5

Lesson 05

このレッスンでは、ページの追加や削除の方法と独自のページタイプを作成する方法、フルサイトマップの扱い方などを学びます。サイト上にお知らせを表示する一覧ページと記事ページを作成しながら、concrete５のページ作成と管理について覚えていきましょう。

サイトマップからページを追加してみよう

ここでは、フルサイトマップからページを追加する方法を説明します。
実際に操作してお知らせ一覧のためのページを作成してみましょう。

ページを新規作成する

concrete5でページを新規作成するにはいくつかの方法があります。

- **フルサイトマップから**
- **ページ追加パネル（[ページ追加とサイト案内]の「新しいページ」）から**
- **ページバージョン（[ページ設定パネル]の[バージョン]）から**

ここでは、フルサイトマップから行う方法を紹介します。

1 ツールバー右上の アイコンをクリックすると、管理画面パネルが開くので、[サイトマップ]をクリックします。

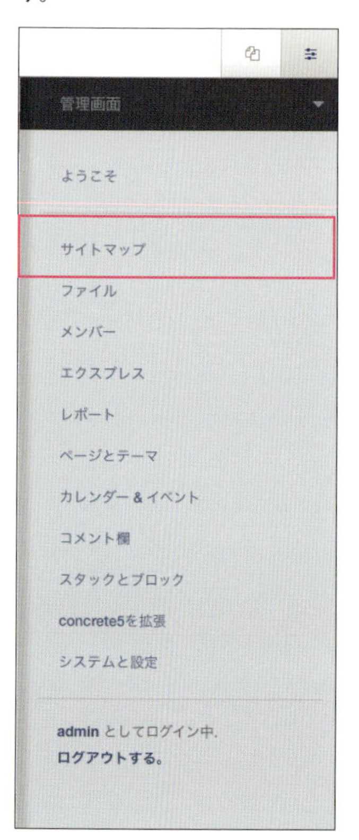

2 フルサイトマップページが開くので、[ホーム]をクリック❶して現れるメニューにある[新規ページ]をクリック❷します。

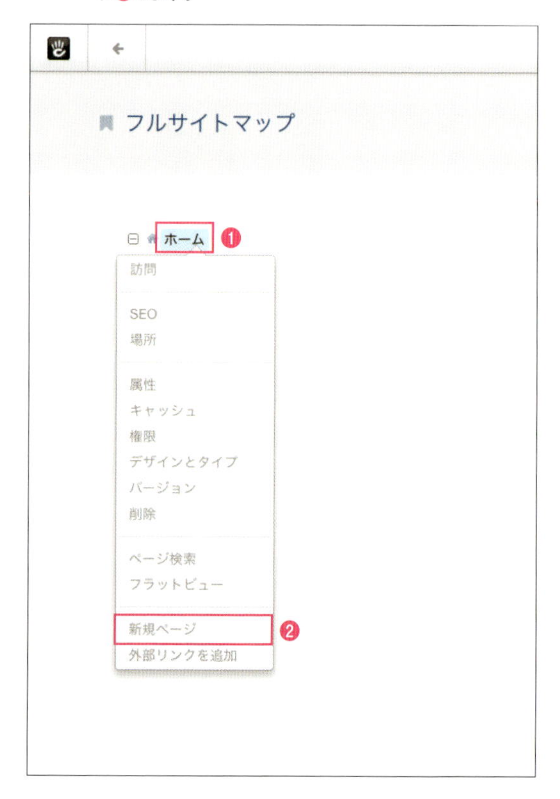

3 「新規ページ」のポップアップが開くので、[ページ]をクリックします。

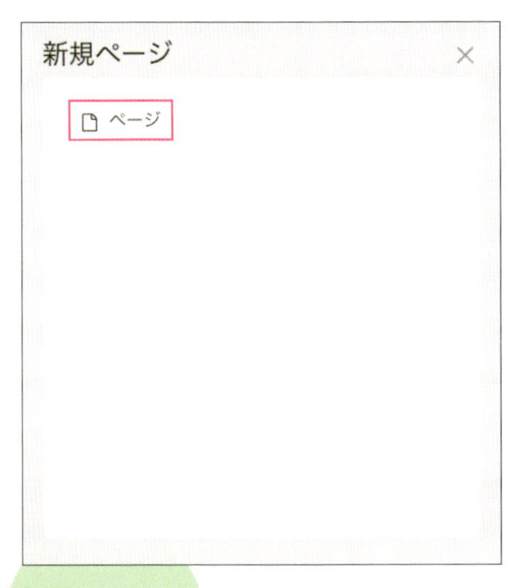

CHECK! 公開前のコンテンツ

ページの公開前にあらかじめページのコンテンツを準備しておきたい場合は、[編集モード]をクリックしてコンテンツを配置することができます。

4 続いて、ページの情報を入力します。ページ名は「お知らせ一覧」❶、URLスラッグには「news_list」❷と入力し、ページ位置が「Home」❸となっていることを確認したら、[ページを公開]ボタンをクリック❹します。

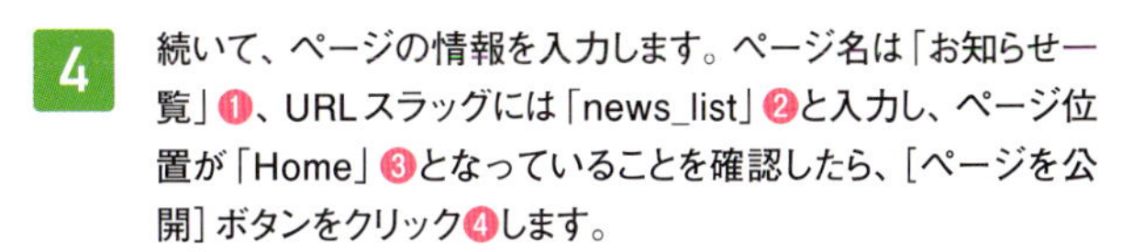

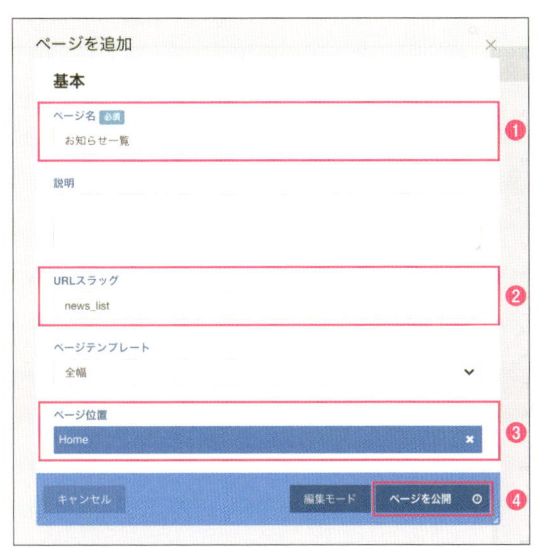

5 これで、新しいページを作ることができました。次の節からはこのお知らせ一覧ページに表示される「お知らせ記事」を作成していきます。

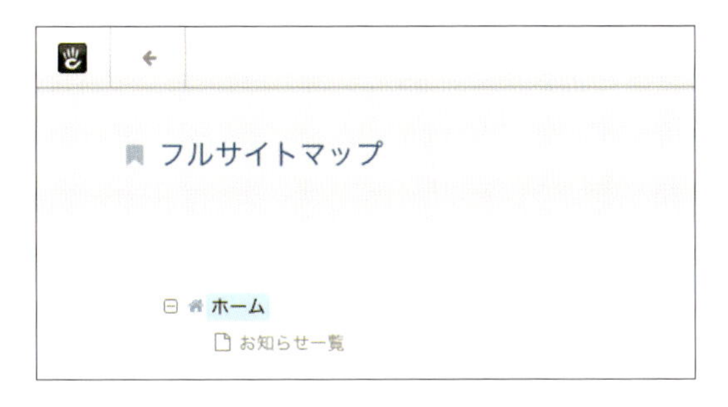

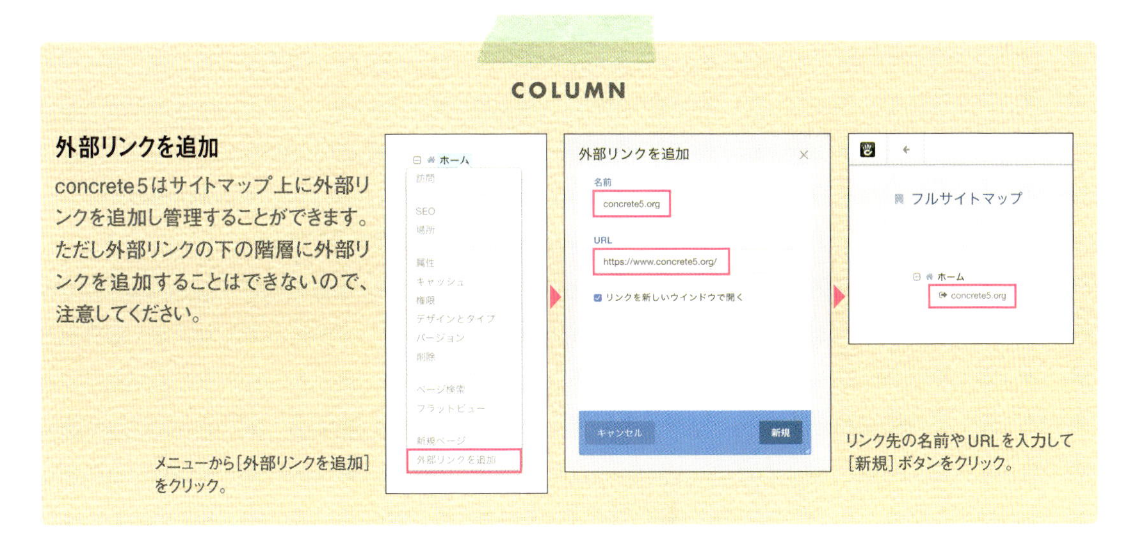

COLUMN

外部リンクを追加

concrete5はサイトマップ上に外部リンクを追加し管理することができます。ただし外部リンクの下の階層に外部リンクを追加することはできないので、注意してください。

メニューから[外部リンクを追加]をクリック。

リンク先の名前やURLを入力して[新規]ボタンをクリック。

5-2 お知らせ記事用のページタイプを作成しよう

お知らせ記事ページを追加するために、専用のページタイプを作成します。ページタイプの必要性や用途について、実際に作りながら学んでいきましょう。

ページタイプとは

ページの種類や分類を定義することができる機能です。concrete5でページを作成する際は、ページタイプを選んでページを追加することになります。ページの追加場所の制限、ページ作成時に必ず含まれるデフォルトブロックの設定、権限の設定などをページタイプごとに決めることができるため、コンテンツの種類ごとに表示や設定を統一させたい場合に便利です。また、ページの一覧を出力する「ページリスト」ブロックでは、ページタイプで絞り込んで表示することもできます。

ページタイプの便利な設定

たとえば、ブログ記事を作成する場合、ページタイトルや記事などのお決まりのブロックをページ追加のたびに設定するのは大変な作業です。そのようなときはページタイプの「デフォルト」の設定が便利です。ページタイプの「デフォルト」の設定は、そのページタイプで作成したページのどのエリアに何のブロックが配置されているかなどの初期状態を設定することができます。
ページタイプでは下記のような設定が可能です。

- **デフォルトのページテンプレートを選択**
- **使えるページテンプレートを制限**
- **公開先のページを指定**
- **コンポーザーフォームの設定**
- **デフォルト出力**
- **ページ属性**
- **権限**

ページタイプの設定例

ページタイプ A（通常ページ用）
コンポーザーフォームの設定：なし
公開先：指定なし
デフォルト出力：メインエリアに「記事」ブロックを設置
使えるページテンプレート：2 種類

ページテンプレート A（全幅）

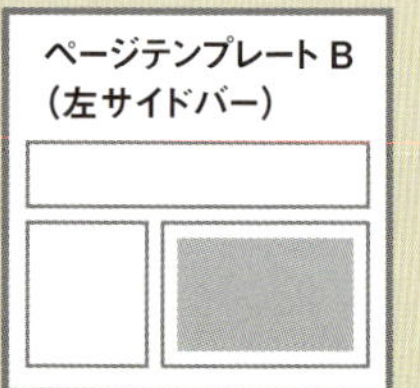

ページタイプ B（ブログ記事用）
コンポーザーフォームの設定：あり
公開先：ブログ一覧の下
デフォルト出力：メインエリアに「ページタイトル」ブロックと「記事」ブロックを設置
使えるページテンプレート：1 種類

ページテンプレート B（左サイドバー）

COLUMN

ページテンプレートとは？

テーマに含まれるテンプレートを定義する機能。エリアの位置や数が違うなど、大きくレイアウトが異なるページは別のページテンプレートとして作成します。デフォルトのテーマには標準的なテンプレートである「デフォルト」のほかに「左サイドバー」、「右サイドバー」などが用意されています。

Step01 ページタイプを追加する

現時点では、ページを作成するときに選べるページタイプは「ページ」の1つだけです。お知らせ記事は運用時によく追加され、配置するブロックも決まっているページなので、専用のページタイプを作成しましょう。

1 ツールバー右上の アイコンをクリックすると、管理画面パネルが開くので、[ページとテーマ]❶→[ページタイプ]❷の順にクリックします。

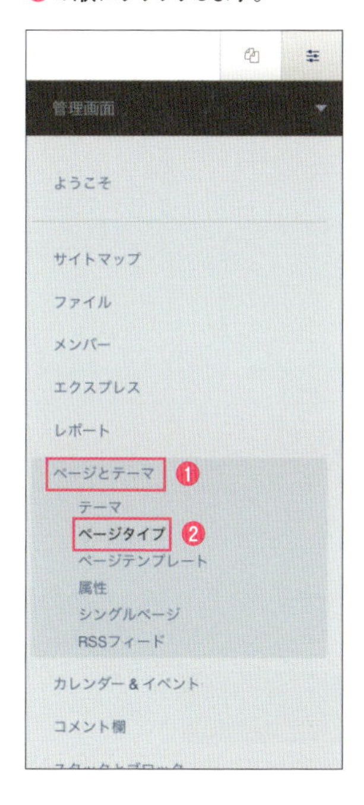

2 ページタイプ一覧のページが開くので、[ページタイプを追加]ボタンをクリックします。

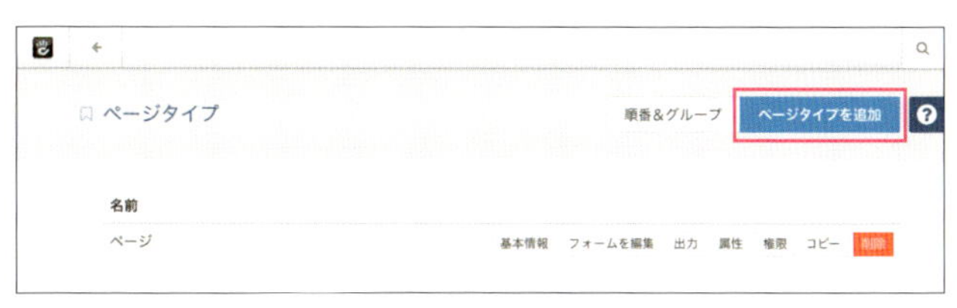

3 下記のように基本情報を入力またはセレクトボックスから選択し、[新規]ボタンをクリックします。

ページタイプ名	お知らせ記事
ページタイプハンドル	news_entry
デフォルトページテンプレート	[全幅]
コンポーザーで開きますか?	[はい]
このページタイプはよく追加されますか?	[はい]
許可されたページテンプレート	[すべて]
公開方法	常に特定のページの下に公開する
ページの下に公開	[ページを選択]をクリック後、表示されるフルサイトマップから先ほど追加した[お知らせ一覧]をクリック

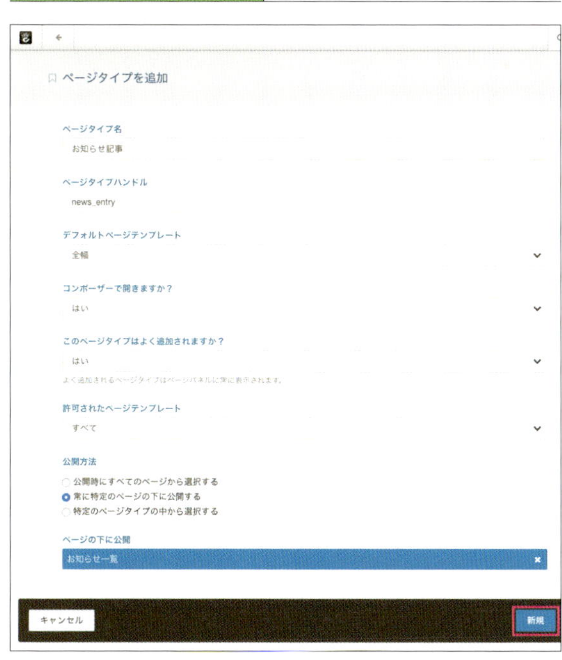

4 「ページタイプが正常に追加されました。」とメッセージが表示され、ページタイプの一覧ページに「お知らせ記事」が表示されます。

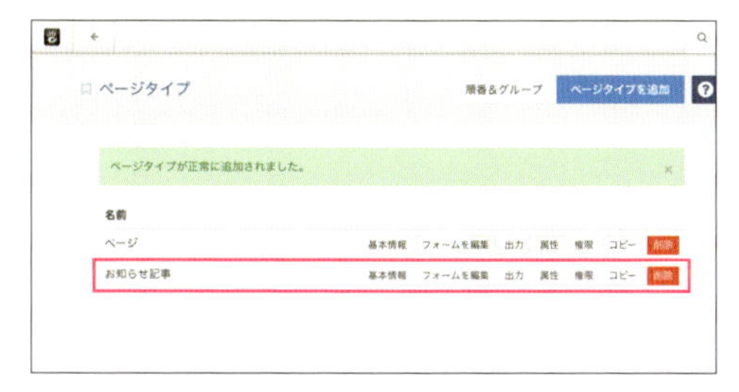

[ページタイプを追加] の詳細

それぞれの項目について解説します。

❶ページタイプ名:ページタイプの名前です。追加の際にわかりやすい名前にしましょう。

❷ページタイプハンドル:concrete5がプログラム側で使用するページタイプの名前です。英数字とアンダースコア (_) のみ使用できます。

❸デフォルトページテンプレート:このページタイプを使ってページを作成した際に、どのテンプレートが適用されるかの設定です。ページテンプレートの種類は、テーマに依存します。

❹コンポーザーで開きますか?:「はい」を選ぶと、ページ追加パネルから新しいページを追加する際にコンポーザーが開きます。

❺このページタイプはよく追加されますか?:ツールバー右上の[アイコン]アイコンをクリックした際に、このページタイプが表示されるかどうかの設定です。

「はい」	つねに表示されます。
「いいえ」	隠されます。管理に必要なページタイプなどあとから追加することのないページタイプは隠しておくことが多いです。

❻許可されたページテンプレート:このページタイプで使うことのできるページテンプレートを選択できます。

「すべて」	テーマで使えるすべてのページテンプレートから選べます。
「選択されたページテンプレート」	選択したページテンプレートしか選べなくなります。
「選択されていないものすべて」	選択したページテンプレート以外から選べるようになります。

❼公開方法:このページタイプを使ってページを作成した際にどこに追加できるかを設定することができます。

「公開時にすべてのページから選択する」	すべてのページから選べます。選択フォーム要素として「サイトマップがポップアップで開く」か「サイトマップをその場に表示する」かを選べます。
「常に特定のページの下に公開する」	特定のページの下に追加されるようになります。どのページの下に追加するかをサイトマップから選びます。
「特定のページタイプの中から選択する」	特定のページタイプで作成されたページから選択してそのページの下に追加されるようになります。追加フォーム要素として「セレクトメニューで対象のページを表示する」か「サイトマップ表示」かを選択できます。

Step02 コンポーザーを設定する

先ほど作成したページタイプでページを作るときに、どのような入力フォームが必要かを考えながら、コンポーザーを設定します。

コンポーザー設定の手順

コンポーザーの設定手順には大きく分けて2つの工程があります。まず、セットを作成します。セットは、フォームの項目をまとめるための入れ物と考えてください。次にセット名の［プラスアイコン］で入力可能なフォーム要素を追加します。フォーム要素は「ブロック」「初期プロパティ」「カスタム属性」の中から任意に追加できます。
入力フォームはセットごとにまとまって表示され、セット名が見出しのように表示されます。

今回は、ページ名やURLなどページの管理に必要となる基本的な項目をまとめる「基本」セットと、ページに表示されるコンテンツとなる項目をまとめる「記事」セットを作成します。

「基本」セットを追加する

まずは「基本」セットを追加し、フォーム要素を設定します。

1 ページタイプ一覧の「お知らせ記事」にある［フォームを編集］をクリック❶し、［セットを追加］ボタンをクリック❷します。

2 セット名に「基本」と入力❶し、［セットを追加］ボタンをクリック❷します。

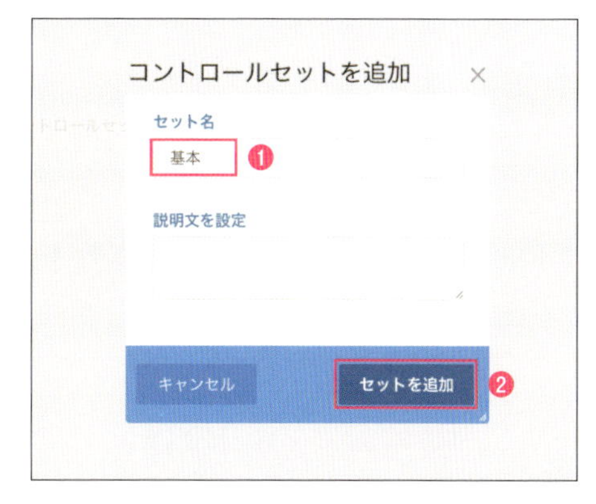

3 「フォームレイアウトセットが追加されました。」と表示され、セットが追加されました。続いて「基本」の横にある［プラスアイコン］をクリックします。

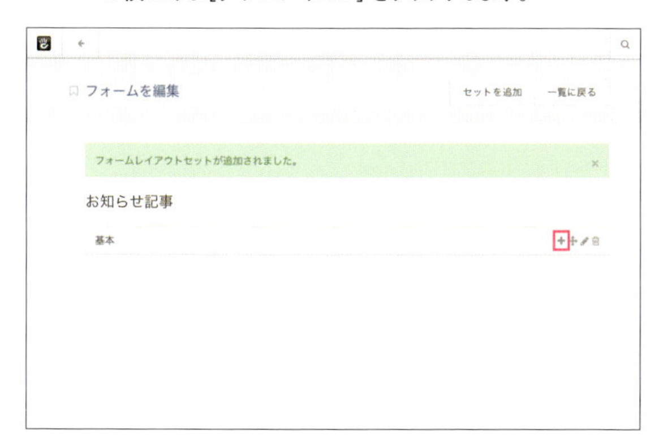

4 「フォームコントロールを追加」ポップアップが現れるので、［初期プロパティ］タブをクリック❶して［ページ名］をクリック❷します。

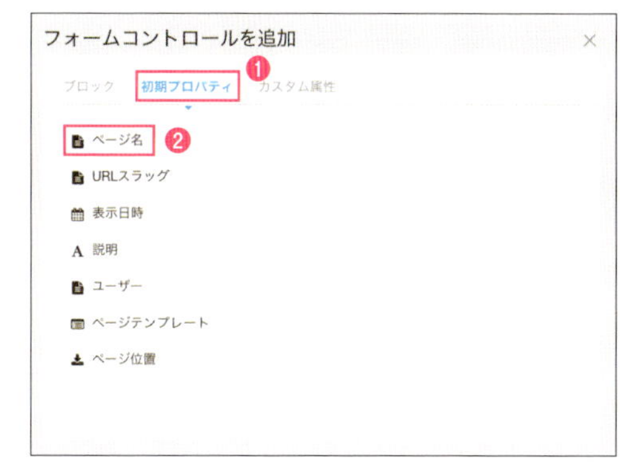

5 ページ名の入力フォームがコンポーザーに表示されるようになりました。

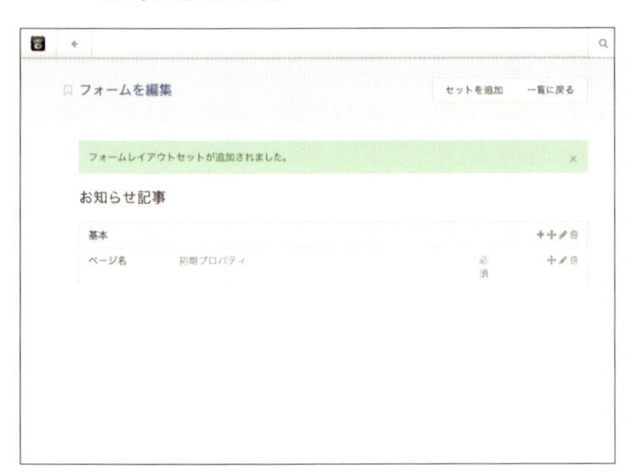

6 3と4と同様に操作して、[初期プロパティ] タブにある下記の項目を追加します。

- 説明
- URLスラッグ
- 表示日時

「記事」セットを追加する

続いてもうひとつの「記事」セットを追加します。

1 再び [セットを追加] をクリックし、セット名に「記事」と入力❶したら [セットを追加] ボタンをクリック❷します。

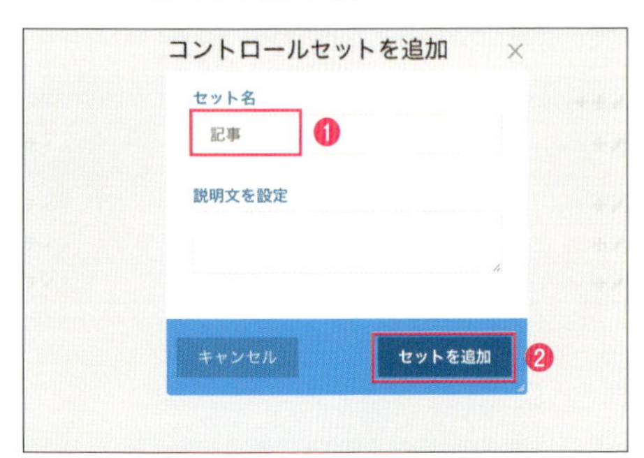

2 「記事」の横にある [プラスアイコン] をクリックします。

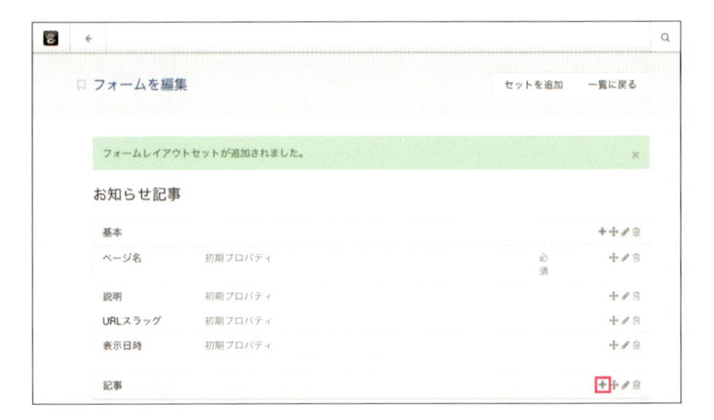

3 [ブロック] タブ❶にある [記事] をクリック❷します。

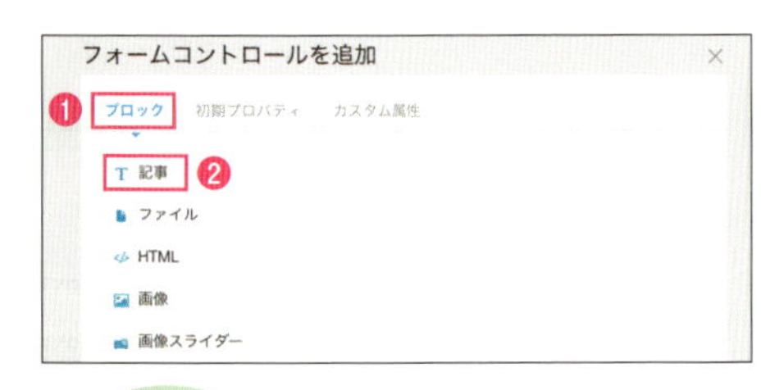

4 追加が完了したら、[一覧に戻る] ボタンをクリックしてください。

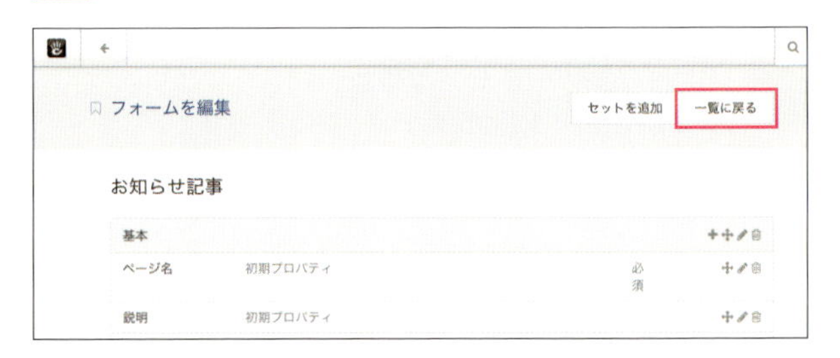

CHECK! **アイコンの機能**

セットやフォームコントロールは、右側に表示されるアイコンから編集や移動、削除ができます。鉛筆アイコンで編集、ゴミ箱アイコンで削除を行います。移動は十字アイコンをドラッグ&ドロップして行えますが、セットをまたいだ移動はできないので注意してください。

ここまでに設定したコンポーザーは、下の図のようになります。コンポーザーへのアクセスは次節5-3で行いますが、ここでは紙面上で設定内容を確認してみてください。

お知らせ記事コンポーザー

Step03 サムネイル属性を設定する

お知らせ一覧で記事ごとのサムネイル画像を表示するために、記事作成時にコンポーザーでサムネイル画像を選択できるように設定します。

「画像／ファイル」属性を追加する

コンポーザーでサムネイル画像を設定するためには、サムネイル用のページ属性が必要です。「空白のサイト」でインストール（P.41 参照）したサイトには、サムネイル画像を設定する属性が追加されていないので、自分で追加する必要があります。

1 管理画面パネルの「ページとテーマ」にある［属性］をクリックします。

2 ページ属性の一覧ページが開くので、[属性を追加]の[タイプを選択▼]で[画像／ファイル]を選択します。

3 画像／ファイルタイプのページ属性追加のページが開きます。
ハンドルに「thumbnail」❶、名前に「サムネイル」❷、セットのセレクトボックスは[ナビとインデックス]を選択❸し、検索可能の[索引インデックスにコンテンツが含まれます。]にチェックを入れ❹、[新規]ボタンをクリック❺します。
入力に問題がなければページ属性の一覧ページに戻り、「属性が正常に作成されました。」とメッセージが表示されます。

コンポーザーの設定をする

1 次に、追加したサムネイル用の属性をコンポーザーで入力できるようにします。管理画面パネルの「ページとテーマ」にある［ページタイプ］をクリック❶し、「お知らせ記事」の［フォームを編集］をクリック❷します。

2 「記事」の横にある［プラスアイコン］をクリックし、［カスタム属性］タブ❶→［サムネイル］❷の順でクリックします。

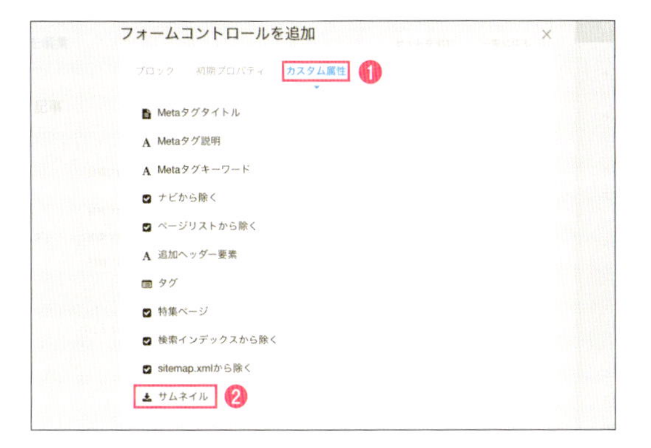

3 記事より先にサムネイルを選択させたいので、順番を並び替えます。「サムネイル」の横にある［十字アイコン］を「記事」の上にドラッグ&ドロップで移動❶します。移動したら［一覧に戻る］をクリック❷してください。

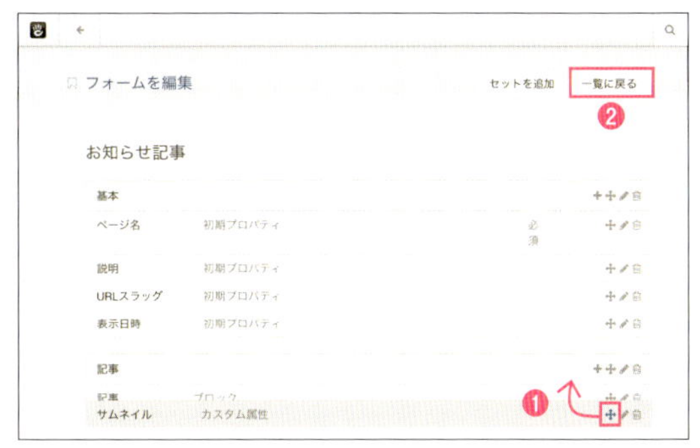

Step04 デフォルトの設定をする

次に、このページタイプで新しいページを作成した際に、どこにどのブロックがあらかじめ配置されるかのデフォルトの設定を行います。

CHECK! デフォルト設定時の制限

「デフォルト」の設定は、ページテンプレートごとに行う必要があり、インストール時に追加されたユーザー（ユーザーID 1）しか編集することができません。
また、既に作成されているページには自動で反映されないので、ページを作成する前に行うとよいでしょう。

1 「お知らせ記事」の［出力］をクリック❶し、「全幅」にある［編集］ボタンをクリック❷します。

2 ツールバーにある✎アイコンをクリックし、編集モードにします。

3 ツールバーの＋アイコンをクリックし、ブロック一覧の［ナビゲーション］セットにある「ページタイトル」ブロックを「空の メイン エリア」にドラッグ&ドロップします。

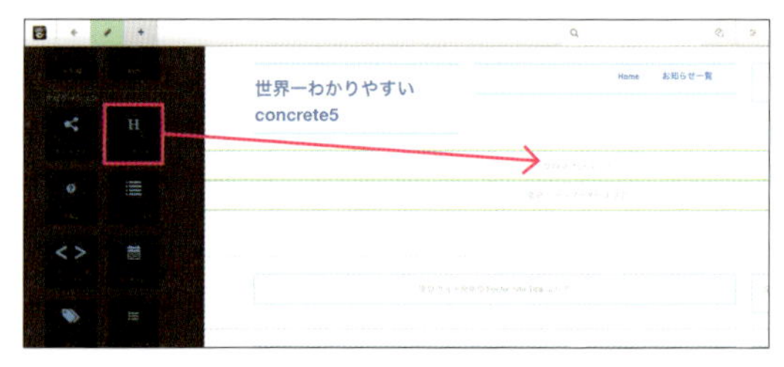

4 ［ページタイトルを追加］ポップアップが開くので、そのまま［新規］ボタンをクリックします。

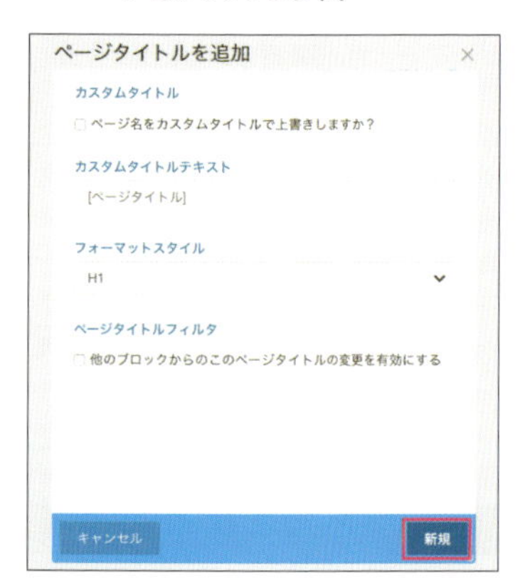

5 お知らせ記事なので、ページタイトルと一緒に日付と投稿したユーザーを表示するカスタムテンプレートを適用します。追加した「ページタイトル」ブロックをクリックし、現れたメニューの［デザイン&カスタムテンプレート］をクリックします。

6 ［歯車アイコン］をクリック❶し、［カスタムテンプレート］のセレクトボックスから［バイライン］を選択❷して［保存］ボタンをクリック❸します。

7 続いて、記事本文を表示させるブロックを追加します。ツールバーの＋アイコンをクリック❶し、ブロック一覧の［その他］セットにある「コンポーザーコントロール」ブロックを「メイン エリア」の「ページタイトル」ブロックの下にドラッグ&ドロップ❷します。緑の線が太くなった場所にブロックが追加されます。

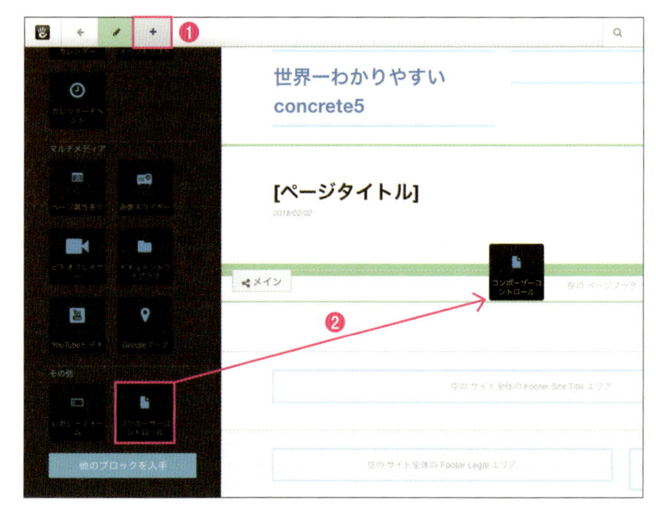

8 「コンポーザーコントロールを追加」ポップアップが開くので、[コントロール] セレクトボックスが [記事] になっていることを確認❶し、[新規] ボタンをクリック❷します。

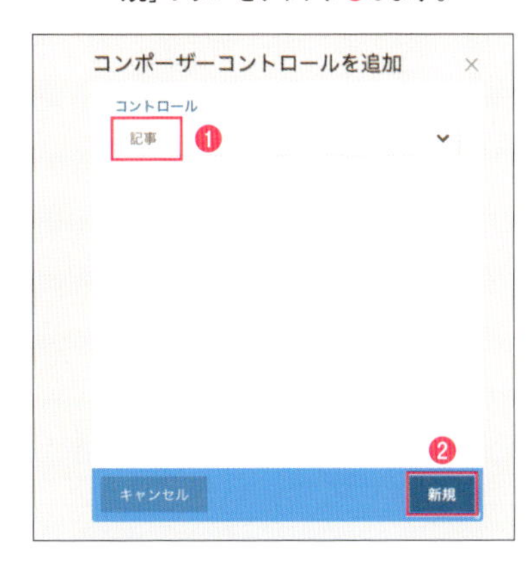

9 ツールバーの アイコンをクリックし、編集モードを終了します。

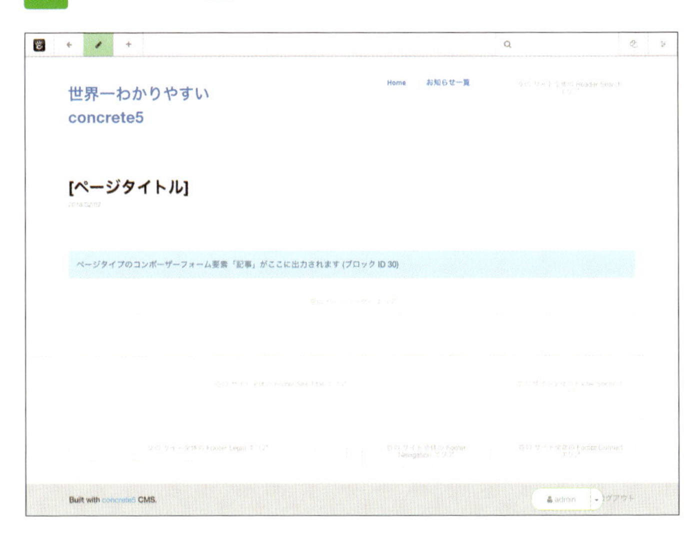

COLUMN

通常のページと「デフォルト」の設定ページの編集モードで異なる部分

「コンポーザーコントロール」ブロック

「デフォルト」の設定でのみ追加できるブロックです。「フォームを編集」で設定したブロック要素をどこに出力するかを設定することができます。
コンポーザーでページを新規作成した際に、このブロックを設置した場所に選択した要素がブロックとして出力されます。

子ページの設定

各ブロックをクリックすると現れるメニューに「子ページの設定」があります。すべての子ページにおいて、このブロックが使われているかどうかを確認し、ブロックが追加されている場合は、現在の設定に更新されます。追加されていない場合は、追加するか追加しないかを選ぶことができます。
「子ページの設定」は、「コンポーザーコントロール」ブロックでは利用することができないので注意が必要です。また、「デフォルト」の設定ページの編集モードでレイアウトを追加することはできますが、「子ページの設定」は行えません。
ここでいう「子ページ」とは、同じページタイプ、ページテンプレートとして作成されたページのことです。サイトマップのツリー構造の親子関係とは違うことにご注意ください。

以上で、ページタイプの追加と設定が完了しました。
今回設定した「フォームを編集」「出力」のほかにも、属性や権限の設定をすることができます。また、ページタイプをコピーして新しいページタイプを作成することもできます。

5-3 お知らせ記事を追加してみよう

5-2で作成した「お知らせ記事」ページタイプで、
お知らせ記事を新規作成してみましょう。

ページを新規作成する

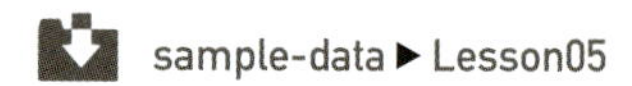

1 ツールバー右上の⧉アイコンをクリックすると、ページ追加パネルが開くので「新しいページ」にある［お知らせ記事］をクリックします。

2 5-2で設定したコンポーザーが表示されるので、下記のとおりに入力していきます。

ページ名	サイトオープンのお知らせ
説明	この度、企画サイトをオープンいたしました。
URLスラッグ	open
表示日時	そのままでOKです
サムネイル	［ファイルを選択してください］をクリックし、サンプル画像「image03.jpg」をアップロードして、選択してください。
記事	サンプルデータの「text01.txt」をコピー&ペーストしてください。

入力が終わったら［ページを公開］ボタンをクリックします。

3 以上で、お知らせ記事ページを作成できました。**1**～**2**を参考に記事ページをもうひとつ追加してみましょう。ページ名は「キャンペーン開催!」、説明は「キャンペーン開催のお知らせ」、URLスラッグは「opencampaign」、サムネイル画像はサンプル画像「image04.jpg」、記事はサンプルデータの「text02.txt」をコピー&ペーストしてください。

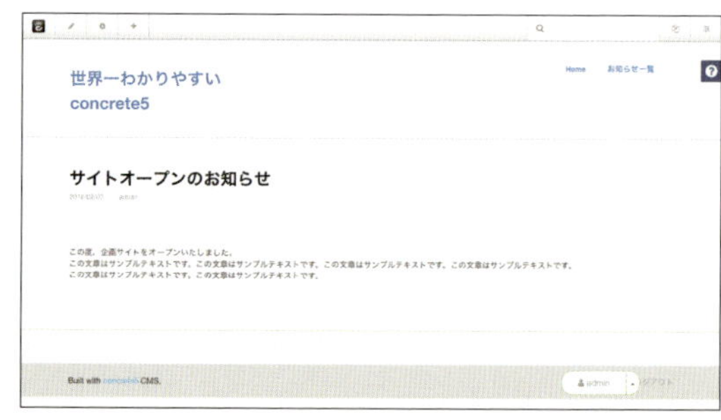

5-4 お知らせ一覧を完成させよう

お知らせ記事が追加できたので、
お知らせ一覧ページにお知らせ記事が表示されるように設定します。

ページリストを設置する

お知らせ一覧ページにお知らせ記事を一覧表示させるために、「ページリスト」ブロックを使います。「ページリスト」ブロックは、サイト内のページをさまざまな条件で一覧表示できるブロックです。

1 5-1で追加したお知らせ一覧ページにアクセスします。グローバルナビゲーションに表示されている［お知らせ一覧］をクリックします。

2 ツールバーの［+］アイコンをクリック❶し、ブロック一覧の［ナビゲーション］セットにある「ページリスト」ブロックを「空の記事ブロックです。」と「空の ページフッター エリア」のあいだにドラッグ&ドロップ❷します。

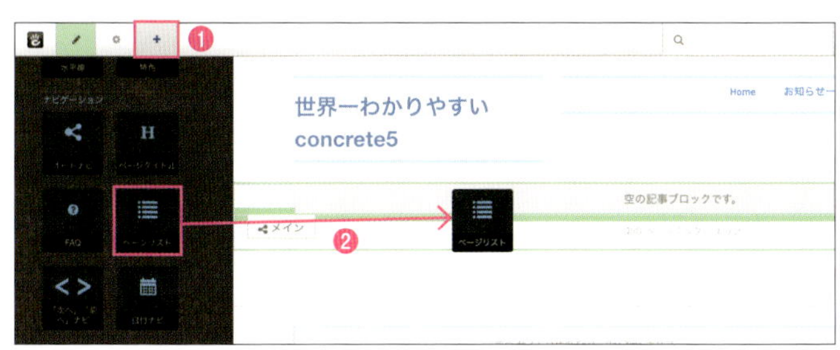

3 「ページリストを追加」ポップアップが開くので、下記の箇所を入力または選択します。

表示するページ数	10
ページタイプ	［お知らせ記事］
ページ付け	［表示数よりもアイテムが多い場合、ページ付けインターフェースを表示します。］にチェック
並び替え	［新規記事を最初に］
日付を含める	［はい］
サムネイル画像を表示	［はい］
ページリストのタイトル	お知らせ
表示するページがない場合のメッセージ	表示するページはありません。

入力・選択が終わったら、［新規］ボタンをクリックしてください。

4 これで、お知らせ記事の一覧を表示するページリストが追加されました。ツールバー左上の［✎］アイコン→［変更を公開］ボタンの順でクリックし公開します。

5-5 ページをコピー／並び替え／削除してみよう

concrete5はフルサイトマップからページのコピー、並び替え、削除などが可能です。まずはフルサイトマップページに移動しましょう。

フルサイトマップを使いこなす

ツールバー右上のアイコンをクリックすると管理画面パネルが開くので、[サイトマップ]をクリックし、フルサイトマップページを開きます。

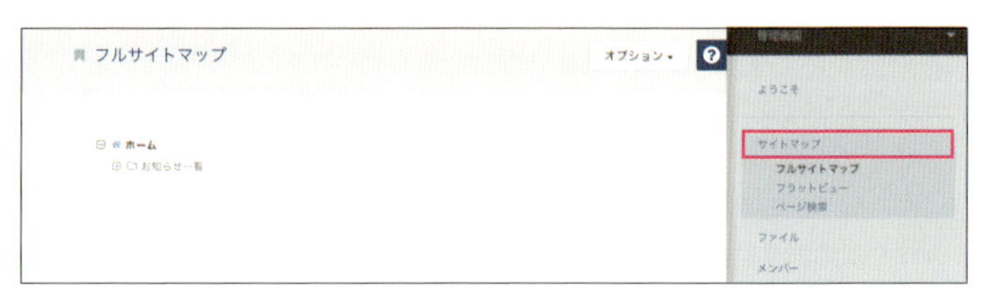

フルサイトマップ

フルサイトマップではサイトのページをツリー構造で閲覧できます。サイト全体の構造を把握するのに便利です。操作したいページが表示されていない場合は、ページ名の横の[プラスアイコン]をクリックすることで、下層ページが表示されます。

右上の[オプション]で[サイトマップにシステムページを含める]をクリックすると、システムページが表示されるようになります。[2列サイトマップ]をクリックすると、サイトマップが2列で表示されます。

ページ順を並び替える

ページ順の並び替えはドラッグ&ドロップでできます。[サイトオープンのお知らせ]を[キャンペーン開催!]の下にドラッグ&ドロップしてみましょう。

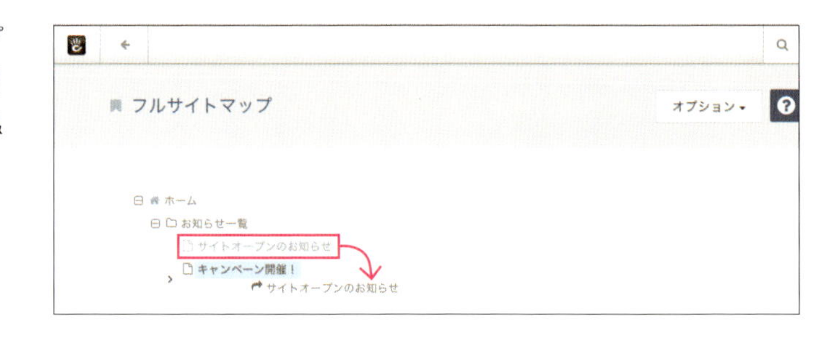

ページをコピーする

ページのコピーもフルサイトマップ上でドラッグ&ドロップして行うことができます。

1 [キャンペーン開催!]を[ホーム]上にドラッグ&ドロップします。

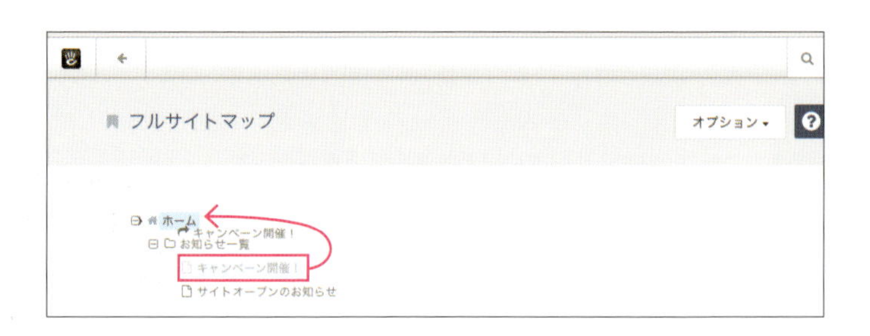

2 「移動／コピー」ポップアップが開くので、[コピー]にチェックを入れて❶[実行]ボタンをクリック❷します。

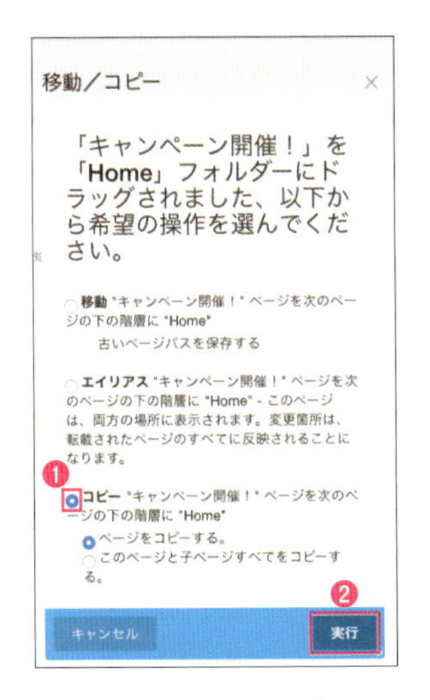

CHECK! 「移動／コピー」でできること

「移動／コピー」ポップアップはページを別のページの上下にドラッグ&ドロップすると現れます。

移動：
指定の階層へページを移動することができます。その際、移動前のページパスを残すかどうかを選択できます。

エイリアス：
ページのエイリアスを作成できます。エイリアスは別の場所に同じ内容のページを表示できる機能です。編集は元のページで行い、すべてのエイリアスに反映されます。

コピー：
ページをコピーすることができます。コピー後は別のページとして編集することができます。下層ページが存在する場合、すべての子ページをまとめてコピーするかどうかを選択することもできます。

ページを削除する

concrete5では、ページの削除もフルサイトマップから行うことができます。

1 先ほどコピーして作成したほうの[キャンペーン開催!]をクリックし、現れたメニューの[削除]をクリックします。

2 確認画面が出るので[削除]ボタンをクリックします。これで、ページが削除されました。削除したページは、システムページの「ゴミ箱」ページの配下に移動されます。

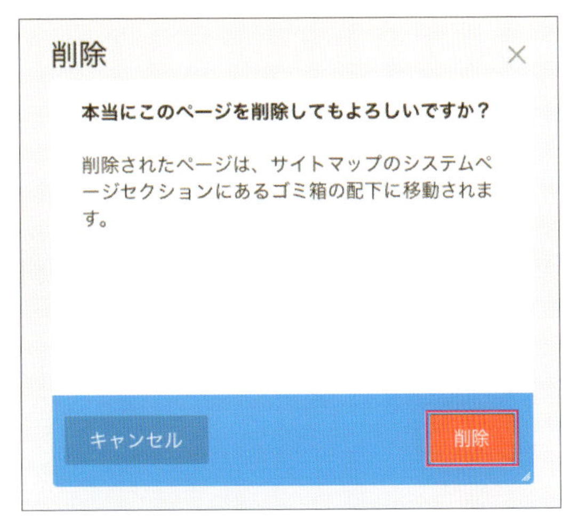

5-6 ページ情報を変更しよう

追加したページの情報をあとから変更したい場合、フルサイトマップから行うことができます。実際にページ名などを変更してみましょう。

ページ名を変更する

グローバルナビゲーションに「お知らせ一覧」ではなく「お知らせ」と表示させたいので、ページ名を変更してしまいましょう。

1 フルサイトマップに表示されている[お知らせ一覧]をクリックし、現れたメニューから[属性]をクリックします。

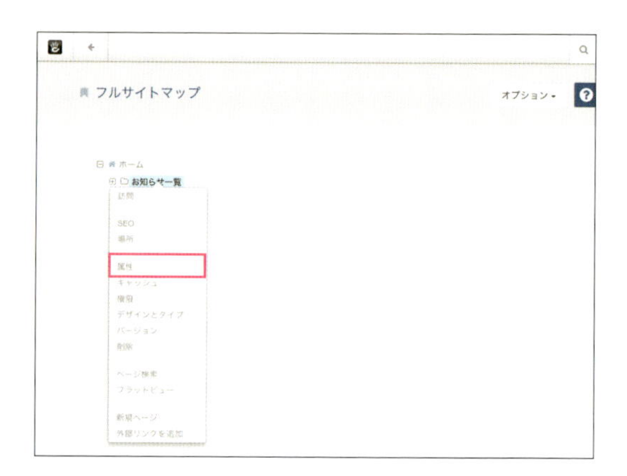

2 名前を「お知らせ」に変更❶し、[変更を保存]ボタンをクリック❷します。

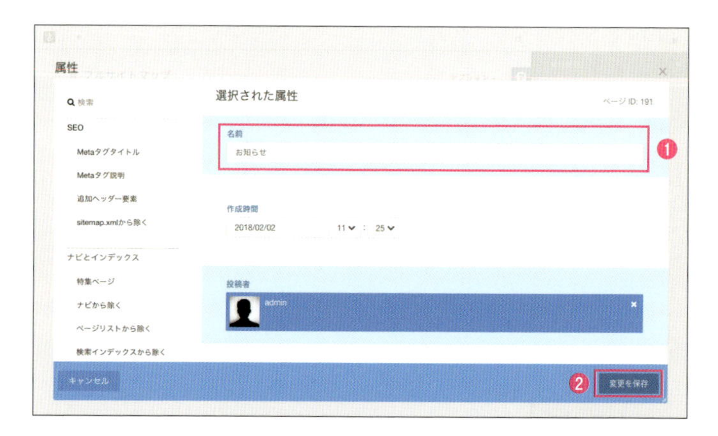

URLを変更する

ページ名の変更に伴い、URLも変更してみます。

1 フルサイトマップに表示されている［お知らせ］をクリックし、現れたメニューから［SEO］をクリックします。

2 URLスラッグを「news」に変更❶し、［変更を保存］ボタンをクリック❷します。

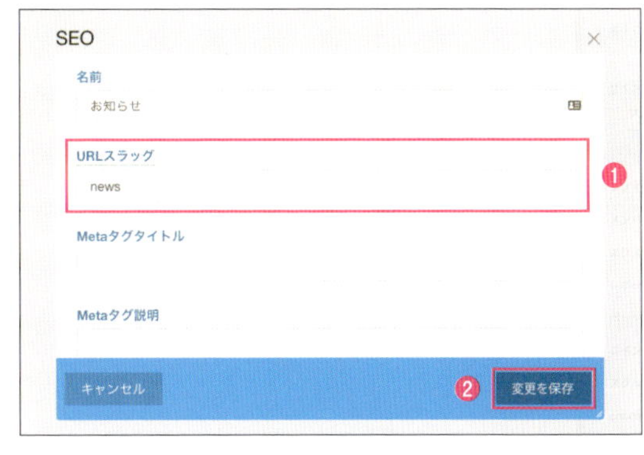

ページを非公開にする

公開したページを一時的に非表示にしたい場合などは、ページを非公開に設定しておくことができます。

1 フルサイトマップに表示されている［キャンペーン開催!］をクリックし、現れたメニューから［権限］をクリックします。

2 「誰がこのページを表示できますか?」の［ゲスト］のチェックを外し❶、［管理者］にチェックを入れ❷、［変更を保存］ボタンをクリック❸します。これで、このページは「管理者」グループに入っているユーザーしか表示できない状態になりました。

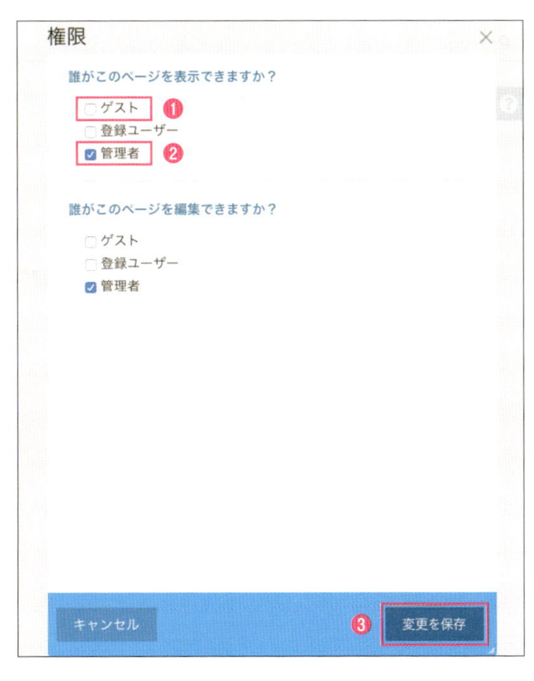

Exercise — 練習問題

オートナビを使用して下の図のようなサイトマップを表示したページを作成してみましょう。

A

❶ページタイプ「ページ」でホームの下に新しいページを作成します。ページ名は「サイトマップ」などわかりやすいものがよいでしょう。

❷編集モードで「オートナビ」ブロックを設置します。設定は下記のとおりです。

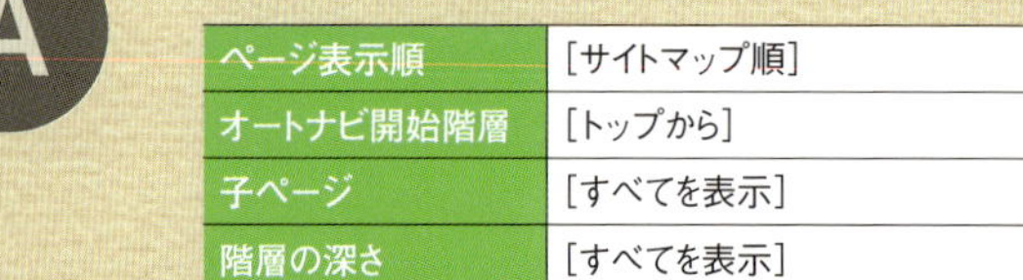

ページ表示順	[サイトマップ順]
オートナビ開始階層	[トップから]
子ページ	[すべてを表示]
階層の深さ	[すべてを表示]

CHECK! 追加したページは削除する

このあとのレッスンではサイトマップページは作成していない前提で進みます。フルサイトマップから練習問題で追加したページは削除しておきましょう。

拡張機能を使おう

An easy-to-understand guide to concrete5

Lesson 06

concrete5には「テーマ」や「アドオン」といったconcrete5の機能を拡張する仕組みがあります。これらはconcrete5公式が運営するマーケットプレイスからダウンロードすることができます。このレッスンでは、実際にマーケットプレイスから「テーマ」や「アドオン」を入手しウェブサイトに反映してみましょう。

6-1 マーケットプレイスに接続しよう

拡張機能を管理画面から簡単に追加できるように、ウェブサイトをマーケットプレイスに接続してみましょう。

マーケットプレイスとは

concrete5公式が審査したテーマやアドオンが出品されている場所のことです。マーケットプレイスにはconcrete5の管理画面からアクセスすることができるため、テーマやアドオンのインストールやアップデートをサーバーに直接アクセスすることなく行えます。コミュニティの開発者たちによって、有償、無償問わずさまざまなテーマやアドオンが出品されています。出品されているテーマやアドオンは、公開される前に動作を確認したりライセンスなどの問題がないかなど、自動テストとボランティアによる目視で審査されているため、安心して利用することができます。

マーケットプレイス - テーマ

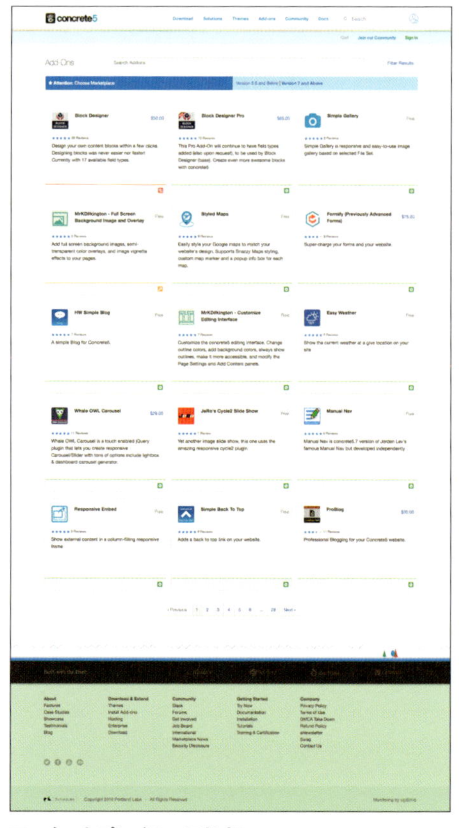

マーケットプレイス - アドオン

concrete5.orgへのログインとアカウント取得

マーケットプレイスへ接続するにはconcrete5.org（P.20）のアカウントが必要です。ここでは、アカウントの取得からログインし接続するまでを説明します。

1 ツールバー右上の［アイコン］アイコンをクリックし、管理画面パネルの［concrete5を拡張］をクリック❶すると、機能追加ページが開くので、［コミュニティに接続］ボタンをクリック❷します。

2 ページ下部の「No, the Community is new to me.」の［Register］ボタンをクリックします。

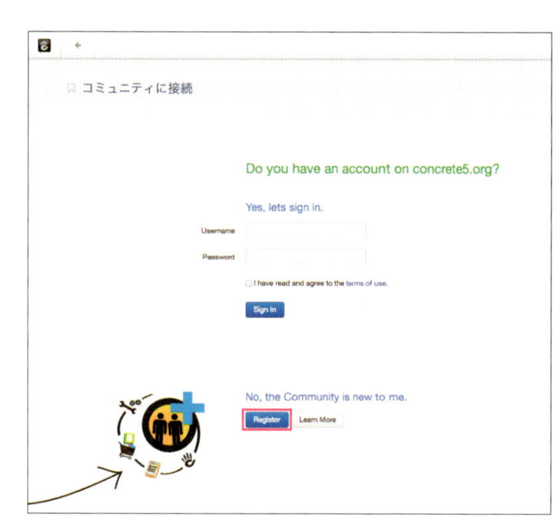

3 作成したいアカウント情報を入力します。

Username	ユーザーアカウント名（半角英数）
Email Address	メールアドレス
Password	パスワード
Confirm Password	パスワードを再入力
I have read and agree to the terms of use.	利用規約に同意するかどうか（必須）
Allow concrete5 to email me from time to time.	メールを受け取るかどうか（任意）

入力が終わったら、［Sign In］ボタンをクリックします。ユーザー名やメールアドレスがすでに登録されていた場合、エラーメッセージが表示されるので、別のユーザー名などを入力して進んでください。

4 無事にアカウントが作成されると、「このサイトがconcrete5 のマーケットプレイスに接続されました。」と表示されます。
以上で、アカウントの作成とマーケットプレイスへの接続が完了しました。

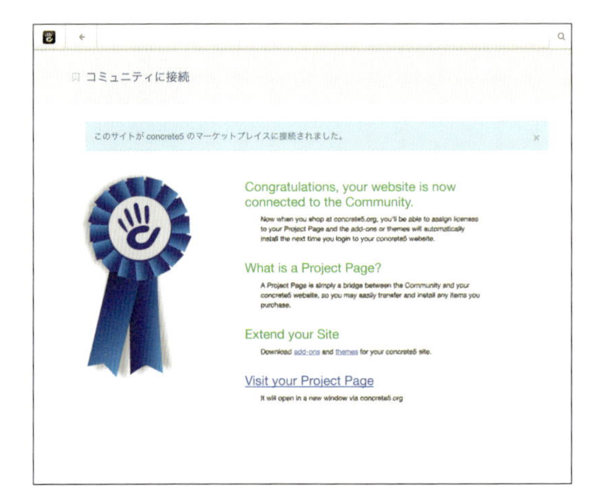

COLUMN

複数のユーザーとプロジェクトを共有する

concrete5のサイトをマーケットプレイスへ接続すると、concrete5.orgのアカウント上にプロジェクトが作成されます。プロジェクトを共有すると、複数のユーザーがテーマやアドオンの追加を行うことができるようになります。
プロジェクトのページへアクセスし、「Add User to Management Team」の下部のテキストボックスに共有したいユーザーのユーザーアカウント名を入力します。
[Save] ボタンをクリックし、User added successfully.と表示されたら成功です。
Contributorとして入力したユーザーが追加されます。

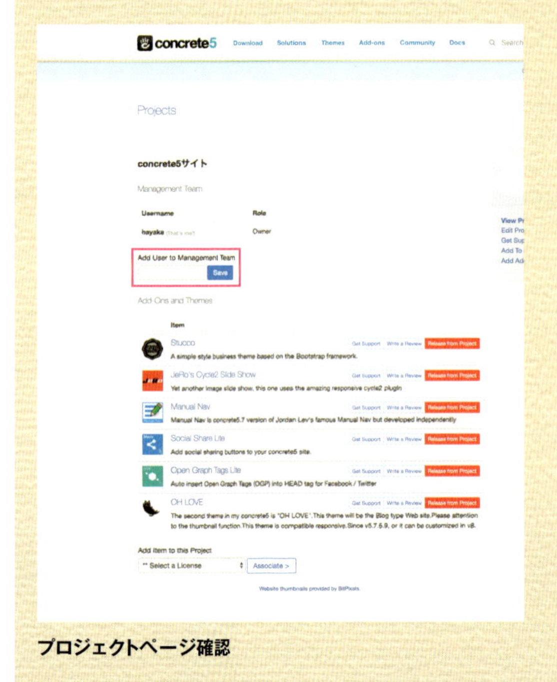

プロジェクトページ確認

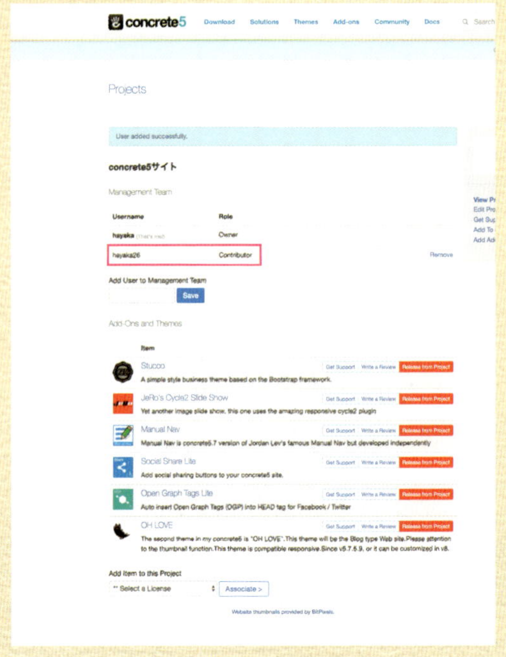

ユーザーが追加された

6-2 サイトの見た目を変えてみよう

サイトをマーケットプレイスに接続できたので、サイトの見た目を変えるためにテーマをインストールして適用してみましょう。

テーマとは

テーマはサイトの見た目部分を決めているファイル群のことです。デザインだけではなく、エリアやグローバルエリア(P.55)の場所や名称などの設定もテーマで行われています。レイアウト機能(P.67)に対応しているかどうかもテーマの設定で決まります。ただし、concrete5のテーマにはコンテンツに関する設定は含まれていないため、エリア名などが共通であれば、テーマを変更しても同じエリアに配置したブロックは維持されます。

テーマの変更は、concrete5の管理画面で有効にするテーマを選択するだけです。ページごとに別のテーマを有効にすることもできます。

テーマはマーケットプレイスからダウンロードすることができ、管理画面からインストールできます。マーケットプレイスに出品されているテーマによっては、オリジナルのブロックが含まれていることもあります。

また、テーマにはさまざまな設定を含めることができます。たとえば下記の点があげられます。

- **PHPを利用したコンテンツの取得、出力**
- **エリア・グローバルエリアの配置や設定**
- **CSSやJavaScriptなどによるデザイン**
- **スタイルカスタマイズ機能の設定**
- **レイアウト機能の設定**

一例をあげると「スタイルカスタマイズ機能の設定」をすると、サイト内の色やフォントサイズなどを直接CSSを編集しなくても変更することができるようになります。

デフォルトのテーマに設定されているスタイルカスタマイズ機能の編集画面

デフォルトのテーマ

concrete5をインストールしたときは「Elemental（エレメンタル）」というテーマが有効になっています。このテーマは、レイアウト機能などをサポートしたエレガントで広々としたテーマで、スターティングポイント「フルサイト」を選択してインストールすると、ブログやポートフォリオといったページタイプなどのサンプルコンテンツが設定された状態でインストールされます。concrete5の機能でできることを学ぶのに最適で、どのような設定がされているかを見るだけでも参考にすることができます。

デフォルト設定のテーマ「Elemental」

Stucco

マーケットプレイスから無料でインストールできるシンプルなビジネス向けのテーマです。テーマのスタイルカスタマイズ機能（P.99）にも対応しているので、デザイン変更が可能です。アンカーリンクを設置するブロックなど、オリジナルのブロックがついています。

http://www.concrete5.org/marketplace/themes/stucco
作者ウェブサイト：http://www.onside.com/

OH LOVE

マーケットプレイスから無料でインストールできるブログ型ウェブサイト向けのテーマです。このテーマはBootstrapフレームワークを使っていて、マルチデバイス、レスポンシブ対応となっています。concrete5の基本機能をたくさん使用していますが、HTML&CSSを理解している人はさらに自由にカスタマイズができます。
またスタイルカスタマイズ機能を搭載しているので、好みに応じてカラーなどの変更ができます。

http://www.concrete5.org/marketplace/themes/oh-love
作者ウェブサイト：http://djkazu.supervinyl.net/

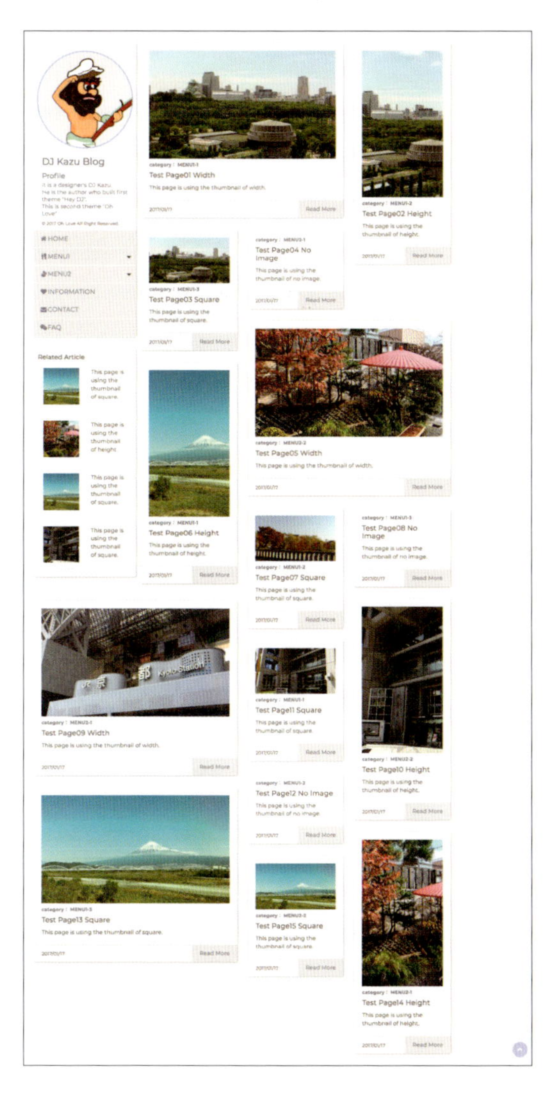

Company

マーケットプレイスからインストールができるコーポレイトサイト用のテーマです。HTML5＋CSS3で構築したレスポンシブウェブデザインでアクセシブルなテーマとなっています。サンプルコンテンツを入れる設定でテーマをインストールし、目的のサイトに合わせて画像やテキストを置き換えるだけで簡単にアクセシブルなサイト構築を行えます。

https://www.concrete5.org/marketplace/themes/company
作者ウェブサイト：https://white-stage.com/

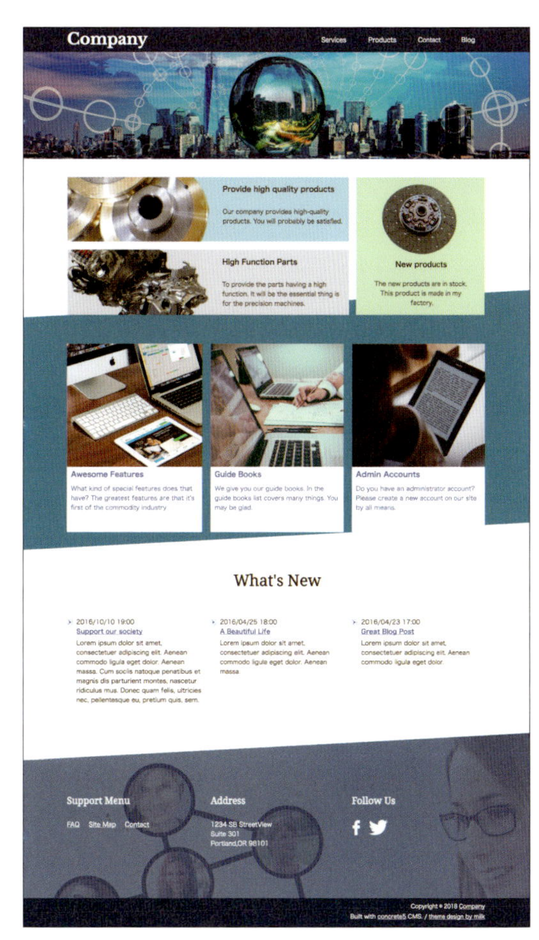

Step01 テーマを探す

まずは、使いたいテーマをマーケットプレイスで探します。

ツールバー右上の☰アイコンをクリックし、管理画面パネルの［concrete5を拡張］❶→［他のテーマを入手］❷の順にクリックします。
このページでテーマを探すことができます。カテゴリーやキーワードで絞り込んだり、人気、新着（最近）、価格、評価、スキルレベルで並び替えができます。テーマ名の部分をクリックするとテーマの詳細を確認することができます。

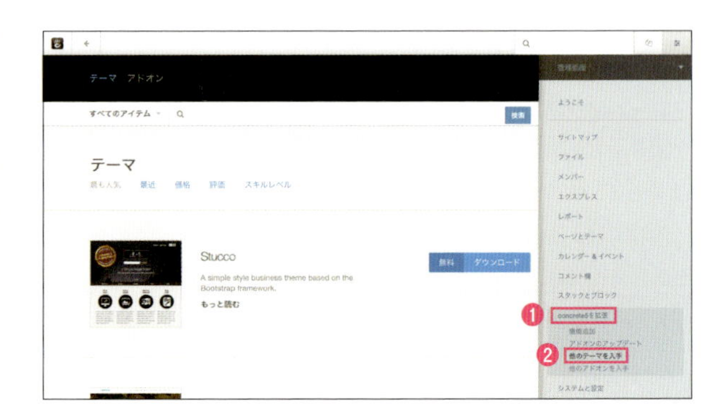

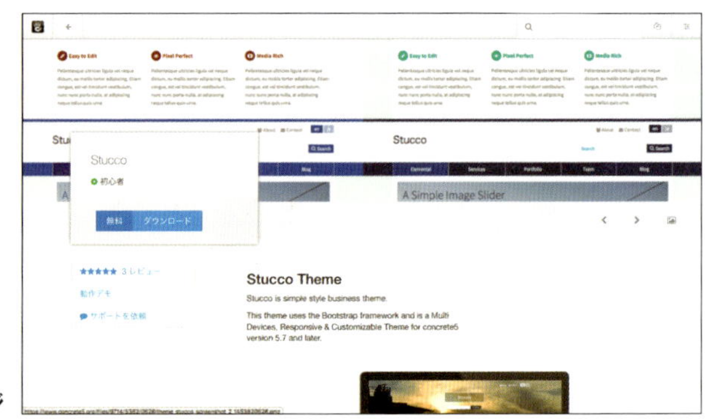

「テーマの詳細」ページ

Step02 テーマのダウンロードとインストール

ここでは、テーマ「Stucco」をインストールしてみましょう。

1 「Stucco」の［ダウンロード］ボタンをクリックしてください。無料のテーマなので、すぐにツールバー上部に進捗バーが表示され、ダウンロードとインストールが行われます。

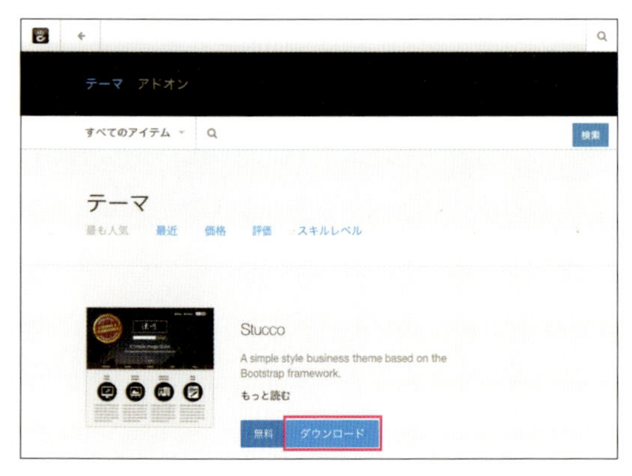

2 ダウンロードとインストールが完了するとポップアップが表示されるので、［はい］ボタンをクリックしてポップアップを閉じます。

3 機能追加ページへ移動し、「Stucco」がインストール済みに表示されていることを確認します。

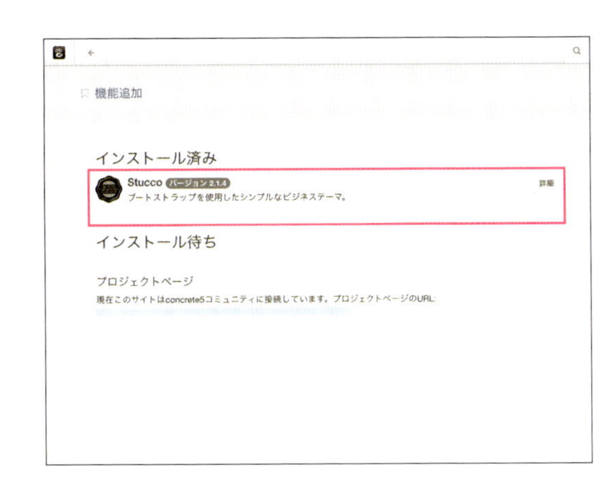

Step03 サイトに適用する

それでは、インストールしたテーマをサイトに適用してみましょう。

1 ツールバー右上の アイコンをクリックし、管理画面パネルの［ページとテーマ］をクリック❶します。「インストール済み」に「Stucco Business Theme」が追加されているので、［有効］をクリック❷します。

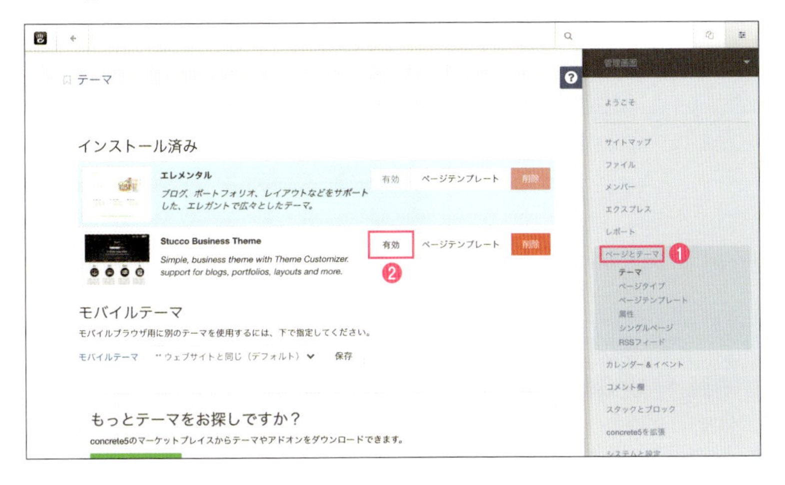

2 「このテーマをお使いのサイトのすべてのページに適用しますか?」と表示されるので、［はい］ボタンをクリックします。

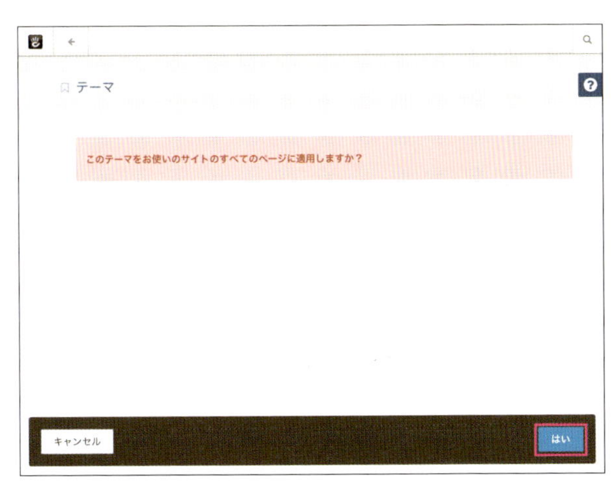

3 以上で、サイトにテーマが適用できました。このテーマには、まだサイトに定義されていないページテンプレートがあるため、自動的に作成するかを選ぶことができるので、[はい] ボタンをクリックしてください。「テーマ中のファイルが正常に有効化されました。」とメッセージが変われば、サイトへのテーマの適用操作は完了です。

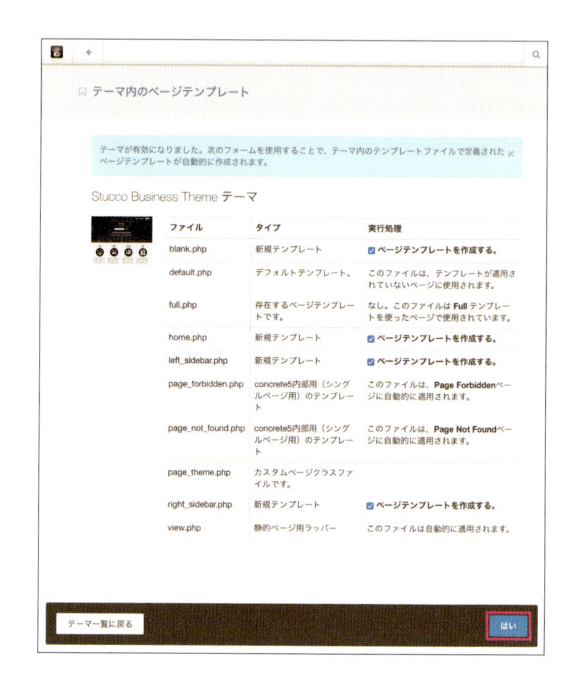

4 それでは、サイトがどのように変化したかを確認してみましょう。ツールバー左上の [矢印] ボタンをクリックして、サイトを表示させてください。どのページでもかまいません。

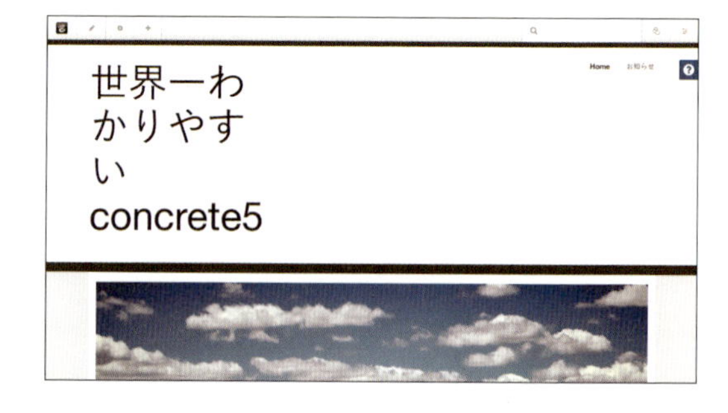

5 サイト名の表示が大きいので、テーマに合わせてコンテンツを修正します。
アイコンを押して「編集モード」にしたら、ページ名の「世界一わかりやすいconcrete5」部分をクリックし、[ブロック編集] をクリックします。エディターで段落の書式を [見出し1] から [標準] に変更❶して [保存] ボタンをクリック❷します。

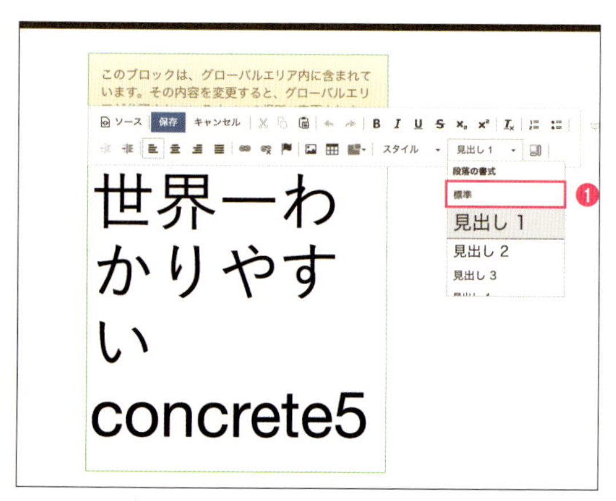

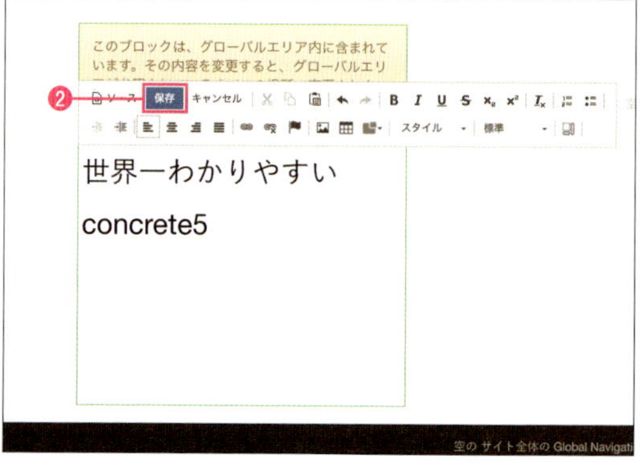

修正後のサイト名表示

6 次に、「サイト全体の Header Navigation エリア」に設置していた「オートナビ」ブロックにマウスカーソルを当て❶、現れた［十字アイコン］を押して「空の サイト全体の Global Navigation エリア」にドラッグ&ドロップ❷して移動します。
その後、［編集モード］を終了して［変更を公開］を実行してください。

「サイト全体のHeader Navigationエリア」の「オートナビ」ブロック

「空の サイト全体の Global Navigationエリア」にドラッグ

移動後の「オートナビ」ブロック

6-3 機能を追加してみよう

アドオンを使うと標準のconcrete5にはない機能を追加することができます。ここでは標準とは違う動きの「スライドショー」ブロックをマーケットプレイスから探してインストールし、使ってみましょう。

アドオンとは

concrete5に追加できる拡張機能のことです。アドオンは標準にないブロックを追加するものや、ブロック作成の手助けをしてくれるもの、管理画面に機能を追加するものなどさまざまなものがあります。マーケットプレイスからダウンロードしたり、自作したアドオンをインストールして使用します。

標準にないブロックを追加するアドオンの例

「Simple Gallery」画像ファイルセットをギャラリー形式で表示するブロック。

Step01 アドオンを探す

使いたいアドオンをマーケットプレイスで探します。ツールバー右上の アイコンをクリックし、管理画面パネルの［concrete5を拡張］❶→［他のアドオンを入手］❷の順にクリックします。

このページでアドオンを探すことができます。テーマと同様に、カテゴリーやキーワードで絞り込んだり、人気、新着、価格、評価、スキルレベルで並び替えができます。アドオン名部分をクリックすると、詳細を確認するページが表示されます。

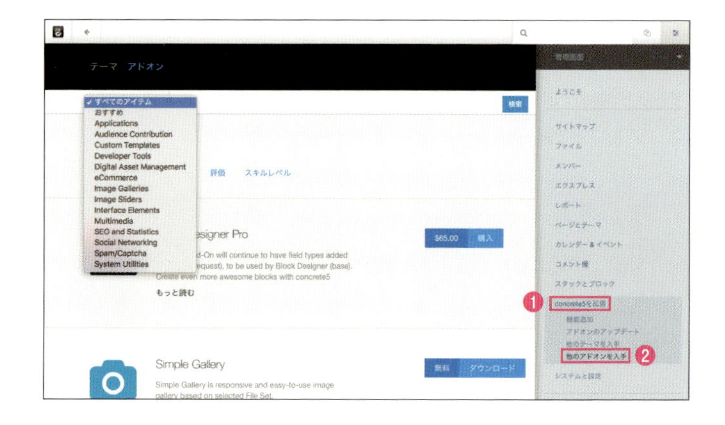

Step02 アドオンのダウンロードとインストール

ここでは、スライドショーのアドオンをインストールしてみます。

1 ［すべてのアイテム］のセレクトボックスを［Image Sliders］❶にし、［検索］ボタンをクリック❷します。

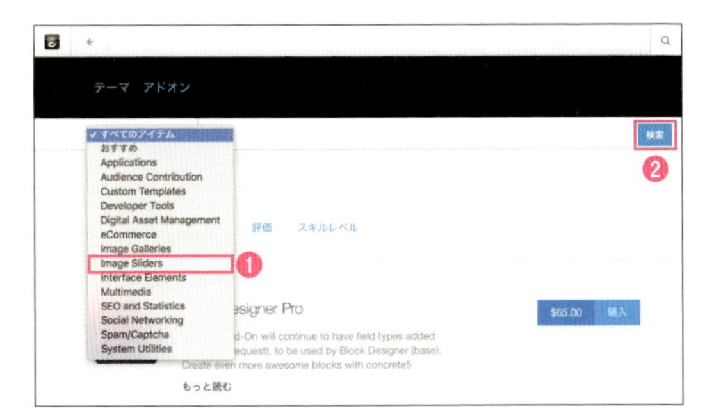

2 「JeRo's Cycle2 Slide Show」をインストールしてみましょう。「JeRo's Cycle2 Slide Show」の［ダウンロード］ボタンをクリックしてください。ツールバー上部に進捗バーが表示され、ダウンロードとインストールが行われます。

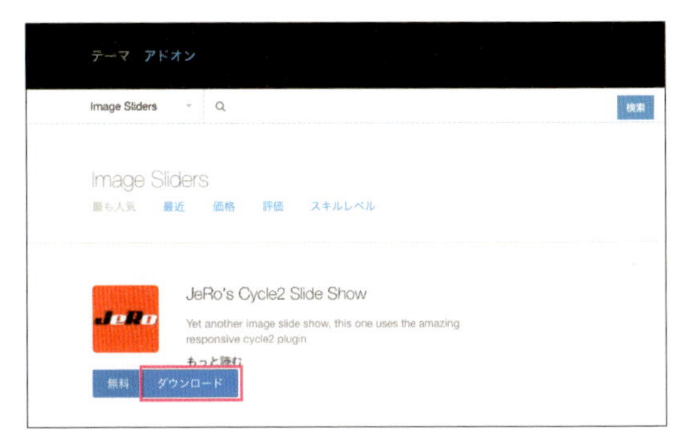

3 ダウンロードとインストールが完了するとポップアップが表示されるので、［はい］ボタンをクリックしてポップアップを閉じます。

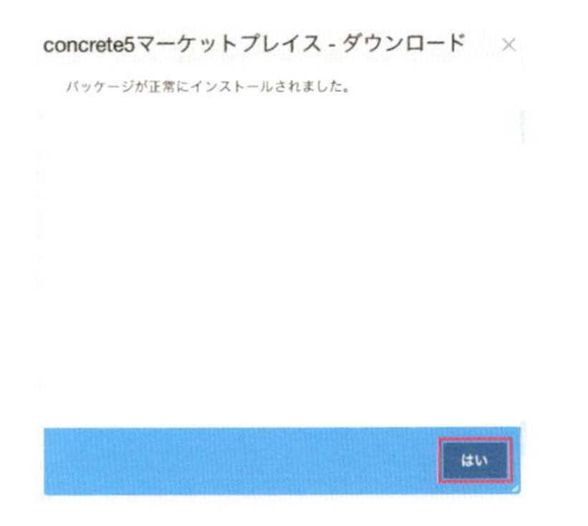

4 機能追加ページへ移動し、「Cycle2 Slide Show」がインストール済みに表示されていることを確認します。

Step03 アドオンを追加する

追加したアドオンを確認するため、「キャンペーン開催!」ページにスライドショーを追加してみましょう。サイトマップなどから「キャンペーン開催!」ページにアクセスしてください。

1 ツールバーの[+]アイコンをクリック❶すると現れる、コンテンツ追加パネルの「マルチメディア」セットに「Cycle2 Slide Show」が追加されているので、「Cycle2 Slide Show」ブロックを「空の ページヘッダー エリア」にドラッグ&ドロップ❷します。

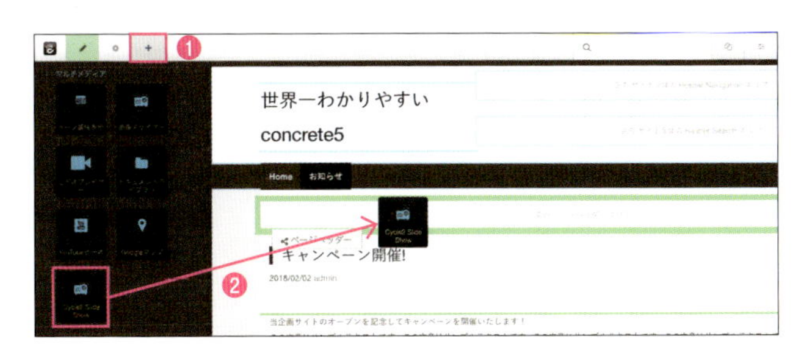

2 「Cycle2 Slide Showを追加」ポップアップの[スライドを追加]ボタンをクリック❶して、[画像]アイコンをクリック❷します。

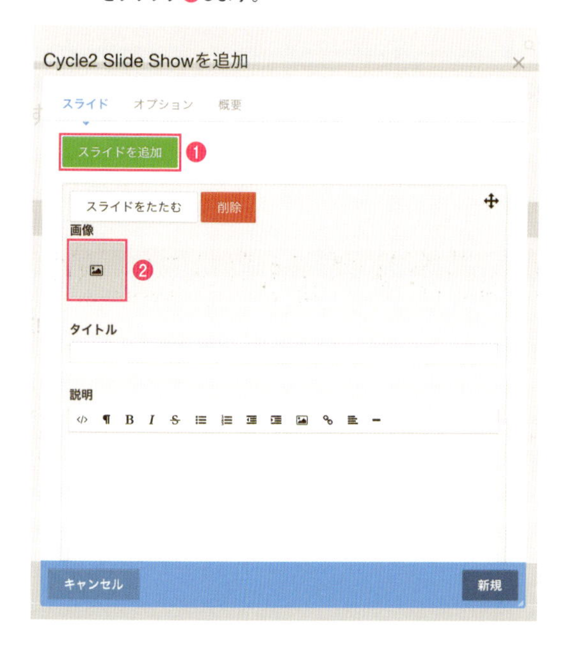

3 ファイルマネージャーから[image01.jpg]を選択します。同様に操作して[image02.jpg]を設定したスライドを追加します。

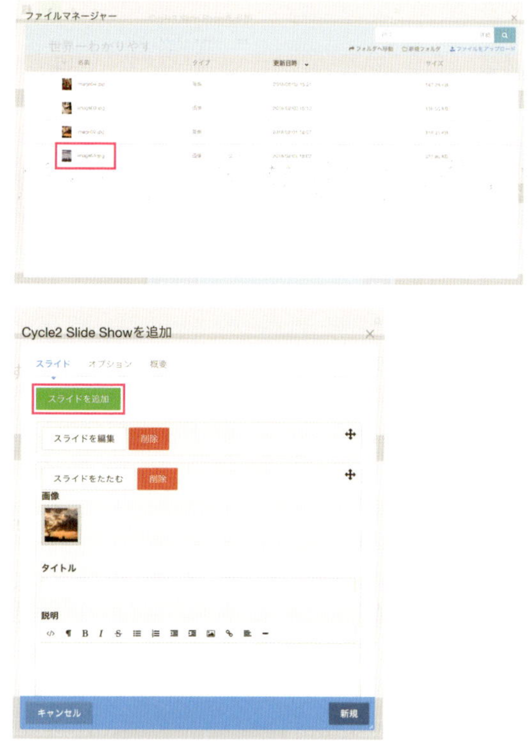

4 次に、[オプション]タブをクリック❶します。今回追加したブロックはconcrete5標準の「画像スライダー」ブロック(P.63)と違い、詳細を設定することができます。「Transition Effect」のセレクトボックスを[tileSlide]に変更❷し、[新規]ボタンをクリック❸します。

5 [編集モード]を終了して[変更を公開]を実行します。concrete5標準の画像スライダーで作ったスライドショーとは違う動きのスライドショーが追加できました。その他のオプションについても、ぜひ変更して試してみてください。

テーマやアドオンのライセンスを管理する

プロジェクトごとにテーマやアドオンのライセンス管理などが行えます。

1 プロジェクトとconcrete5.orgのアカウントが紐付いているかを確認するには、[管理画面] → [concrete5を拡張] ❶からプロジェクトページのURLをクリック❷します。concrete5.orgからログアウトしている場合はサインイン画面に遷移しますのでログインしてください。ログイン済みの場合はプロジェクトページへ遷移します。

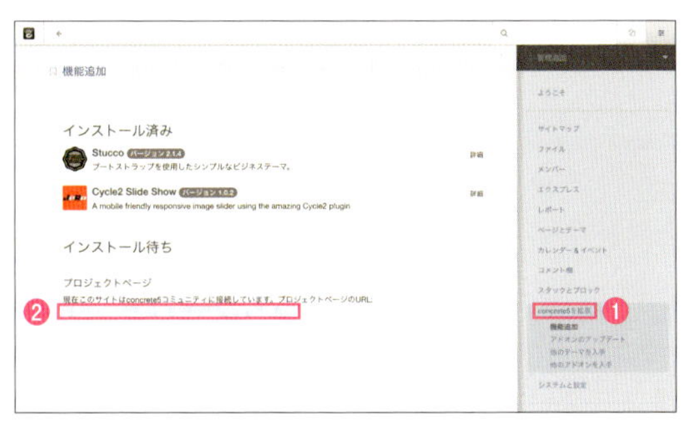

プロジェクトページへのリンク

2 プロジェクトページでは、ウェブサイト（プロジェクト）に紐付いているテーマやアドオンなどの拡張機能を確認したり、ライセンスの付与や解除、複数のユーザーとプロジェクトを共有（P.98参照）することなどができます。

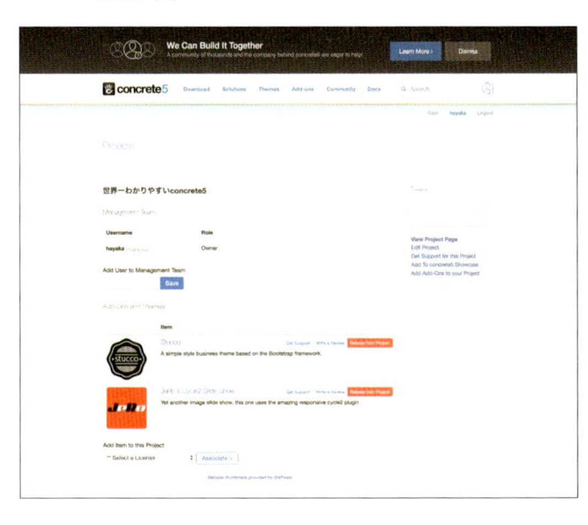

拡張機能のライセンスを削除する

使わなくなった拡張機能を他のサイトで使用したいときなどは、ライセンスを削除すると他のサイトで使用できるようになります。

プロジェクトページへアクセスします。プロジェクトに紐づいているテーマやアドオンの一覧から削除する機能を選び、[Release from Project] ボタンをクリックします。確認は行われないので注意してください。

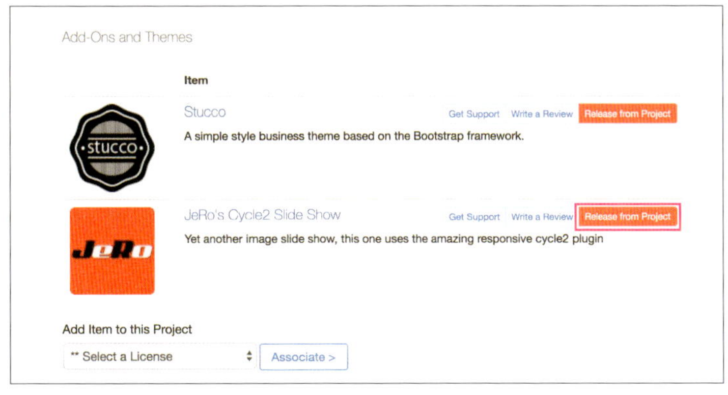

プロジェクトに組み込まれたアドオンライセンスの削除は [Release from Project] ボタンから行います。

6-4 おすすめのアドオン

マーケットプレイスには有償無償さまざまなアドオンが出品されています。その中からいくつかおすすめのアドオンを紹介します。

Manual Nav

サイトマップから自由にページを選択し、ナビゲーションメニューを作成できるブロックを追加するアドオンです。サイトマップから選ばずに、直接URLを指定することもできます。また、テキストだけでなく画像を表示させることもでき、サムネイル画像のページ属性を表示するか、ファイルマネージャーから選択するか、アイコンを使用するか選べます。サイトマップの構成に左右されないので、グローバルメニューやリンク集などさまざまな場面で使用できます。

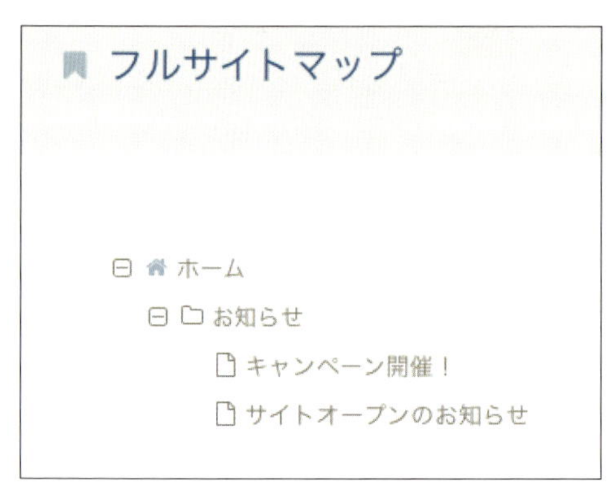

フルサイトマップ

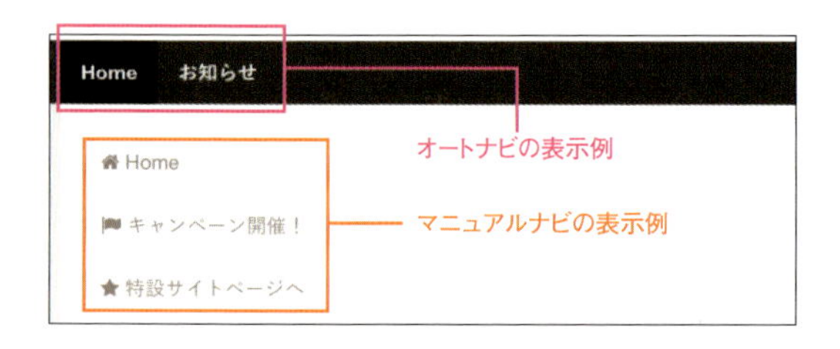

Manual Nav編集画面

Social Share Lite

「いいね」ボタンや「ツイート」ボタンなどのシェアボタンを表示するブロックを追加するアドオンです。対応しているサービスは、「Facebook いいね」「Twitter ツイート」「Google+ プラス1」「はてなブックマーク」「Tumblr シェア」「Pinterest Pin itボタン」「LinkedIn シェア」「Pocket ボタン」「LINEで送る」です。

Social Share Lite表示例

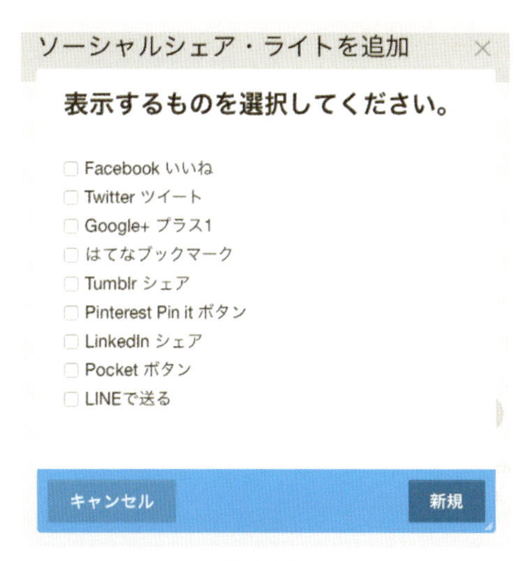

Social Share Lite編集画面

Open Graph Tags Lite

OGP（Open Graph Protocol）の設定が簡単にできるようになります。OGPを設定すると、Facebookなどでのシェアの際に、どのように表示されるかを設定できます。このアドオンを使用するとheadタグ内にOGPの設定が挿入されます。

［管理画面］→［Open Graph Tags Lite］に設定ページが追加されます。デフォルトのサムネイル画像、FacebookやTwitterの設定のほか、指定のページ属性を追加することで、ページごとのサムネイル画像やタイトルなども設定できます。

Open Graph Tags Lite編集画面

OGP設定なし

OGP設定あり

Exercise — 練習問題

レッスンで紹介したおすすめのアドオンをサイトにインストールしてみましょう。

❶ツールバーの[アイコン]アイコンをクリックし、管理画面パネルの［concrete5を拡張］→［他のアドオンを入手］の順にクリックします。
❷アドオンの名称でキーワード検索し、絞り込んだらダウンロードをクリックします。

おすすめのアドオン1「Manual Nav」

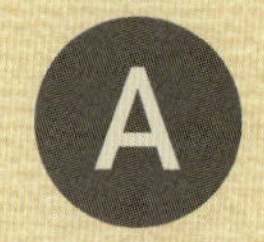

おすすめのアドオン2「Social Share Lite」

おすすめのアドオン3「Open Graph Tags Lite」

❸「機能追加」ページでダウンロードとインストールが完了したことを確認します。

PC上にローカル開発環境を作ろう

An easy-to-understand guide to concrete5

Lesson 07

このレッスンでは、concrete5によるサイト開発の基本を学ぶにあたって、MAMPというアプリケーションを使ってPC上にローカル開発環境を作成します。ローカル開発環境を作る理由やMAMPのインストール方法を学び、concrete5がPC上で動くようになるまでを解説します。

7-1 MAMPのインストールと初期設定

ローカル開発環境を作るためのツールはいろいろとありますが、本書ではWindows／MacOS両対応のMAMP（マンプ）というアプリケーションを利用して開発環境を作ります。

なぜローカルで開発するのか

concrete5は、3-2で行ったメンテナンスモードを有効にする（P.51）ことで、公開サーバー上においても、簡単に非公開状態でサイト構築が可能なCMSです。しかし、非公開状態とはいえ、ブラウザでサイト構築をする必要がある以上、ログインページも公開されていますし、サーバー上にconcrete5がインストールされていることはわかってしまいます。
また、オリジナルのテーマやカスタムテンプレートを作成する場合、PHPファイルなどを編集する必要があり、記述ミスからサーバーに負荷をかけてしまう可能性も否定できません。

これらの問題を解決するには、自分のパソコン上にローカル開発環境を作り、そこでプログラムに問題がないかを確認し、サイトを完成させてから公開サーバーにアップロードすればよいのです。自分のパソコン上であれば、わざわざメンテナンスモードにする必要もないですし、開発中のファイルをアップロードする必要もないので、サイト制作作業の時短にもなります。
本書で推奨するMAMPを使うと、パソコン上にウェブサーバーやMySQLサーバーなどローカル開発に必要な環境を構築してくれます。

Step01 MAMPをインストールする

Win／Mac両対応のMAMPですが、本書ではMacでのインストール手順を中心に記載します。

1 まずは、MAMPの公式サイトのダウンロードページにアクセスします。

https://www.mamp.info/en/downloads/

お使いのOSを選択❶し、[Download]をクリック❷します。インストールに最低限必要なシステム構成を満たしているか確認してください。執筆時（2018年3月）の最新バージョンの要件は下記のとおりです。

- **Macの場合**
  OS：Mac OS X 10.10
  64-Bit プロセッサ（Intel）

- **Windowsの場合**
  OS：Windows 10、Windows 8.1、Windows 7
  メモリ：2GB

- **ハードディスクの空き容量：2GB**

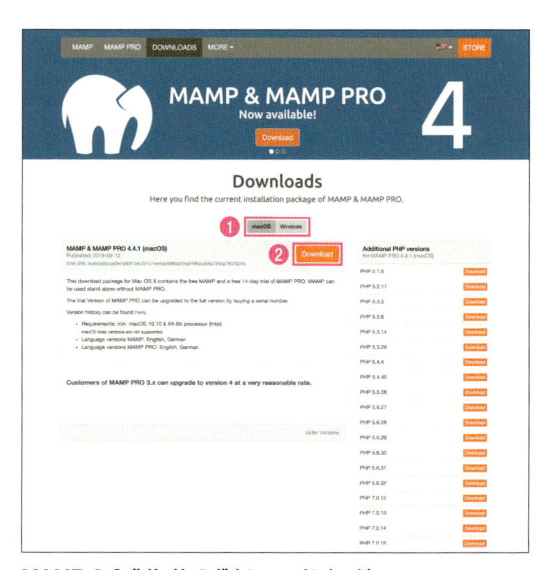

MAMPの公式サイトのダウンロードページ

2 1でダウンロードしたインストーラを起動します。ウィンドウが表示されるので、[続ける] ボタンをクリックします。

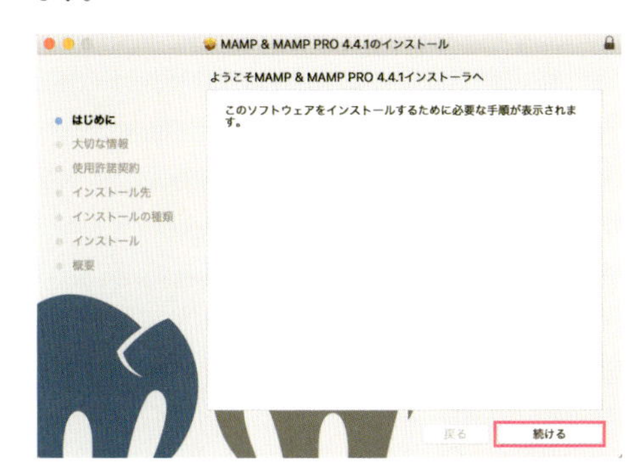

Windowsでは言語を選択する画面が表示されます。[OK]ボタンをクリックします。

3 インストールに関する「大切な情報」が表示されるので、確認して[続ける]ボタンをクリックします。「インストーラはMAMPとMAMP PROをアプリケーションフォルダにインストールします。MAMPフォルダを移動したりリネームしたりしないでください。」と記載されています。また、すでにインストールしてあった場合の動作について書かれています。

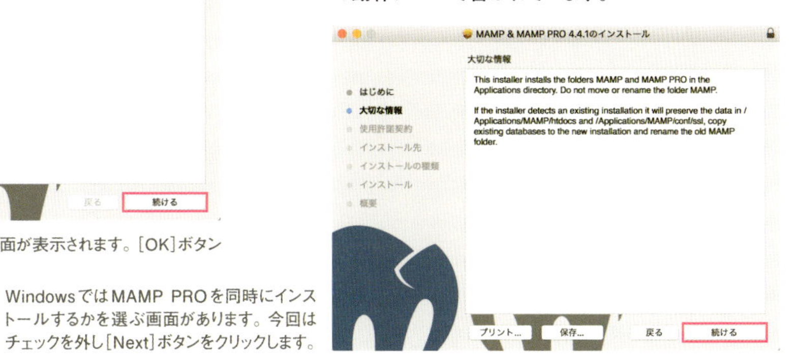

WindowsではMAMP PROを同時にインストールするかを選ぶ画面があります。今回はチェックを外し[Next]ボタンをクリックします。

4 「使用許諾契約」について表示されるので確認し、問題がなければ[続ける] ❶→[同意する] ❷の順にボタンをクリックします。

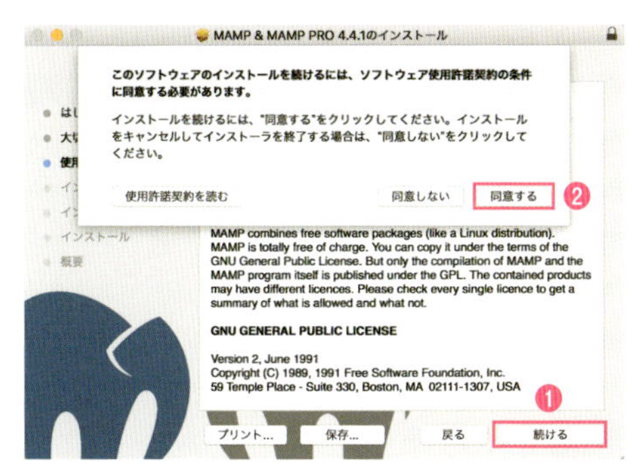

Windowsでは[I accept the agreement]を選択し、[Next]ボタンをクリックします。

5 「インストール先」を選択し、[続ける] ボタンをクリックします。

Windowsでは[Next] ボタンをクリックします。

6 「インストールの種類」について表示されます。今回は無料で使えるMAMPのみをインストールするため、[カスタマイズ] ボタンをクリックします。

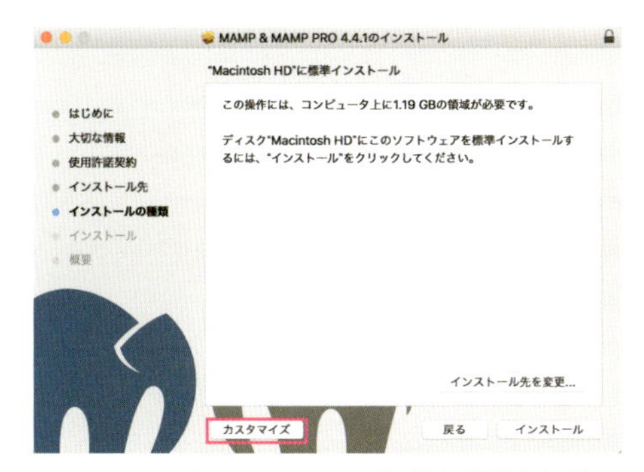

Windowsではスタートメニューフォルダの設定が行えます。デフォルトのままでよければ、[Next] ボタンをクリックします。

7 [MAMP PRO] のチェックを外し❶たら、[インストール] ボタンをクリック❷します。

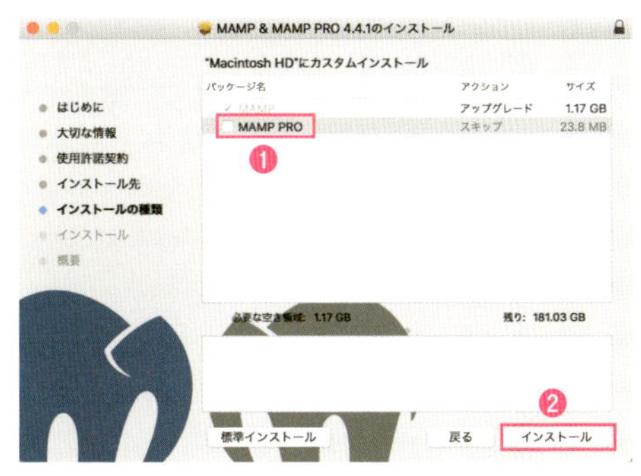

Windowsではデスクトップアイコンを作成するかを選択でき、[Next]ボタンをクリックすると設定確認の画面が表示されます。よければ [Install] ボタンをクリックします。

8 インストールの許可をするために、Macのユーザー名とパスワードを入力し、[ソフトウェアをインストール]ボタンをクリックします。

Windowsではこの画面は表示されません。

9 インストールが完了すると、「インストールが完了しました。」とメッセージが表示されます。[閉じる]ボタンをクリックしてください。以上で、MAMPのインストールが完了しました。

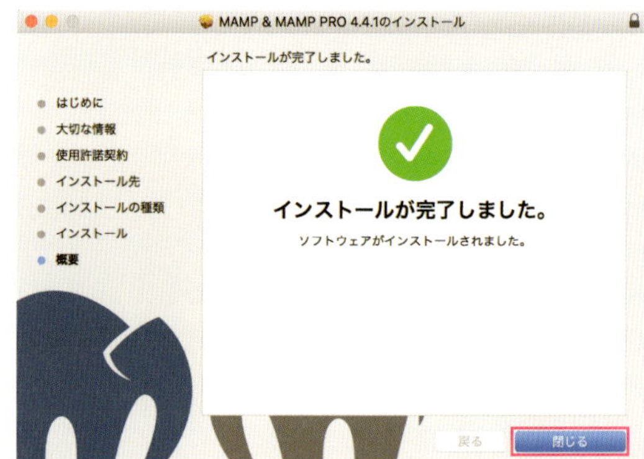

Windowsでは[Finish]ボタンをクリックします。

Step02 MAMPの初期設定をする

先ほどインストールしたMAMPを起動しましょう。Macの場合は、起動ディスク内の[アプリケーション]→[MAMP]フォルダにある[MAMP]を起動します。「Launchpad」から[MAMP]を起動することもできます。

1 MAMPが起動したら、メニューの[MAMP]から[Preferences...]をクリックし、MAMPの設定画面を開きます。

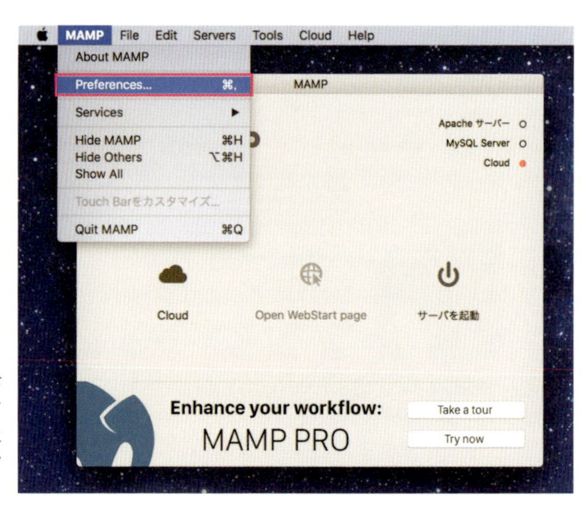

Windowsでは自動でサーバーが起動します。[Stop Servers]アイコンをクリックし、サーバーを停止してから[Preferences...]アイコンをクリックします。

2 まずは、MAMPの起動時と終了時の設定をします。[Start/Stop]タブが表示されていることを確認❶し、「When starting MAMP」の[Start servers]にチェックを入れます❷。この設定を有効にすると、MAMPの起動時にウェブサーバーとMySQLサーバーを起動してくれます。その他は下記のようになっているかを確認をして進みます。

Check for updates	有効
Open WebStart page	有効
Stop servers	有効

Windowsでは記載が異なりますが、同じように設定してください。

3 次に、ポートの設定をします。[Ports] タブに切り替え❶て、[Set Web & MySQL ports to 80 & 3306] をクリック❷します。すると [Apache Port] と [Nginx Port] が「80」に、[MySQL Port] が「3306」に変更されます。なお、他のアプリケーションで該当のポートを使っている場合やアクセスが制限されている場合は、適宜変更してください。

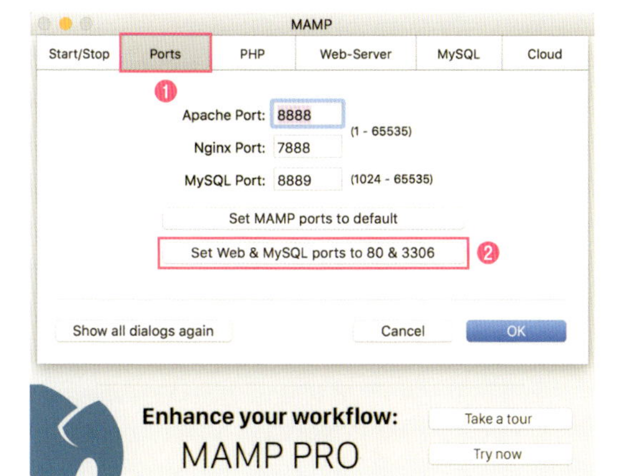

4 [PHP] タブに切り替えて、PHPバージョンを確認します。ここでは最新のバージョンを選択しています。

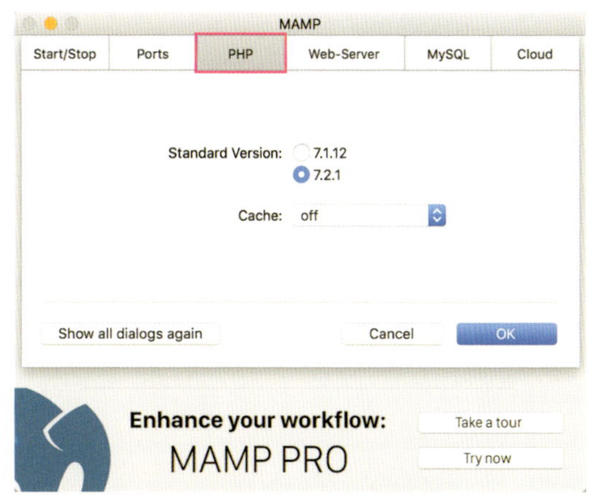

Windowsではセレクトボックスからバージョンを選択できます。

5 [Web-Server] タブに切り替え❶て、Web Serverが [Apache] になっている❷ことと、ドキュメントルートの場所を確認❸します。

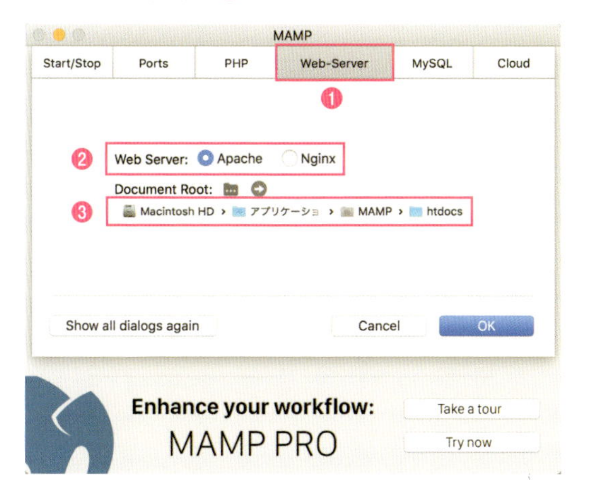

6 [MySQL] タブ❶では、現在MAMPが使用しているMySQLのバージョンが表示されています。[Cloud] タブについても特に変更する箇所はありません。すべての設定が終わったら、[OK] ボタンをクリック❷します。

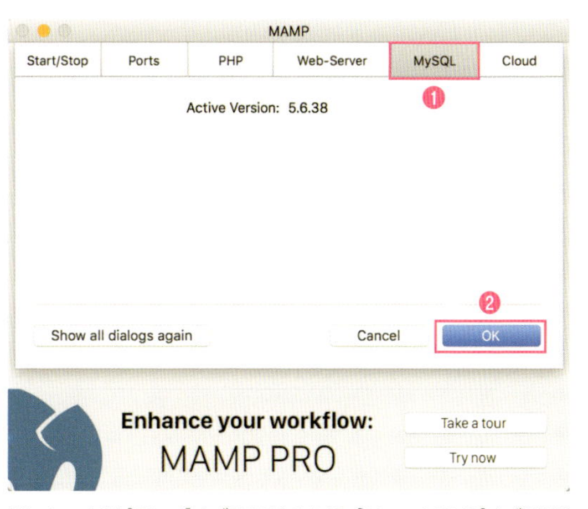

Windowsには [Cloud] タブはありませんが、[About MAMP] タブがあります。

7-2 サーバーの起動とデータベースの作成

MAMPのインストールと初期設定が完了したら、concrete5をインストールするための準備としてサーバーの起動とデータベースの作成を行います。

Step01 サーバーを起動する

1 ［サーバを起動］をクリックします。

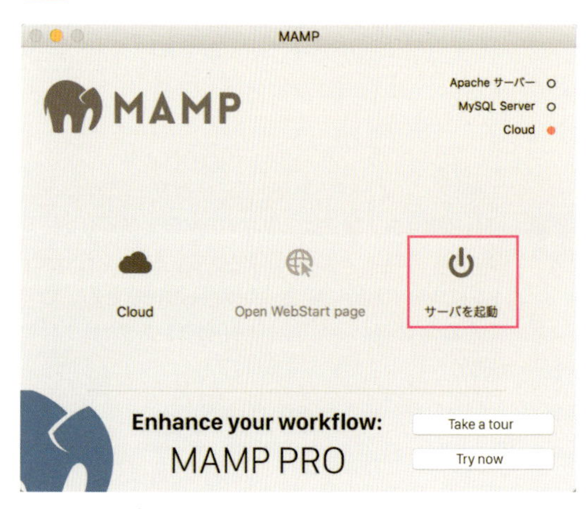

Windowsでは［Start Servers］をクリックします。

2 起動が完了すると、［サーバを起動］が［サーバを停止］に変わり❶、右上の「Apacheサーバー」と「MySQL Server」の横の丸が緑色に変わり❷ます。合わせてP.116で設定しておいた「WebStart page」がブラウザで開きます。

Windowsでは［Stop Servers］と表示されます。WebStart pageが自動で開かない場合は、「Open Start page」をクリックします。

Step02 データベースを作成する

concrete5のインストールをする準備として、MySQL*データベースを作成します。

1 先ほど自動で開いた「WebStart page」の「MySQL」にある［phpMyAdmin］リンクをクリックします。phpMyAdminはブラウザ上でSQL文などを記述しなくてもMySQLの管理ができるツールです。

*バージョン8からはMariaDBにも対応

2 ［データベース］タブをクリック❶したら、「データベースを作成する」の下の入力欄にデータベース名を入力❷し、その右横の照合順序のセレクトボックスを「utf8mb4_general_ci」に変更❸します。データベース名は任意ですが、ここではわかりやすいように「concrete5」と入力してください。データベース名と照合順序を設定したら、［作成］ボタンをクリック❹します。

Windowsでは［Databases］タブをクリックし、入力後［Create］ボタンをクリックします。

3 以上で、データベースが作成されました。サイドバーに「concrete5」という名前のデータベースが追加されていることがわかります。

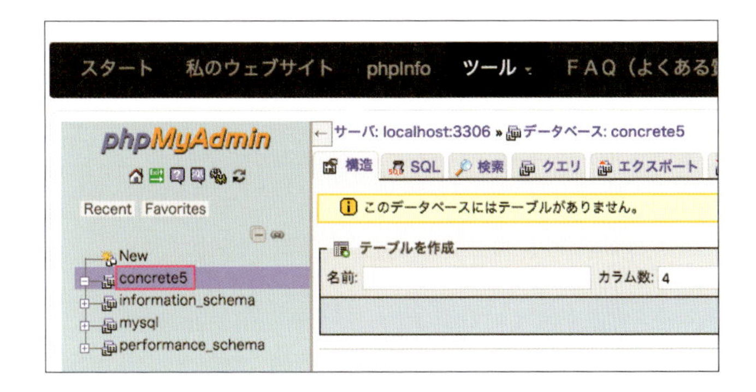

CHECK! Windows版ではPHPの設定が必要

Windowsではデータベース作成のあとにPHPの設定が必要になります。

1 「WebStart page」の「PHP」にある［phpinfo］リンクをクリックします。

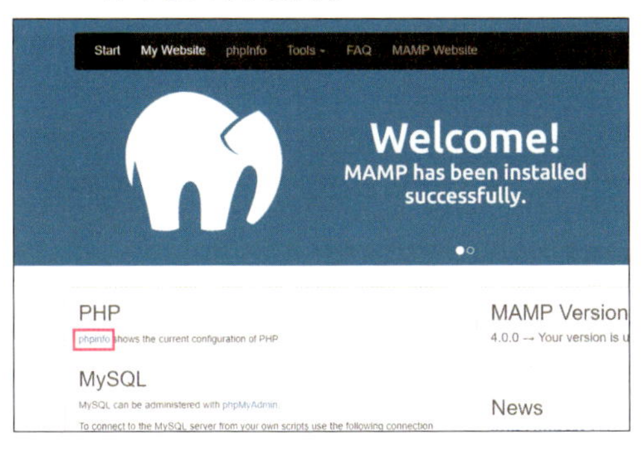

2 「Loaded Configuration File」に書いてある場所にある「php.ini」ファイルを、テキストエディターで開きます。

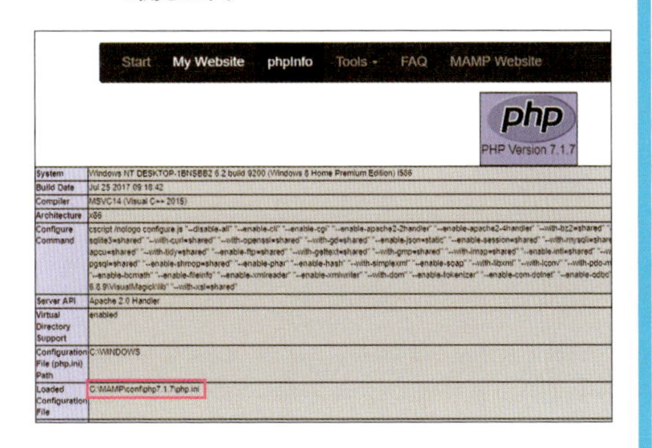

3 「;extension=○○」などの記述の下の行に以下の1行を追加し、php.iniファイルを上書き保存します。

```
extension=php_fileinfo.dll
```

MAMPを再起動したら、設定完了です。

```
php.ini - Notepad
File Edit Format View Help
;extension=php_ftp.dll
;extension=php_gmp.dll
;extension=php_imap.dll
;extension=php_intl.dll
;extension=php_ldap.dll
;extension=php_pdo_firebird.dll
;extension=php_pdo_odbc.dll
;extension=php_pdo_pgsql.dll
;extension=php_pdo_sqlite.dll
;extension=php_pgsql.dll
;extension=php_shmop.dll
;extension=php_xdebug.dll
extension=php_fileinfo.dll
```

7-3 concrete5のダウンロードとインストール

PC上でconcrete5を動かすための準備が終わったら、いよいよインストールを行います。最新版のconcrete5をダウンロードして、ローカル開発環境にインストールしましょう。

Step01 concrete5をダウンロードする

日本語公式サイトのダウンロードページにアクセスします。

https://concrete5-japan.org/about/download/

ページ上部が最新バージョンですので、「バージョン 8.3.2」(2018年3月現在) にある［ダウンロード開始］ボタンをクリックします。

CHECK! 過去バージョンについて

concrete5は最新のバージョン8系のほか、5.7系、5.6系と呼ばれる過去バージョンについてもそれぞれサポートされておりダウンロードができますが、基本的には最新であるバージョン8系をダウンロードしてください。
最新バージョンは、日本語公式サイトとconcrete5.org、どちらのサイトからも同じものがダウンロードできます。

concrete5.orgダウンロードページ
http://www.concrete5.org/download/

Step02 htdocsフォルダに移動する

1 ダウンロードしたconcrete5のファイルはzip形式で圧縮されているため、解凍ソフトで解凍してください。

2 解凍したフォルダ名を「concrete5」に変更し、MAMPのドキュメントルートである「htdocs」内に移動します。バージョン8.3.2に含まれているファイル群は下記のとおりです。

application（下層ディレクトリは空）
composer.json
composer.lock
concrete（コアファイルが入っている）
index.php
LICENSE.TXT
packages（空のディレクトリ）
robots.txt
updates（空のディレクトリ）

4つのディレクトリと5つのファイルで構成されています。コアファイル群であるconcreteディレクトリにはたくさんのファイルが含まれているので、移動が不完全にならないように注意してください。

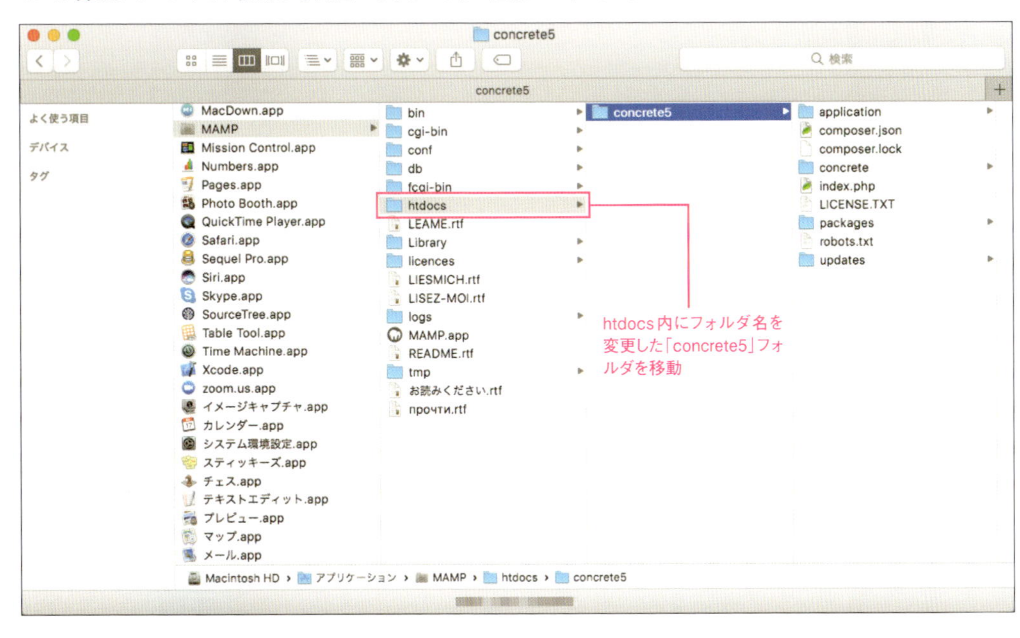

Step03 concrete5をインストールする

1 ブラウザから

http://localhost/concrete5

にアクセスすると、自動的にconcrete5のインストールページ（http://localhost/concrete5/index.php/install）に移動します。中央に表示されているセレクトボックスから管理画面の言語を選択できます。ここでは［日本語（日本）］に変更❶し、［矢印］ボタンをクリック❷します。

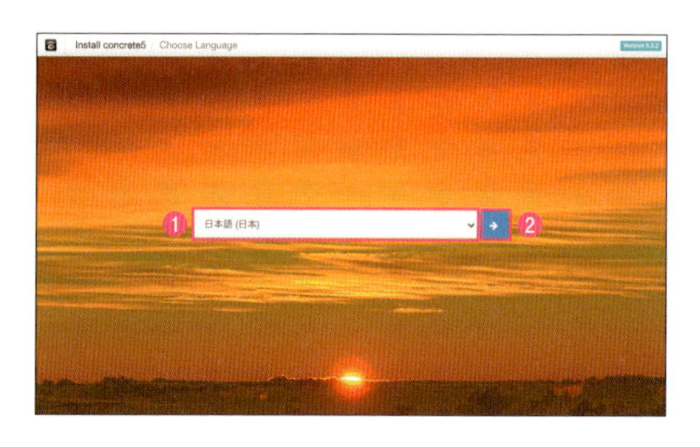

2 サーバーの環境確認が行われます。すべての項目にチェックが入っている状態になっていれば、［インストールを続ける］ボタンをクリックします。エラーメッセージが表示されたら、P.40を参照してください。

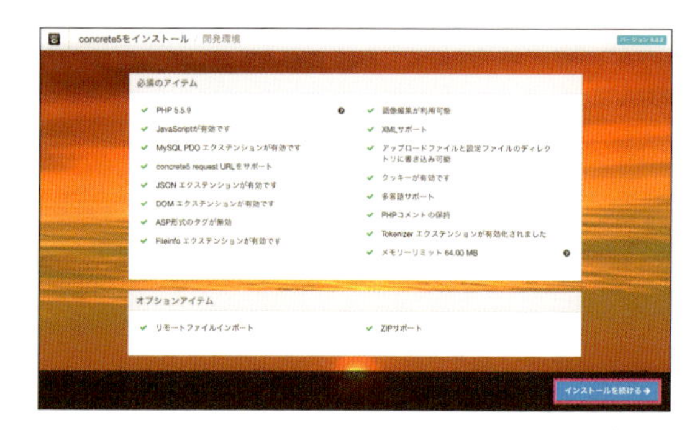

3 サイト情報を次のとおり入力または選択します。Lesson02と同様に、本書の学習を進めるにあたり、［スターティングポイント］の項目は［空白のサイト］を選択してください。サイト情報の入力が終わったら［concrete5をインストール］ボタンをクリックします。

【サイト】

名前	コンクリートセブン株式会社
管理者メールアドレス	管理者アカウント「admin」用のメールアドレスを入力
管理者パスワード	管理者アカウント「admin」用のパスワードを入力
パスワード確認	管理者アカウント「admin」用のパスワードを再度入力

※ここで入力したメールアドレスやパスワードは忘れないように注意してください。

【スターティングポイント】

空白のサイト	未設定のElementalテーマを使って空白のサイトを作ります。ページなどが一切設定されていない状態から始めることができます。
フルサイト	Elementalテーマで、ホームページ、複数のページタイプ、ポートフォリオ、問い合わせフォーム、ブログなどが設定されたウェブサイトを作成します。

【データベース】

サーバー	localhost
MySQLユーザー名	root
MySQLパスワード	root
データベース名	concrete5

【詳細オプション】「詳細オプション」をクリックすると各設定が表示されます。

システムタイムゾーン	[東京]を選択

4 インストール中はconcrete5に関するページへの案内が表示されます。

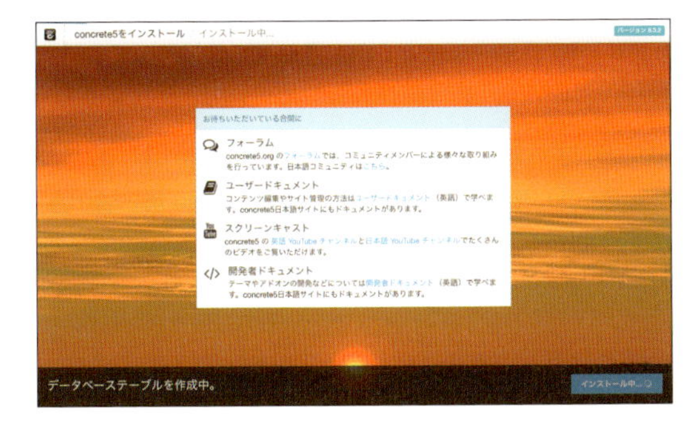

5 インストールが完了するとメッセージが現れるので[サイトを編集]ボタンをクリックします。

すでに「admin」というユーザーでログインした状態になっており、ヘルプがポップアップ表示します。レンタルサーバへのインストール時と同様に、ヘルプはそのユーザーがはじめてログインしたときのみ自動でポップアップします。以降は?アイコンをクリックすることでヘルプを表示することができます。

以上でローカル開発環境へのconcrete5のインストールは終了です。

Exercise ― 練習問題

あなたはローカル開発環境にもう1つconcrete5をインストールしようとしています。
次のうち間違っているものはどれでしょうか。

1. concrete5のファイルはインストール済みのconcrete5のファイルをコピーして用意する
2. データベースはレッスンで作成したものを利用する
3. インストール時に入力するパスワードは覚えやすくわかりやすいものを設定する
4. 最新バージョンのconcrete5のファイルをダウンロードして使用する

A

1. ×
インストール済みのconcrete5のファイルにはデータベース情報やアップロードしたファイルなどが含まれているので、新規インストールする場合は新しいファイルを用意しましょう。

2. ×
concrete5をインストールするには空のデータベースが必要です。

3. ×
ローカル開発環境とはいえ、わかりやすいパスワードを使用するのはおすすめできません。わかりやすいパスワードのまま本番環境にデプロイしてしまうと、不正利用の恐れがあり大変危険です。

4. ○
concrete5をインストールする際は、最新バージョンのコアファイルを使用しましょう。

Q

ローカル開発環境にもう1つconcrete5をインストールする前提で「c5test」という名前のデータベースを追加してみましょう。

❶MAMPのphpMyAdminにアクセスします。
❷[データベース]タブをクリックし、データベース名を「c5test」、照合順序を「utf8mb4_general_ci」にして[作成]ボタンをクリックします。

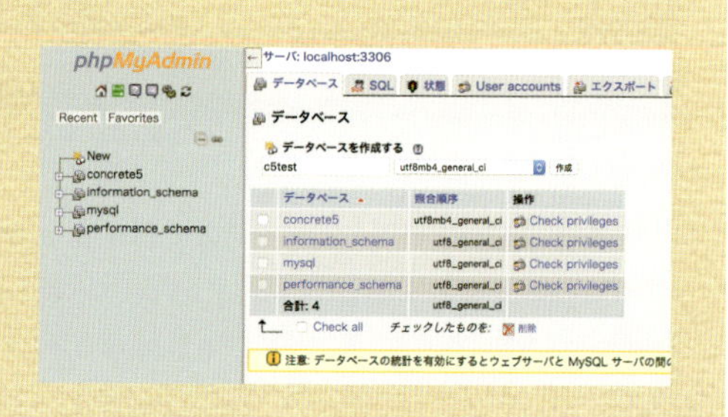

CHECK! 追加したデータベースは削除する

練習問題で追加したデータベース「c5test」は削除しておきましょう。[データベース]タブで「c5test」の横のチェックボックスにチェックをし、[削除]リンクをクリックすると確認画面が表示されるので[OK]ボタンをクリックすれば削除できます。

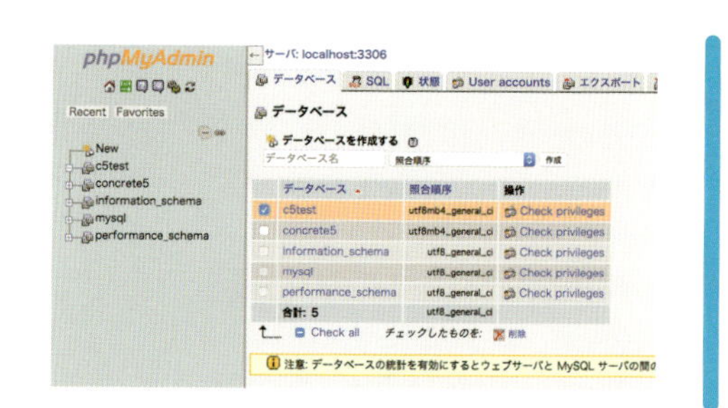

テーマ作成の基礎知識

An easy-to-understand guide to concrete5

Lesson

concrete5をもっと自由に使いこなすためにオリジナルのテーマを作成してみましょう。このレッスンでは、テーマ作成に必要な事前準備や基礎知識を学び、実際にテーマの基礎を作成しローカル開発環境にテーマをインストールします。

8-1 テーマ作成のための事前準備

オリジナルテーマを作成するための準備を行います。テキストエディターを用意し、これから作成するオリジナルテーマのもととなる静的サイトを確認しましょう。

テキストエディターを用意する

テーマを作成するには、phpなどのテキストファイルの編集が必須となります。テキストの編集にはテキストエディターを用いますが、パソコンに標準でインストールされているソフトウェアでは、プログラミングやコーディングに不向きな場合もあります。現在、使い慣れたテキストエディターがない場合は、下記のいずれかのテキストエディターをインストールしてみてください。プログラミングのために開発されたエディターで、ソースコードをわかりやすいように色分けしてくれます。Coda2は有償ソフトですが、FTPクライアント(P.192)としても利用できるなど、さまざまな機能が含まれています。

Coda2（https://panic.com/jp/coda/）

Sublime Text（https://www.sublimetext.com/）

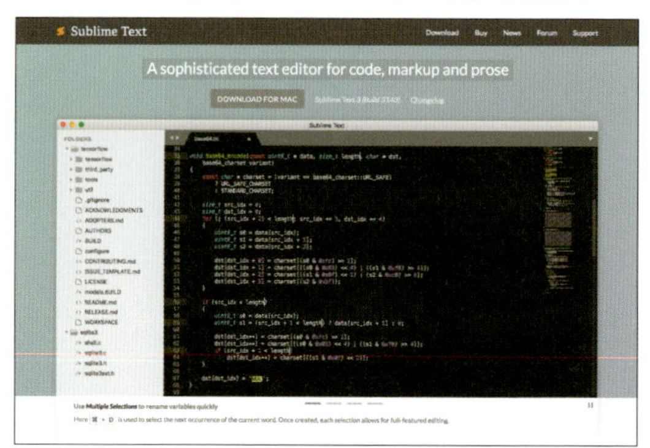

静的サイトを準備する

starter_theme-html

concrete5はサイト構築とデザインをそれぞれ同時進行で進めていくことができるCMSですが、いきなりPHPファイルにコーディングしていくのは大変です。今回はHTML・CSS・JavaScriptで作られた静的サイトをもとに、テーマを作成していきます。

完成イメージを確認する

今回制作するテーマはシンプルな構造のコーポレートサイト用のテーマです。ヘッダーにはサイト名とグローバルナビゲーションとソーシャルメディアへのリンクがあり、メインにはスライドショーとサービス紹介、新着情報、Googleマップがあり、フッターにはメニューがあります。ヘッダーとフッターをサイト内全ページ共通のパーツとし、メインは自由に構成できるテーマとします。また、サイトで使用するいくつかのブロックのカスタムテンプレートも作成します。完成後は、作成したテーマをベースに自由にカスタマイズしてオリジナルサイトを作ってみてください。

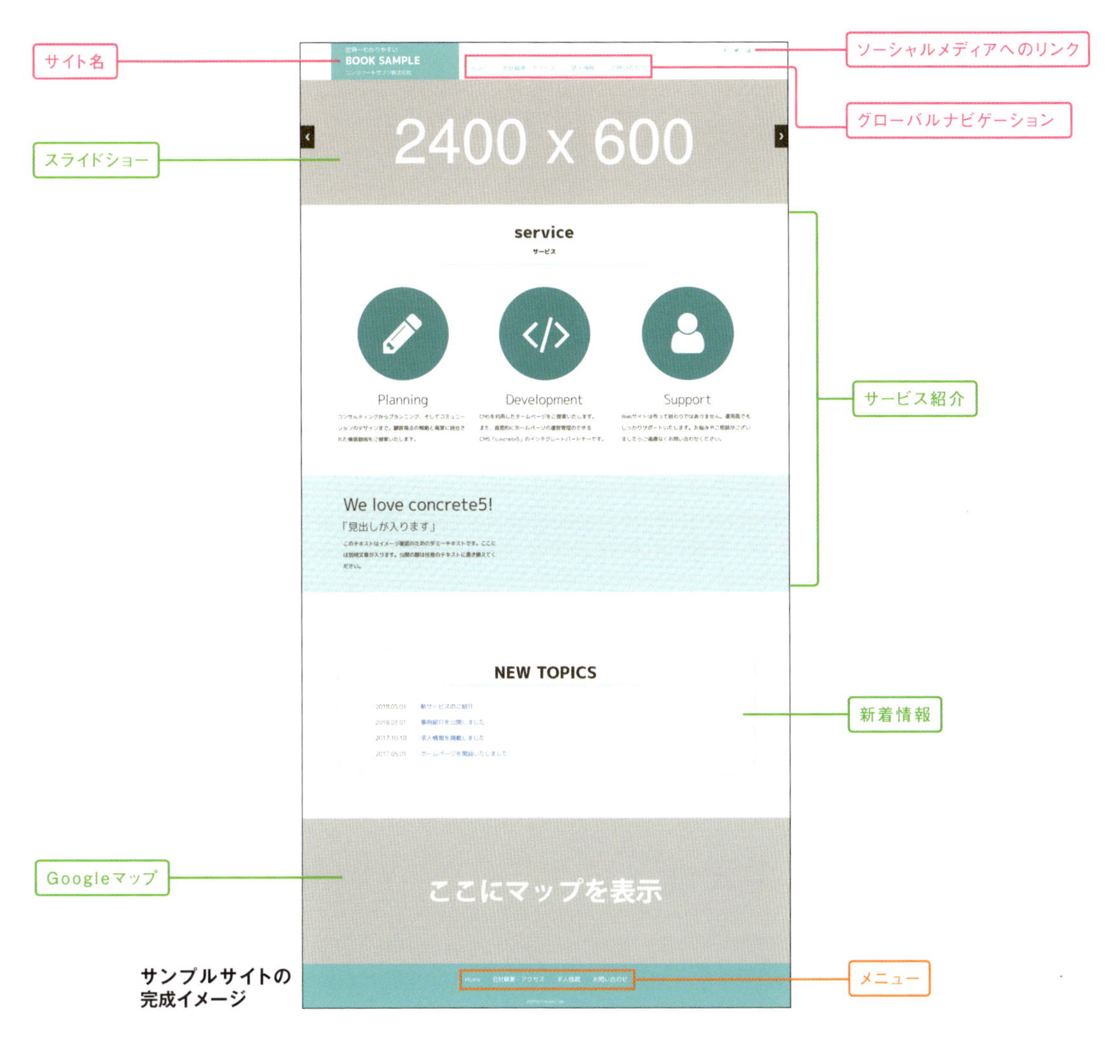

サンプルサイトの
完成イメージ

ファイル構成を確認する

ダウンロードしたレッスンファイル内の「starter_theme-html」フォルダを開いて、ファイルの構成を確認してください。「starter_theme-html」フォルダには、静的サイトで必要なファイルとテーマで使うファイルが入っています。「index.html」❶はテーマのベースとなるhtmlファイルです。cssは「css」フォルダ❷に、JavaScriptは「js」フォルダ❸に、画像は「images」フォルダ❹に入っています。

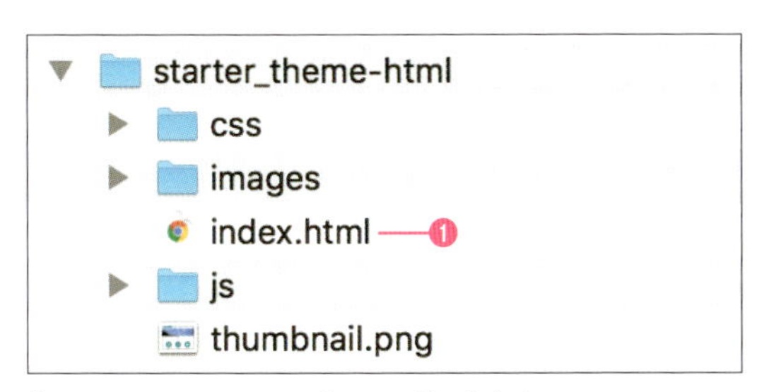

「starter_theme-html」フォルダのなかみ

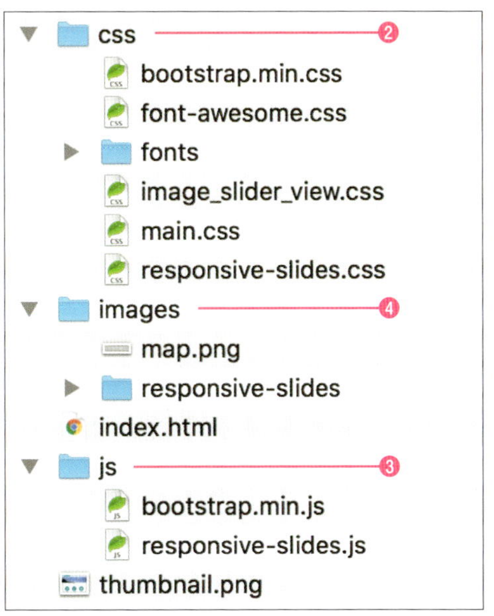

「starter_theme-html」フォルダ内の各フォルダを展開

8-2 PHPの基礎知識

この節では、concrete5のPHPを扱うにあたっての基礎知識を学びます。最初は難しく感じるかもしれませんが、実際に触っていくうちに慣れていくはずです。

PHPについて

PHPとは、オープンソースの「サーバーサイドスクリプティング言語」です。ウェブ制作によく使われるJavaScriptがブラウザ上（クライアントサイド）で実行されるのとは異なり、サーバー上で実行されます。PHPはサーバーサイドのプログラミング言語としては、世界でもっとも多く使われており、FacebookやWikipediaもPHPで動作しています（https://w3techs.com/technologies/overview/programming_language/all）。スクリプティング言語とは、短く簡易に記述できるプログラミング言語のことですので、PHPも基本ルールを覚えて使うのは簡単です。プログラミング経験の浅い人でも心配する必要はありません。しかし、PHPの利用範囲が広がるに従って、concrete5のようにまとまった規模のシステムの開発にも使われるようになり、他のプログラミング言語のように「クラス」などの高度な仕組みも備えるようになりました。この節では、それらの内容も少し補足します。

PHPファイルを作成してみよう

それでは、PHPに慣れるために、簡単なPHPファイルを作成してみましょう。テキストエディターを開いて新規ファイルを作成し、list-8-2-1.phpのコードをタイプしてからMAMPのhtdocsフォルダ内に拡張子「.php」で保存してください。ブラウザからアクセスすると、「世界一わかりやすいconcrete5」と表示されるはずです。ファイル名を「easy.php」として保存した場合は、アクセスするURLはhttp://localhost/easy.phpになります。コード中の「echo」が、画面に文字を表示するための命令です。そして、表示する内容は、echoの次に「"」（ダブルクオーテーション）で囲まれた文字列になります。文字列は「'」（シングルクオーテーション）でも表すことができます。行末の「;」（セミコロン）は命令文の区切りを表します。

ソースコード list-8-2-1.php

```
<?php
echo "世界一わかりやすいconcrete5";
```

HTMLの中にPHPスクリプトを埋め込む

次に、HTMLの中にPHPスクリプトを埋め込んでみましょう。先ほどのファイルの内容を右のコードのように変更して保存し、再度ブラウザからアクセスしてみましょう。次ページの図のように表示されたら成功です。通常のHTMLの中の開始タグ「<?php」と終了タグ「?>」で囲まれた範囲がPHPのプログラムとして実行され、「2+3」の計算結果が画面に表示されました。これが、基本的なPHPスクリプトの書き方です。

ソースコード list-8-2-2.php

```
<!DOCTYPE html>
<html>
<head>
    <title>世界一わかりやすいconcrete5</title>
</head>
<body>
<h1>PHPの基礎</h1>
<p>2+3=<?php echo 2 + 3; ?></p>
</body>
</html>
```

PHPの基礎

2+3=5

実行結果

変数

プログラミングで重要な概念に「変数」があります。list-8-2-3.phpのとおりにPHPファイルを作成し、ブラウザからアクセスしてみてください。表示結果は、list-8-2-1.phpと同じ「世界一わかりやすいconcrete5」になります。

ソースコード list-8-2-3.php

```
<?php
$variable = "わかりやすい";

echo "世界一" . $variable . "concrete5";
```

変数の値を変更する

では、list-8-2-4.phpのように「わかりやすい」を「楽しい」に変えるとどうなるでしょうか。

ソースコード list-8-2-4.php

```
<?php
$variable = "楽しい";

echo "世界一" . $variable . "concrete5";
```

echo文のある4行目のソースコードはまったく同じなのに、表示結果が「世界一楽しいconcrete5」に変わりました。
この「`$variable`」が変数です。PHPでは、変数は「`$`」マークで開始する決まりで、$マークに続く文字列が変数の名前になります。変数の名前は任意に決めることができます。変数の中身は、2行目の「`=`」でセットされています。この変数に中身をセットすることを「代入」、変数の中身を「値」と呼びます。また、4行目では文字列と変数を「 `.` 」(ドット)でつなげています。
この変数や文字列の接続は、concrete5のテンプレートで頻出しますのでよく覚えておきましょう。

配列

関連する複数の要素をまとめて管理するための仕組みが「配列」です。配列を使うと、要素ごとに繰り返し同じ処理を行うのに便利です。配列は「 `[` 」と「 `]` 」で囲って記述し、それぞれの要素はカンマで区切ります。「`foreach`」は配列の要素をひとつずつ取り出し、「`as`」の次に指定した変数に代入する構文で、concrete5のテンプレートでも頻出します。配列には「`array(` 」と「 `)` 」で囲む書き方もあり、こちらは古い書き方になります。配列に要素を追加するには、配列を格納した変数名の直後に「 `[]` 」を付けて値を代入します。

ソースコード list-8-2-5.php

```
<?php
// 配列の作成
$names = [
    '世界一',
    'わかりやすい',
    'concrete5'
];

// 配列に要素を追加
$names[] = '最高！';

// ループで順に表示
foreach ($names as $name) {
    echo $name;
}

// 実行結果：世界一わかりやすいconcrete5最高！
```

条件分岐

「if」構文を使うと、「真」か「偽」かの二択の条件により処理を変えることができます。list-8-2-6.phpは条件分岐の書き方の例を示しています。変数$boolに「true」という特殊なキーワードを指定しています。trueは真、falseは偽を表し、if構文の前半の「 { 」と「 } 」のあいだの処理は真のとき、後半は偽のときのみ実行されます。2行目を「$bool = false;」に変更して、表示が変わるかどうか確認してみましょう。

ソースコード Before list-8-2-6.php

```
1  <?php
2  $bool = true;
3
4  if ($bool) {
5      // 真の時
6      echo '真';
7  } else {
8      // 偽の時
9      echo '偽';
10 }
```

ソースコード After list-8-2-6.php

```
2  $bool = false;
```

整数、文字列、配列を検証したif構文

if構文は、trueとfalseだけでなく、さまざまな値の検証に利用できます。整数の場合は1以上がtrueで0がfalseとして扱われます。同様に、文字列の場合は1文字以上がtrueで0文字がfalse、配列の場合は要素が1以上あればtrue、0であればfalseとなります。

また、値だけでなく、「等しい」(==)や「等しくない」(!=)などの「比較演算子」を使った式の結果も検証することができます。

ソースコード list-8-2-7.php

```
<?php
$values = [
    3, // 1以上の整数
    1, // 1以上の整数
    0, // 0
    'くだもの', // 1文字以上の文字列
    '', // 0文字の空の文字列
    ['りんご', 'バナナ', 'ぶどう'], // 1以上の要素を持った配列
    [], // 要素のない空の配列
];

foreach ($values as $value) {
    if ($value) {
        // 真の時
        echo '真';
    } else {
        // 偽の時
        echo '偽';
    }
}

$value = 1;
if ($value == 1) {
    // 値が1と等しい時
    echo '真';
} else {
    // 値が1と等しくない時
    echo '偽';
}

// 実行結果：真真偽真偽真偽真
```

if構文の省略形とelseif

if構文の後半は省略し、条件が真のときのみ実行させることもできます。また、「elseif」キーワードを用いて、条件分岐を繋げることもできます。

ソースコード list-8-2-8.php

```
<?php
$bool = true;

// 省略形
if ($bool) {
    // 真の時
    echo '真';
}

// 複数の条件
$value = 1;

if ($value == 0) {
    echo '値が0です。';
} elseif ($value == 1) {
    echo '値が1です。';
} else {
    echo 'それ以外です。';
}
```

関数

処理を再利用可能にするための仕組みが「関数」です。「function」キーワードで関数を定義することができます。関数は値を受け取ることができ、受け取る値を「引数」と呼びます。

ソースコード list-8-2-9.php

```
<?php
// 関数「li」の定義
function li($text) {
    // 関数が受け取った値は、関数内で変数として利用できる
    $output = '<li>' . $text . '</li>';
    // return キーワードで関数が呼び出された先へ値を返すことができる
    return $output;
}

$fruits = ['りんご', 'バナナ', 'ぶどう'];

echo '<ol>';

foreach ($fruits as $fruit) {
    // 関数で処理された内容をechoで出力
    echo li($fruit);
}

echo '</ol>';
```

1. りんご
2. バナナ
3. ぶどう

実行結果

クラス

関連する関数や変数をまとめることができる仕組みが「クラス」です。「class」キーワードでクラスを定義することができます。テンプレートの作成のためにクラスを自作することはほぼありませんが、concrete5のテンプレート以外のほとんどすべてのPHPファイルはクラスが定義されているファイルになっています。そのため、クラスの中にまとめられた関数や変数の呼び出し方は知っておきましょう。クラスの中の関数は「メソッド」、変数は「プロパティ」という特別な呼び方があります。

ソースコード list-8-2-10.php

```
<?php
// クラス「Example」の定義
class Example
{
    // プロパティの定義
    public $val1 = 1;

    // static キーワードを使ったプロパティの定義
    public static $val2 = 2;

    // private, protected キーワードで定義したプロパティには外部からアクセスできない
    private $name = 'concrete5';

    // メソッドの定義
    public function getName()
    {
        return $this->name;
    }

    // メソッドも関数と同様に引数が持てる
    public function setName($name)
    {
        $this->name = $name;
    }

    // static キーワードを使ったメソッドの定義
    public static function getStaticValue()
    {
        return self::$val2;
    }
}

// クラスを利用するには、new キーワードを使います。
// これをインスタンス化と言い、インスタンス化されたクラスをオブジェクトと呼びます。
$example = new Example();

// プロパティを呼び出す
// -> をアロー演算子と呼びます。
echo $example->val1; // 出力結果：1

// private プロパティは呼び出せない(エラーになる)
// echo $example->name;

// プロパティも変数と同様に代入できる
$example->val1 = 2;
echo $example->val1; // 出力結果：2

// プロパティの値はインスタンス化したオブジェクトごとに別になる
$example2 = new Example();
echo $example2->val1; // 出力結果：2 ではなく 1

// メソッドを呼び出す
echo $example->getName(); // 出力結果：concrete5
$example->setName('CMS');
echo $example->getName(); // 出力結果：CMS
```

```
// static キーワードで定義すると、インスタンス化せずに呼び出せる
echo Example::$val2; // 出力結果：2
echo Example::getStaticValue(); // 出力結果：2
```

COLUMN

変数の値がオブジェクトかどうかを検証する

「new」キーワードを使ってクラスから作成したオブジェクトでは、アロー演算子(->)など特殊な記法が使えますが、もし変数がオブジェクトではなかった場合、エラーになってしまいます。そのようなときのために、「is_object()」関数で変数の値がオブジェクトかどうかを検証することができます。

```
if (is_object($object)) {
  // オブジェクトだった場合の処理
}
```

名前空間

クラスの名前は、重複できません。そのため、PHPで開発したアプリケーションの規模が大きくなってくると、たくさんあるPHPファイルのすべてをチェックして名前が重複していないか確認するのは面倒になります。しかし、似たような制限があるパソコンにファイルを保存する場合は、それほどファイル名の付け方に悩まないのではないでしょうか。それは、フォルダという仕組みがあり、フォルダが分かれていれば、ファイル名が同じでも保存できるからです。PHPのクラスもフォルダのように整理することができます。その仕組みが名前空間です。

たとえば、concrete5で管理しているサイト内のページに関連する処理を担う「Page」というクラスがありますが、このクラスは「Concrete\Core\Page」という名前空間に所属しています。そのため、Pageクラスのフルネームは「Concrete\Core\Page\Page」となります。PHPファイルのどこかで「use」キーワードを使って「use Concrete\Core\Page\Page;」のようにフルネームを指定すれば、それ以降はクラス名だけで「$page = new Page();」のように利用することができるという仕組みです。クラスを名前空間に所属させるには、クラスを定義しているPHPファイルの冒頭で「namespace」キーワードを使います。

下記のlist-8-2-11.phpはconcrete5の Concrete\Core\Page\Page クラスのソースコードから冒頭部分を抜粋したものです。

ソースコード list-8-2-11.php

```
<?php
namespace Concrete\Core\Page;

use Concrete\Core\Site\SiteAggregateInterface;
use Concrete\Core\Site\Tree\TreeInterface;
use Concrete\Core\Permission\AssignableObjectInterface;
use Collection;

/**
* The page object in Concrete encapsulates all the functionality used by a typical page and
their contents
* including blocks, page metadata, page permissions.
*/
class Page extends Collection implements \Concrete\Core\Permission\ObjectInterface,
AssignableObjectInterface, TreeInterface, SiteAggregateInterface
{
```

コメント

すでにこれまで解説に使用したコード内でも使っていますが、PHPのプログラムの中にコメントを挿入できます。コメントの中身はプログラムの実行に影響を与えませんので、あとからソースコードを見返したときにわかりやすいようメモを残しておくことができます。

ソースコード list-8-2-12.php

```
<?php
// スラッシュ２つに続けて、1行のコメントを残せます
echo '世界一';

/*
スラッシュとアスタリスクを使って
 複数行のコメントを
   書くこともできます
*/
echo 'わかりやすい';

/**
 * 複数行コメントは
 * 読みやすさのために
 * アスタリスクを足して記述されることが多いです
 */
echo 'concrete5';
```

エラー

プログラミングにはエラーがつきものです。PHPでエラーが起きた場合、なぜエラーになって、何を修正したらいいのかを具体的に教えてくれます。list-8-2-13.phpの内容でPHPファイルを作成し、ブラウザでアクセスしてみましょう。

ソースコード list-8-2-13.php

```
<?php

echo "構文エラーのテスト"
// 行末に ; がないのでエラーになります。
```

次のようなエラーメッセージが表示されるはずです。

```
Parse error: syntax error, unexpected end of file, expecting ',' or ';' in /Application/MAMP/htdocs/list-8-2-13.php on line 4
```

「Parse error: syntax error」というエラーは、PHPの構文に誤りがあるということを示しています。「unexpected end of file, expecting ',' or ';'」は、カンマかセミコロンがあるべきところになく、予期せずファイルが終わっているという意味です。エラーが発生した行数も表示されます。

このように、エラーメッセージは難しいことが書いてあるわけではなく、解決に役立つ情報が表示されるようになっています。Parse errorの他にも、処理の途中で致命的な問題が発生した場合に表示される「Fatal Error」などがあります。

CHECK! **PHPエラーが表示されないとき**

先ほどのエラーメッセージが表示されず、500エラーになった場合、PHPの設定を確認しましょう。
MAMPのデフォルトのphp.ini（P.119）では、エラーを表示しない設定「display_errors = Off」となっているので、テキストエディターで開いて「display_errors = On」に変更し、MAMPの再起動を行ってください。

デバッグモードによる詳細エラー

concrete5でデバッグモード(P.50)を有効にすると、通常のPHPファイルでエラーを起こしたときよりも、さらに詳細な情報が表示されます。また、デバッグモードでは「例外エラー」が表示されることがあります。エラーメッセージに「Exception」という言葉が入っていたら例外エラーです。例外とは、Parse errorのようなミスではなく、異常な動作や予期しない条件の際に発生するよう、プログラム側であらかじめ用意されているエラーです。そのため、例外エラーが発生した場合に表示されるメッセージは、プログラムの制作者からのメッセージです。すぐに読み飛ばさず、一度はメッセージの内容を読んでみるようにしましょう。

COLUMN

さらに詳しく知りたいときは

PHPは広く使われていますので、入門者向けの情報はインターネットでも数多く手に入りますし、書籍もたくさん出版されています。一方、PHPは進化が速い言語でもあり、古かったり、現在では正しくないとされる情報も多いのが現状です。現時点でのPHPを使った開発のベストプラクティスを知りたい場合に、まずチェックしてほしいウェブサイトが「PHP The Right Way」(http://ja.phptherightway.com/)です。このサイトに目を通しておけば、時代遅れのPHP開発手法を今から学んでしまうことは避けられるでしょう。

また、PHPはもともとの成り立ちが簡易なスクリプティング言語ですので、文法にさまざまなバリエーションがあり、人によって書き方のスタイルが異なります。これでは、コードを共有する際に不便ですので、PHPの有名プロジェクトが集まって、コーディングスタイルを標準化しようという動きが起こりました。それが「Framework Interop Group」(http://www.php-fig.org/)です。グループに参加しているPHPプログラマが議論と投票を経て、PHPにおける標準規約を定めています。concrete5もFramework Interop Groupが定めた「PSR」という規約に準拠しており、またconcrete5のリード開発者のKorvin Szanto氏も規約の策定に深く関わっています。特に基本となる「PSR-1」(http://www.infiniteloop.co.jp/docs/psr/psr-1-basic-coding-standard.html)には一度目を通しておきましょう。

concrete5のおまじないコード

下のコードはconcrete5で使用する表示用のphpテンプレートの先頭に必ず入れるphpコードです。

```
<?php defined('C5_EXECUTE') or die("Access Denied."); ?>
```

concrete5経由で正しくアクセスされているかのチェックを行なっているため、必ずファイルの先頭に入れるようにしてください。

テーマの基礎を作ろう

テーマのインストールはテーマのフォルダを設置しただけでも可能です。しかし、テーマとしての役割を果たすためには、最低限「default.php」と「page_theme.php」2つのファイルが必要です。本書では、上記以外にもいくつかファイルを作成し、テーマを作ります。

Step01 テーマフォルダを作成する

まず、テーマに必要なファイルは1つのフォルダにまとめる必要があるため、テーマフォルダを作成しましょう。
MAMPにインストールしたconcrete5のフォルダ(MAMP/htdocs/concrete5/)を開き、/application/themes/フォルダの中に作成したいテーマ名のフォルダを作成します。

今回の場合、テーマのフォルダ名は「starter_theme」なので、

concrete5/application/themes/starter_theme

このようなディレクトリ構成になります。

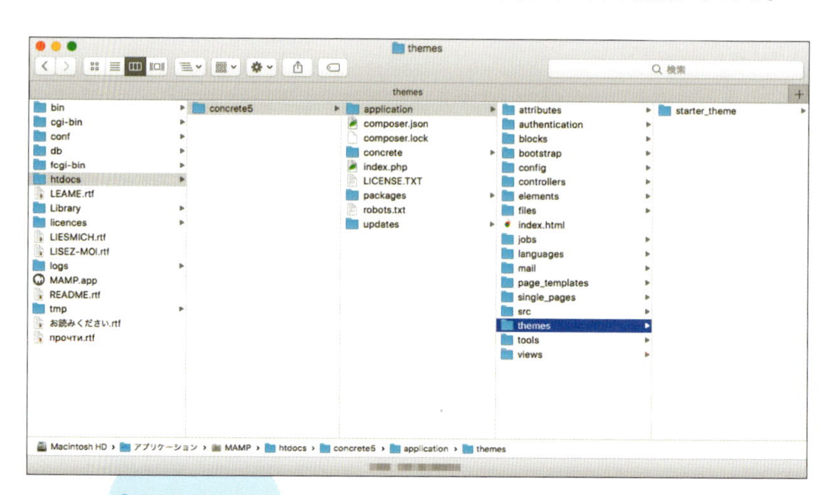

CHECK! concrete5フォルダの場所

Macの場合は、起動ディスクである/Volumes/Macintosh HD/Applications/MAMP/htdocs/concrete5/となります。Winの場合はMAMPインストール時に選択できますが、デフォルトではc:\MAMP\htdocs\concrete5となります。

Step02 テーマのサムネイルを設定する

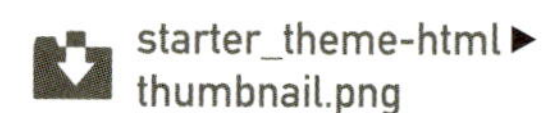

テーマのサムネイルは、テーマのインストール時や選択時に表示される画像です。どんなテーマかわかるようになっているといいでしょう。
先ほど作成したテーマフォルダにサンプルデータの「thumbnail.png」をコピーしてください。テーマフォルダに「thumbnail.png」という画像を設置すると、自動的にテーマのサムネイルと認識されます。

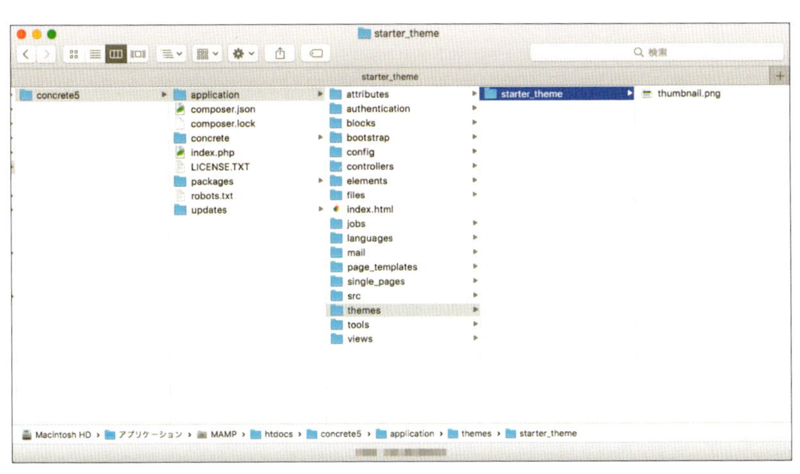

サムネイル画像を用意する

Step03 default.phpを作成する

「default.php」はデフォルトのページテンプレートで、ページにテンプレートが選択されていないときに使用されます。

1 starter_themeフォルダにサンプルデータの「index.html」をコピーし、ファイル名を「default.php」に変更します。

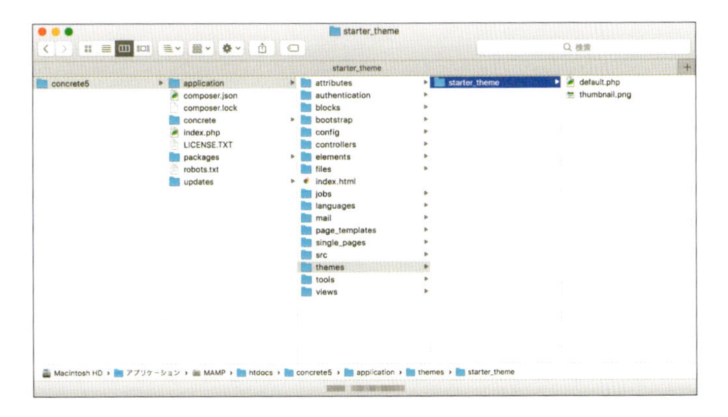

2 「default.php」を開き、ファイルの先頭行にconcrete5のおまじないコードである

```
1    <?php defined('C5_EXECUTE') or die("Access Denied."); ?>
```

を追加して上書き保存してください。

```
1   <?php defined('C5_EXECUTE') or die("Access Denied."); ?>
2   <!DOCTYPE html>
3   <html lang="ja">
4   <head>
5       <meta http-equiv="X-UA-Compatible" content="IE=edge">
6       <meta name="viewport" content="width=device-width, initial-scale=1.0">
7       <title>Home :: CONCRETE7</title>
8       <meta http-equiv="content-type" content="text/html; charset=UTF-8">
9       <script src="https://ajax.googleapis.com/ajax/libs/jquery/1.12.4/jquery.min.js"></scri
10      <!--[if lt IE 9]>
11        <script src="https://oss.maxcdn.com/html5shiv/3.7.3/html5shiv.min.js"></script>
12        <script src="https://oss.maxcdn.com/respond/1.4.2/respond.min.js"></script>
13      <![endif]-->
14      <link rel="stylesheet" href="./css/font-awesome.css">
15      <link rel="stylesheet" href="./css/responsive-slides.css">
16      <link rel="stylesheet" href="./css/image_slider_view.css">
17      <link rel="stylesheet" href="https://fonts.googleapis.com/earlyaccess/mplus1p.css">
18      <link rel="stylesheet" href="./css/bootstrap.min.css">
19      <link rel="stylesheet" href="./css/main.css">
20  </head>
21  <body>
```

8-4 テーマの設定ファイルを作ろう

テーマ名やテーマの説明、グリッドフレームワークを使用するための設定を記述したテーマ設定ファイルを作成しましょう。

Step01 page_theme.phpを作成する

「page_theme.php」はテーマ名などの基本的な設定をはじめ、テーマからコアファイルのスクリプトを使用するなどのテーマに関するさまざまな設定をするためのファイルです。

1 先ほど作成したテーマフォルダにpage_theme.phpを新規作成します。

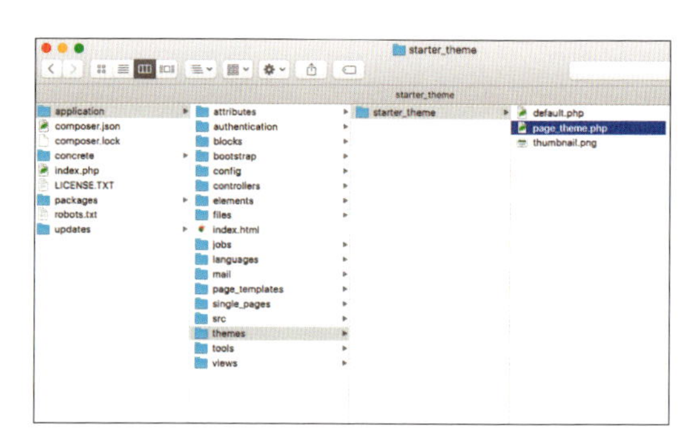

2 ファイルの中には次のコードを追加します。追加したコードの2行目は名前空間（P.133）を定義しています。テーマのフォルダ名は「starter_theme」ですが、concrete5では名前空間の表記は先頭が大文字のキャメルケースで記述するので「StarterTheme」となります。4行目はコアにあるメソッドやプロパティを継承してクラスを定義することを示しています。5行目と9行目にある{　}の中に設定を記述していきます。

ソースコード page_theme.php

```
1 <?php
2 namespace Application\Theme\StarterTheme;
3
4 class PageTheme extends \Concrete\Core\Page\Theme\Theme
5 {
6
7   //ここに設定を書き込んでいく
8
9 }
```

COLUMN

キャメルケースについて

単語の頭文字を大文字で書き表す表記方法のこと。正確にキャメルケースというと最初の1文字目は小文字ですが、concrete5のクラス名は先頭も大文字表記としています。この表記方法のことをconcrete5が準拠しているPSR（P.135）では、スタッドリーキャップス（StudlyCaps）と表現されています。
なお、そのほかの表記方法として、単語をアンダースコア（_）で繋げるスネークケースやハイフン（-）で繋げるチェインケースがあります。

Step02 テーマ名と説明を設定する

1 7行目のコメントを削除して、右のコードを追加します。このコードでテーマ名を定義します。ここではテーマ名を「Starter theme」としました。

ソースコード page_theme.php

```
7      public function getThemeName()
8      {
9          return t('Starter theme'); // テーマ名
10     }
```

2 次にテーマの説明を定義するコードを追加します。

ソースコード page_theme.php

```
12     public function getThemeDescription()
13     {
14         return t('練習用のテーマ'); // テーマの説明
15     }
```

Step03 グリッドフレームワークを設定する

テーマがどのグリッドフレームワークを使うかを設定します。今回はbootstrap3のグリッドシステムを利用する設定を、テーマの説明の下に追加します。

ソースコード page_theme.php

```
17     protected $pThemeGridFrameworkHandle = 'bootstrap3';
```

コアに含まれているグリッドシステムは「bootstrap3」以外にもあり、「bootstrap2」「foundation」「ninesixty」のどれか1つを設定することができます。

「page_theme.php」にテーマ名、テーマの説明、グリッドフレームワークの設定が追加できたら保存し、テーマのインストールに移ります。

この時点でのpage_theme.phpは下記のとおりです。

ソースコード page_theme.php

```
1  <?php
2  namespace Application\Theme\StarterTheme;
3
4  class PageTheme extends \Concrete\Core\Page\Theme\Theme
5  {
6
7      public function getThemeName()
8      {
9          return t('Starter theme'); // テーマ名
10     }
11
12     public function getThemeDescription()
13     {
14         return t('練習用のテーマ'); // テーマの説明
15     }
16
17     protected $pThemeGridFrameworkHandle = 'bootstrap3';
18
19 }
```

8-5 テーマをインストールしよう

テーマの基礎が完成したら、concrete5にテーマをインストールしてみましょう。
キャッシュの設定など開発中の設定を行い、管理画面からテーマを
インストールします。

テーマをインストールする

テーマをインストールする前に3-2（P.50）を参考にして、キャッシュの設定、デバッグモードの設定をしておいてください。

1 先ほど作ったテーマをconcrete5にインストールしてみましょう。ブラウザからローカルのデモサイト

http://localhost/concrete5/

にアクセスし、ログインします。

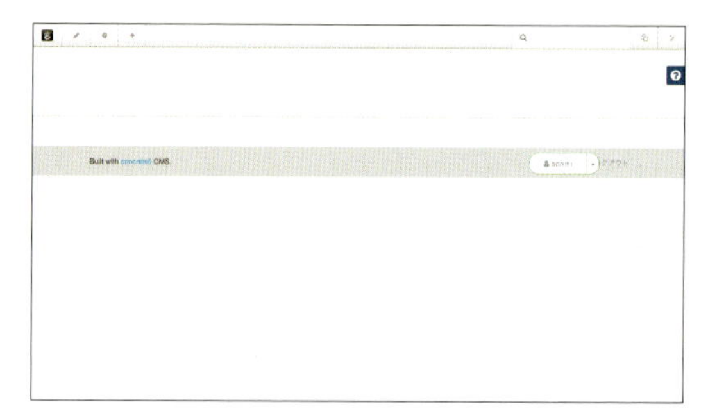

2 ツールバーの右上のアイコンから管理画面パネルを表示し［ページとテーマ］をクリック❶します。「インストール可能なテーマ」に先ほど作成した「Starter theme」が表示されるので、［インストール］ボタンをクリック❷します。

3 問題がなければこれでテーマのインストールが完了したので、[テーマ一覧に戻る] ボタンをクリックします。エラーなどが発生した場合は、これまでの手順を再度振り返ってみてください。

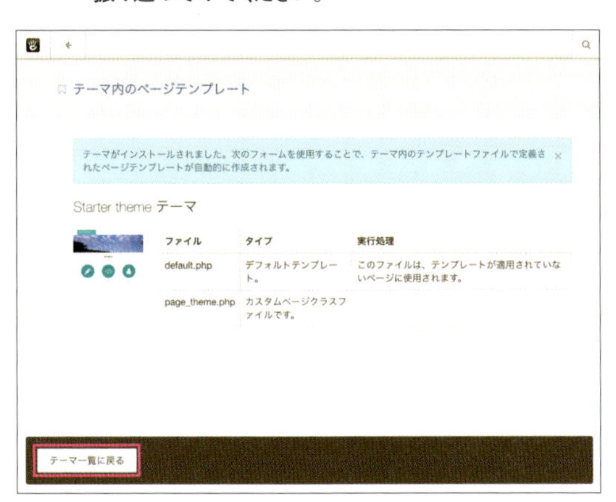

4 インストールしただけではそのテーマは適用されません。サイト全体で先ほどインストールしたテーマを使用する場合、テーマを有効にする必要があります。インストール済みにある「Starter theme」の [有効] ボタンをクリックします。

5 「このテーマをお使いのサイトのすべてのページに適用しますか?」とメッセージが表示されるので、[はい] ボタンをクリックします。以上で、テーマが有効になりました。

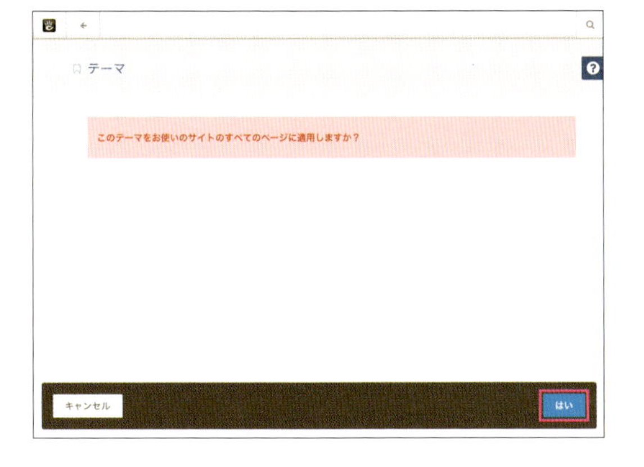

6 ツールバーの左上の[矢印]ボタンを押してトップページに移動します。イメージとまったく違う状態が表示されますが、あせらないでください。今はまだテーマが不完全な状態のため、スタイルシートの内容が反映されておらず、default.php の中身だけが読み込まれて表示されている状態です。ツールバーも表示されていないので編集もできません。

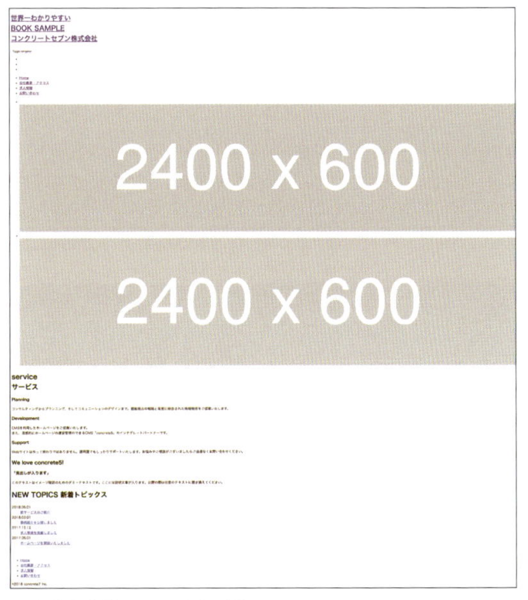

不完全な状態のトップページ

Exercise ― 練習問題

あなたはconcrete5のオリジナルテーマを作成しようとしています。
次のうち正しいのはどれでしょうか。

1. オリジナルのテーマはconcrete/themesディレクトリに作成する
2. ローカル開発環境でテーマを作成する
3. PHPの基礎知識を学習した
4. デフォルトのテーマであるElemental（エレメンタル）をカスタマイズして上書き保存して作成する

1. ×

concreteディレクトリはコア領域なので、オリジナルのテーマはapplication/themesディレクトリに作成しましょう。

2. O

オリジナルのテーマを作成する場合は、本番環境に負担をかけないようにローカルの開発環境で作業を行いましょう。

3. O

オリジナルのテーマを作成するには、レッスンで学習したようなPHPの基礎知識が必要です。

4. ×

デフォルトのテーマであるElemental（エレメンタル）は、コア領域であるconcrete/themesディレクトリにあるので、上書き保存してカスタマイズするのはやめましょう。どうしてもデフォルトのテーマをカスタマイズしてテーマを作成したい場合は、ユーザー領域であるapplication/themesディレクトリにコピーして作成しましょう。その際、名前空間の定義や読み込むスタイルシートなどのリンクが切れないように変更する必要があります。

Q

レッスンで作成したテーマ「Starter theme」の説明を図のように変更してみましょう。

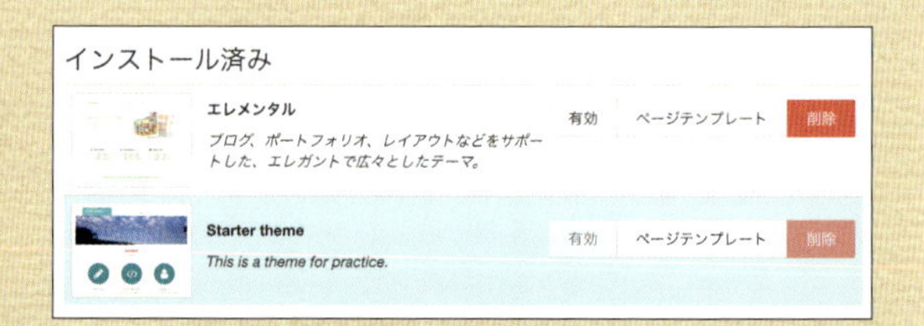

concrete5/application/themes/starter_theme/page_theme.phpの14行目を変更して上書き保存します。

ソースコード Before page_theme.php（12行〜15行目）

```
12      public function getThemeDescription()
13      {
14          return t('練習用のテーマ'); // テーマの説明
15      }
```

ソースコード After page_theme.php（12行〜15行目）

```
12      public function getThemeDescription()
13      {
14          return t('This is a theme for practice.'); // テーマの説明
15      }
```

テーマを完成させよう

An easy-to-understand guide to concrete5

Lesson 09

このレッスンではヘッダーやフッターを正しく作成し、テーマから CSSやJavaScriptを読み込めるように修正します。また、concrete5の編集モードでコンテンツを配置するのに必須であるエリアをテンプレートに設定し、テーマを完成させましょう。

9-1 CSSとJavaScriptと画像を読み込む

Lesson08の終了時には、CSSやJavaScriptを読み込めず表示が崩れていました。正しく表示するために、まずは必要なファイルを用意します。

Step01 ファイルを用意する

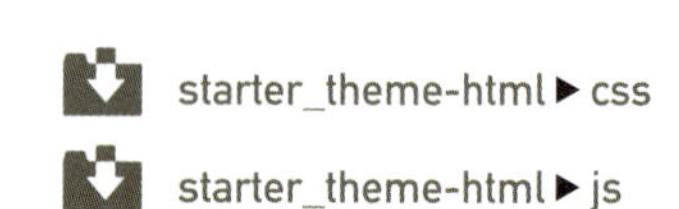

サンプルデータの「css」フォルダと「js」フォルダと「images」フォルダを「starter_theme」フォルダにコピーしましょう。
コピーしたサンプルデータには、concrete5のブロックを追加したときに自動で読み込まれるcssやJavaScript、画像ファイルが含まれており、実際のテーマには不要なものも含まれますが、完成形をイメージできるように一旦すべてを読み込みます。

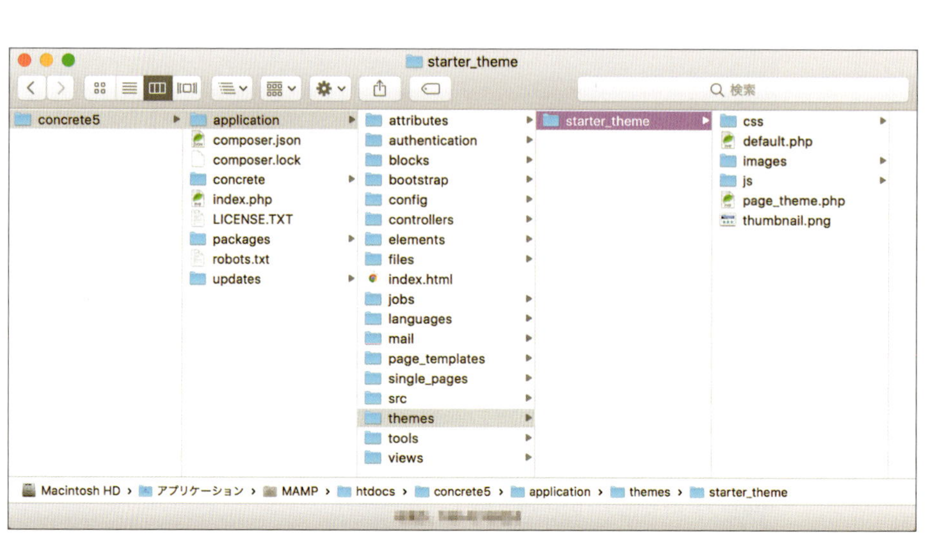

もう一度、ブラウザから

http://localhost/concrete5/

を確認してみましょう。まだ、表示は崩れたままのはずです。なぜかというと、静的サイトとconcrete5ではスタイルシートなどのパスが違うからです。静的サイトのときは相対パスで記述していたため、そのままだと

http://localhost/concrete5/css/main.css

にアクセスしてしまいます。
先ほどはconcrete5のテーマフォルダにcssを設置したため、

http://localhost/concrete5/application/themes/starter_theme/css/main.css

を読み込むようにしないといけません。

Step02 パスを合わせる記述

テーマフォルダ内に設置したスタイルシートなどを正しくテンプレートから読み込めるように設定します。「default.php」を開いて「./」をすべて下記のコードに置き換えます。

```
<?php echo $view->getThemePath()?>/
```

このコードは、テーマへのパスを出力してくれるconcrete5のコードです。

ソースコード Before default.php（14行～19行目）

```
14    <link rel="stylesheet" href="./css/font-awesome.css">
15    <link rel="stylesheet" href="./css/responsive-slides.css">
16    <link rel="stylesheet" href="./css/image_slider_view.css">
17    <link rel="stylesheet" href="https://fonts.googleapis.com/earlyaccess/mplus1p.css">
18    <link rel="stylesheet" href="./css/bootstrap.min.css">
19    <link rel="stylesheet" href="./css/main.css">
```

ソースコード Before default.php（171行～173行目）

```
171    <div class="googleMapCanvas">
172      <img src="./images/map.png">
173    </div>
```

ソースコード Before default.php（189行～193行目）

```
189 <script src="./js/bootstrap.min.js"></script>
190 <script src="./js/responsive-slides.js"></script>
191
192 </body>
193 </html>
```

置き換え後のdefault.phpは以下のとおりとなります。

ソースコード After default.php（14行～19行目）

```
14    <link rel="stylesheet" href="<?php echo $view->getThemePath()?>/css/font-awesome.css">
15    <link rel="stylesheet" href="<?php echo $view->getThemePath()?>/css/responsive-slides.css">
16    <link rel="stylesheet" href="<?php echo $view->getThemePath()?>/css/image_slider_view.css">
17    <link rel="stylesheet" href="https://fonts.googleapis.com/earlyaccess/mplus1p.css">
18    <link rel="stylesheet" href="<?php echo $view->getThemePath()?>/css/bootstrap.min.css">
19    <link rel="stylesheet" href="<?php echo $view->getThemePath()?>/css/main.css">
```

ソースコード After default.php（171行～173行目）

```
171    <div class="googleMapCanvas">
172      <img src="<?php echo $view->getThemePath()?>/images/map.png">
173    </div>
```

ソースコード After default.php（189行〜193行目）

```
189 <script src="<?php echo $view->getThemePath()?>/js/bootstrap.min.js"></script>
190 <script src="<?php echo $view->getThemePath()?>/js/responsive-slides.js"></script>
191
192 </body>
193 </html>
```

リンクを置き換えてファイルを上書き保存したら、ブラウザで確認しましょう。先ほどと変わって正しくスタイルシートなどの設定が反映されているはずです。しかしまだテーマとしては不完全です。次はテーマに必要な要素を追加していきましょう。

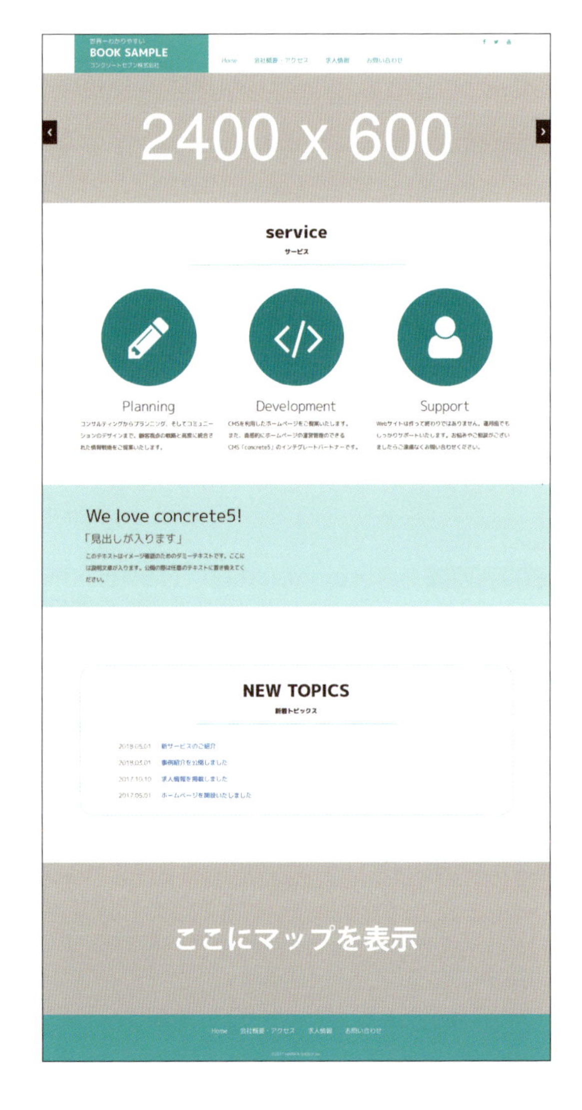

9-2 ヘッダーを作成しよう

<head>タグ内の記述を動的に出力できるように変更したり、
編集モードでコンテンツ管理ができるようにグローバルエリアを設定して
ヘッダーを作成しましょう。

Step01 各種タグを置き換える

concrete5の設定が動的に反映されるように、各種タグをconcrete5のコードに置き換えていきましょう。

lang属性の置き換え

lang属性はサイトのコンテンツがどの言語で記述されているかを表すもので、concrete5には設定した言語に合わせてlang属性を出力するコードがあります。早速、コードに置き換えてみましょう。
default.phpの3行目を下記のように置き換えます。

ソースコード Before default.php (3行目)

```
3 <html lang="ja">
```

ソースコード After default.php (3行目)

```
3 <html lang="<?php echo Localization::activeLanguage()?>">
```

<head>タグ内に必要なコード

concrete5のサイトの設定に基づき、タイトルや説明、テーマ設定ファイルで読み込む設定をしたcssやJavaScriptなどを<head>タグ内に出力してくれるコードがあります。
default.phpの7行目から16行目を次ページのコードに置き換えましょう。

ソースコード Before default.php (7行~16行目)

```
4  <head>
5     <meta http-equiv="X-UA-Compatible" content="IE=edge">
6     <meta name="viewport" content="width=device-width, initial-scale=1.0">
7     <title>Home :: BOOK SAMPLE</title>
8     <meta http-equiv="content-type" content="text/html; charset=UTF-8">
9     <script src="https://ajax.googleapis.com/ajax/libs/jquery/1.12.4/jquery.min.js"></
   script>
10    <!--[if lt IE 9]>
11      <script src="https://oss.maxcdn.com/html5shiv/3.7.3/html5shiv.min.js"></script>
12      <script src="https://oss.maxcdn.com/respond/1.4.2/respond.min.js"></script>
13    <![endif]-->
14    <link rel="stylesheet" href="<?php echo $view->getThemePath()?>/css/font-awesome.css">
15    <link rel="stylesheet" href="<?php echo $view->getThemePath()?>/css/responsive-slides.
   css">
```

```
16     <link rel="stylesheet" href="<?php echo $view->getThemePath()?>/css/image_slider_view.
css">
17     <link rel="stylesheet" href="https://fonts.googleapis.com/earlyaccess/mplus1p.css">
18     <link rel="stylesheet" href="<?php echo $view->getThemePath()?>/css/bootstrap.min.css">
19     <link rel="stylesheet" href="<?php echo $view->getThemePath()?>/css/main.css">
20 </head>
```

ソースコード After default.php（7行目）

```
 4 <head>
 5     <meta http-equiv="X-UA-Compatible" content="IE=edge">
 6     <meta name="viewport" content="width=device-width, initial-scale=1.0">
 7     <?php View::element('header_required');?>
 8     <link rel="stylesheet" href="https://fonts.googleapis.com/earlyaccess/mplus1p.css">
 9     <link rel="stylesheet" href="<?php echo $view->getThemePath()?>/css/bootstrap.min.css">
10     <link rel="stylesheet" href="<?php echo $view->getThemePath()?>/css/main.css">
11 </head>
```

タグを置き換えたところで上書き保存しブラウザでページを確認してみると、また表示が崩れてしまいました。これは、テーマ側でcssなどを読み込む設定ができていないためです。
それではpage_theme.phpに設定を追加しましょう。

page_theme.phpの修正

グリッドフレームワークの設定の下に下記のコードを追加します。

ソースコード Before page_theme.php（19行目）

```
17     protected $pThemeGridFrameworkHandle = 'bootstrap3';
18
19 }
```

ソースコード After page_theme.php（19行〜33行目）

```
17     protected $pThemeGridFrameworkHandle = 'bootstrap3';
18
19     public function registerAssets()
20     {
21         $this->providesAsset('javascript', 'bootstrap/*');
22         $this->providesAsset('css', 'bootstrap/*');
23         $this->providesAsset('css', 'core/frontend/*');
24         $this->providesAsset('css', 'blocks/page_list');
25         $this->providesAsset('css', 'blocks/feature');
26         $this->providesAsset('css', 'blocks/social_links');
27
28         $this->requireAsset('css', 'font-awesome');
29         $this->requireAsset('javascript', 'jquery');
30         $this->requireAsset('javascript', 'picturefill');
31         $this->requireAsset('javascript-conditional', 'html5-shiv');
32         $this->requireAsset('javascript-conditional', 'respond');
33     }
34
35 }
```

このコードはconcrete5のアセットシステムを使い、どのようなCSSやJavaScriptを使用するかを記述しています。詳しい説明や設定方法は15-4のアセットシステムを使ったCSS/JavaScriptの依存管理（P.282）で説明します。

不要なファイルの削除

コアから読み込む設定をしたことにより、不要になった下記のフォルダとファイルをテーマのフォルダから削除しましょう。

- starter_theme/images/
- starter_theme/css/font-awesome.css
- starter_theme/css/fonts/fontawesome-webfont.eot
- starter_theme/css/fonts/fontawesome-webfont.svg
- starter_theme/css/fonts/fontawesome-webfont.ttf
- starter_theme/css/fonts/fontawesome-webfont.woff
- starter_theme/css/fonts/fontawesome-webfont.woff2
- starter_theme/css/fonts/FontAwesome.otf
- starter_theme/css/responsive-slides.css
- starter_theme/css/image_slider_view.css
- starter_theme/js/responsive-slides.js

必須classの設定

concrete5には、ログインしたときにサイト上部にツールバーが表示されてもサイトの上部が隠れないようにするcssが設定されています。対応したclassをつけたdivでページ全体を囲うことで表示崩れを防ぎます。
default.phpの14行目のclassをconcrete5用のclassを出力するコードに置き換えます。

ソースコード Before default.php（14行目）

```
12 <body>
13
14 <div class="ccm-page">
15
16 <header class="header-wrap">
```

ソースコード After default.php（14行目）

```
12 <body>
13
14 <div class="<?php echo $c->getPageWrapperClass()?>">
15
16 <header class="header-wrap">
```

Step02 ヘッダーファイルを分ける

今はdefault.phpひとつですが、他のテンプレートを追加しやすいように、ヘッダーとフッター部分を別のファイルに分けましょう。通常のテンプレート用のファイルとヘッダーなどの部品用のファイルが、同じ階層にあるとわかりにくいので、starter_themeフォルダ内に「elements」フォルダを作成し、その中に部品用のファイルを保存します。

1 default.phpの2行目から63行目を切り取り、新しいファイルに貼り付けたらheader.phpという名称でelementsフォルダに保存します。

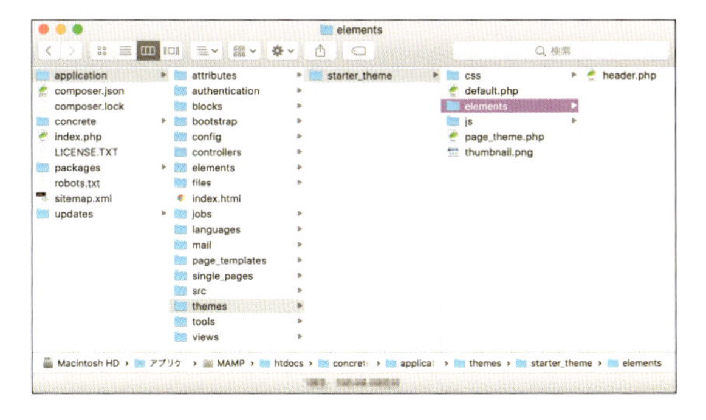

ソースコード コピー default.php（2行～63行目）

```
2  <!DOCTYPE html>
3  <html lang="<?php echo Localization::
   activeLanguage()?>">
4  <head>
       ⋮
62     </div>
63 </header>
```

2 header.phpの1行目にconcrete5のおまじないコードを追加し上書き保存します。

ソースコード header.php

```
1 <?php defined('C5_EXECUTE') or die("Access Denied."); ?>
```

Step03 グローバルエリアを設置する

concrete5の編集モードでブロックを追加できるようにするには、テンプレートにエリアを作成する必要があります。ヘッダーは各ページで共通の要素となるので、グローバルエリアを設置します。concrete5のグローバルエリアは数行のコードで設置することができます。
このテーマでは、ヘッダーのサイト名部分とナビゲーション部分の2ヵ所を、グローバルエリアにしてみましょう。

サイト名部分をグローバルエリアに設定する

header.phpの20行目から26行目を下記のコードに置き換えます。

ソースコード Before header.php（20行～26行目）

```
16 <header class="header-wrap">
17     <div class="container">
18         <div class="row">
19             <div class="logo-area">
20                 <h1>
21                     <a href="/">
22                         <span class="logo-top">世界一わかりやすい</span><br />
23                         BOOK SAMPLE<br />
24                         <span class="logo-bottom">コンクリートセブン株式会社</span>
25                     </a>
26                 </h1>
27             </div>
28             <div class="header-links-area">
```

ソースコード After header.php（20行～23行目）

```
16 <header class="header-wrap">
17     <div class="container">
18         <div class="row">
19             <div class="logo-area">
20                 <?php
21                 $a = new GlobalArea('Header Site Title');
22                 $a->display();
23                 ?>
24             </div>
25             <div class="header-links-area">
```

CHECK! エリア名称の設定

コードの'Header Site Title'部分は、エリアの名称であり自由に決めることができますが、本書ではデフォルトのテーマであるElementalと合わせて決めています。そうすることで同じ名称のエリアに設置されているブロックを引き継ぐことができるようになります。

ナビゲーション部分をグローバルエリアに設定する

header.phpの35行目から55行目を下記のコードに置き換えます。

ソースコード Before header.php（35行～55行目）

```
34              <div id="gloval-navbar-1" class="navbar-collapse collapse">
35                  <div class="social-links">
36                      <ul class="list-inline">
37                          <li><a target="_blank" href="#"><i class="fa fa-facebook"></i>
   </a></li>
38                          <li><a target="_blank" href="#"><i class="fa fa-twitter"></i>
   </a></li>
39                          <li><a target="_blank" href="#"><i class="fa fa-youtube"></i>
   </a></li>
40                      </ul>
41                  </div>
42                  <ul class="nav">
43                      <li>
44                          <a href="">Home</a>
45                      </li>
46                      <li>
47                          <a href="">会社概要・アクセス</a>
48                      </li>
49                      <li>
50                          <a href="">求人情報</a>
51                      </li>
52                      <li>
53                          <a href="">お問い合わせ</a>
54                      </li>
55                  </ul>
56              </div>
```

ソースコード After header.php（35行～38行目）

```
34              <div id="gloval-navbar-1" class="navbar-collapse collapse">
35                  <?php
36                  $a = new GlobalArea('Header Navigation');
37                  $a->display();
38                  ?>
39              </div>
```

これでヘッダーを別ファイルに分けることができました。完成したheader.phpのコードは下記のようになります。

ソースコード 完成 header.php

```
 1  <?php defined('C5_EXECUTE') or die("Access Denied."); ?>
 2  <!DOCTYPE html>
 3  <html lang="<?php echo Localization::activeLanguage()?>">
 4  <head>
 5      <meta http-equiv="X-UA-Compatible" content="IE=edge">
 6      <meta name="viewport" content="width=device-width, initial-scale=1.0">
 7      <?php View::element('header_required');?>
 8      <link rel="stylesheet" href="https://fonts.googleapis.com/earlyaccess/mplus1p.css">
 9      <link rel="stylesheet" href="<?php echo $view->getThemePath()?>/css/bootstrap.min.css">
10      <link rel="stylesheet" href="<?php echo $view->getThemePath()?>/css/main.css">
11  </head>
12  <body>
13
14  <div class="<?php echo $c->getPageWrapperClass()?>">
15
16  <header class="header-wrap">
17      <div class="container">
18          <div class="row">
19              <div class="logo-area">
```

```
20                  <?php
21                  $a = new GlobalArea('Header Site Title');
22                  $a->display();
23                  ?>
24              </div>
25              <div class="header-links-area">
26                  <div class="navbar-header">
27                      <button type="button" class="navbar-toggle" data-toggle="collapse" data-
    target="#gloval-navbar-1">
28                          <span class="sr-only">Toggle navigation</span>
29                          <span class="icon-bar"></span>
30                          <span class="icon-bar"></span>
31                          <span class="icon-bar"></span>
32                      </button>
33                  </div>
34                  <div id="gloval-navbar-1" class="navbar-collapse collapse">
35                      <?php
36                      $a = new GlobalArea('Header Navigation');
37                      $a->display();
38                      ?>
39                  </div>
40              </div>
41          </div>
42      </div>
43  </header>
```

9-3 フッターを作成しよう

ヘッダーと同じようにフッターも別ファイルに分け、
グローバルエリアを設置しましょう。

Step01 concrete5用のフッターコードを設置する

テーマ設定ファイルで読み込む設定をしたJavaScriptやconcrete5のツールバー部分の編集に必要なもの、ブロックで使うJavaScriptなどを出力してくれるコードを</body>タグの直前に設置します。
default.phpの119行目を下記のコードに置き換えましょう。

ソースコード Before default.php（119行目）

```
105 <footer class="footer-wrap">
106     <div class="container">
107         <ul class="nav">
108           <li><a href="#">Home</a></li>
109           <li><a href="#">会社概要・アクセス</a></li>
110           <li><a href="#">求人情報</a></li>
111           <li><a href="#">お問い合わせ</a></li>
112         </ul>
113         <div class="copy">&copy;2018 concrete7 Inc.</div>
114     </div>
115 </footer>
116
117 </div>
118 <script src="<?php echo $view->getThemePath()?>/js/bootstrap.min.js"></script>
119 <script src="<?php echo $view->getThemePath()?>/js/responsive-slides.js"></script>
120
121 </body>
122 </html>
```

ソースコード After default.php（119行目）

```
105 <footer class="footer-wrap">
106     <div class="container">
107         <ul class="nav">
108           <li><a href="#">Home</a></li>
109           <li><a href="#">会社概要・アクセス</a></li>
110           <li><a href="#">求人情報</a></li>
111           <li><a href="#">お問い合わせ</a></li>
112         </ul>
113         <div class="copy">&copy;2018 concrete7 Inc.</div>
114     </div>
115 </footer>
116
117 </div>
118 <script src="<?php echo $view->getThemePath()?>/js/bootstrap.min.js"></script>
119 <?php View::element('footer_required'); ?>
120
121 </body>
122 </html>
```

Step02 フッターファイルを分ける

ヘッダーと同じようにフッターもファイルを分けましょう。

1 default.phpの105行目からファイルの最後までを切り取り、新しいファイルに貼り付けたらfooter.phpという名称でelementsフォルダに保存します。

ソースコード コピー default.php（105行～122行目）

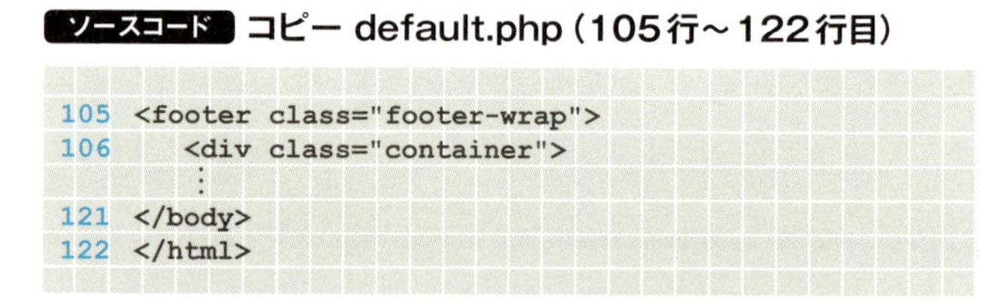

```
105 <footer class="footer-wrap">
106     <div class="container">
          ⋮
121 </body>
122 </html>
```

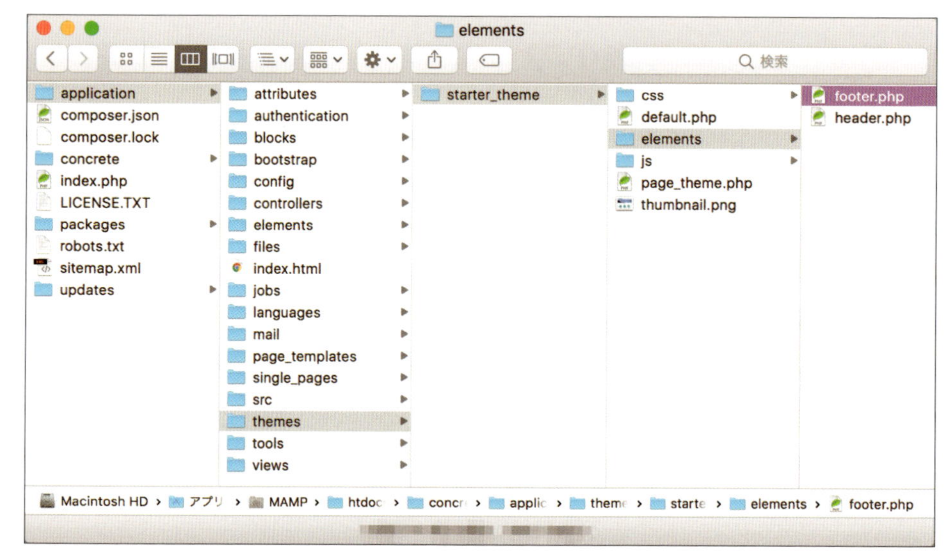

2 footer.phpの1行目にconcrete5のおまじないコードを追加し上書き保存します。

ソースコード footer.php

```
1 <?php defined('C5_EXECUTE') or die("Access Denied."); ?>
```

Step03 グローバルエリアを設置する

フッターも各ページで共通の要素となるので、グローバルエリアを設置します。本書ではフッターナビゲーション部分をグローバルエリアにしましょう。

フッターナビゲーション部分をグローバルエリアに設定する

footer.phpの4行目から9行目を下記のように置き換えます。

ソースコード Before footer.php（4行～9行目）

```
2  <footer class="footer-wrap">
3      <div class="container">
4          <ul class="nav">
5            <li><a href="#">Home</a></li>
6            <li><a href="#">会社概要・アクセス</a></li>
7            <li><a href="#">求人情報</a></li>
8            <li><a href="#">お問い合わせ</a></li>
9          </ul>
10         <div class="copy">&copy;2018 concrete7 Inc.</div>
11     </div>
12 </footer>
```

ソースコード After footer.php（4行～7行目）

```
2  <footer class="footer-wrap">
3      <div class="container">
4          <?php
5          $a = new GlobalArea('Footer Navigation');
6          $a->display();
7          ?>
8          <div class="copy">&copy;2018 concrete7 Inc.</div>
9      </div>
10 </footer>
```

完成したfooter.phpは下記のとおりです。

ソースコード 完成 footer.php

```
1  <?php defined('C5_EXECUTE') or die("Access Denied."); ?>
2  <footer class="footer-wrap">
3      <div class="container">
4          <?php
5          $a = new GlobalArea('Footer Navigation');
6          $a->display();
7          ?>
8          <div class="copy">&copy;2018 concrete7 Inc.</div>
9      </div>
10 </footer>
11
12 </div>
13 <script src="<?php echo $view->getThemePath()?>/js/bootstrap.min.js"></script>
14 <?php View::element('footer_required'); ?>
15
16 </body>
17 </html>
```

9-4 デフォルトテンプレートを完成させよう

別ファイルに分けたヘッダーとフッターをデフォルトテンプレートから読み込むように設定し、concrete5の編集モードでコンテンツを配置できるようにエリアを設置しましょう。

Step01 共通パーツを読み込む

前節までで分けたヘッダーとフッターのファイルは、このままではdefault.phpから読み込まれることはありません。default.phpを使ってページが表示される際にきちんとヘッダーとフッターも読み込むように修正しましょう。

default.phpへの追加記述

default.phpを開き、2行目に次のコードを追加します。これでヘッダーファイルが読み込まれます。

ソースコード Before default.php（2行目）

```
1 <?php defined('C5_EXECUTE') or die("Access Denied."); ?>
2
3 <main class="main-wrap">
```

ソースコード After default.php（2行目）

```
1 <?php defined('C5_EXECUTE') or die("Access Denied."); ?>
2 <?php $this->inc('elements/header.php'); ?>
3 <main class="main-wrap">
```

default.phpの最終行には次のコードを追加します。これでフッターファイルが読み込まれます。

ソースコード Before default.php（最終行）

```
102     </div>
103 </main>
```

ソースコード After default.php（最終行）

```
102     </div>
103 </main>
104 <?php $this->inc('elements/footer.php'); ?>
```

これらのコードは指定したphpファイルをその位置に読み込むためのコードです。今回のようにヘッダーやフッターだけではなく、複数のテンプレートで同じ記述を使う場合などに、パーツごとにファイルを分けて読み込むと管理が楽になります。

Step02 エリアを設置する

concrete5の編集モードでブロックを追加できるように、エリアを作成しましょう。残りの要素はページ固有のものなので、通常のエリアを設置します。エリアもグローバルエリアと似た数行のコードで設置することができます。
<main>タグの中身はすべてブロックで作成できるため、丸ごと1つのエリアにします。
4行目から102行目を下記のコードに置き換えてください。

ソースコード Before default.php (4行～102行目)

```
1   <?php defined('C5_EXECUTE') or die("Access Denied."); ?>
2   <?php $this->inc('elements/header.php'); ?>
3   <main class="main-wrap">
4   <script>
        ⋮
102     </div>
103 </main>
104 <?php $this->inc('elements/footer.php'); ?>
```

ソースコード After default.php (4行～8行目)

```
3   <main class="main-wrap">
4       <?php
5       $a = new Area('Main');
6       $a->enableGridContainer();
7       $a->display($c);
8       ?>
9   </main>
```

完成したdefault.phpはこのようになります。

ソースコード 完成 default.php

```
1   <?php defined('C5_EXECUTE') or die("Access Denied."); ?>
2   <?php $this->inc('elements/header.php'); ?>
3   <main class="main-wrap">
4       <?php
5       $a = new Area('Main');
6       $a->enableGridContainer();
7       $a->display($c);
8       ?>
9   </main>
10  <?php $this->inc('elements/footer.php'); ?>
```

保存したらブラウザでサイトを確認してみましょう。編集モードにし、エリアとグローバルエリアがきちんと表示されたら、デフォルトテンプレートの完成です。

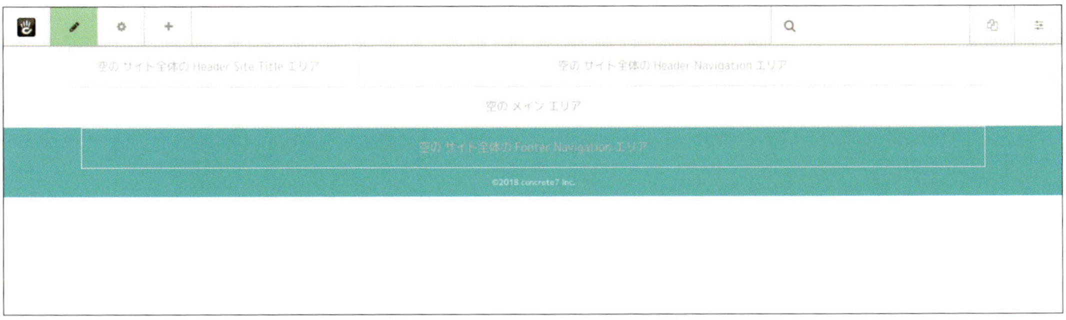

9-5 エディタークラスを設定しよう

エディタークラスとは、あらかじめ設定しておくことでビジュアルエディターで任意のタグに任意のクラスを付与できるようになる機能です。
詳しい設定方法は15-3（P.278）で説明します。

page_theme.php に設定を追加する

下記のコードをpage_theme.phpの35行目に追加します。このコードによって<span>タグで囲うだけのもの、bootstrapのボタン3種類のスタイルが追加されます。

ソースコード Before page_theme.php（35行目）

```
32          $this->requireAsset('javascript-conditional', 'respond');
33      }
34
35  }
```

ソースコード After page_theme.php（35行～43行目）

```
33      }
34
35      public function getThemeEditorClasses()
36      {
37          return [
38              ['title' => t('Span'), 'spanClass' => '', 'forceBlock' => '-1'],
39              ['title' => t('Standard Button'), 'spanClass' => 'btn btn-default', 'forceBlock'
    => '-1'],
40              ['title' => t('Success Button'), 'spanClass' => 'btn btn-success', 'forceBlock'
    => '-1'],
41              ['title' => t('Primary Button'), 'spanClass' => 'btn btn-primary', 'forceBlock'
    => '-1'],
42          ];
43      }
```

完成したpage_theme.phpは次のとおりです。

ソースコード **完成 page_theme.php**

```
1  <?php
2  namespace Application\Theme\StarterTheme;
3
4  class PageTheme extends \Concrete\Core\Page\Theme\Theme
5  {
6
7      public function getThemeName()
8      {
9          return t('Starter theme'); // テーマ名
10     }
11
12     public function getThemeDescription()
13     {
14         return t('練習用のテーマ'); // テーマの説明
15     }
16
17     protected $pThemeGridFrameworkHandle = 'bootstrap3';
18
19     public function registerAssets()
20     {
21         $this->providesAsset('javascript', 'bootstrap/*');
22         $this->providesAsset('css', 'bootstrap/*');
23         $this->providesAsset('css', 'core/frontend/*');
24         $this->providesAsset('css', 'blocks/page_list');
25         $this->providesAsset('css', 'blocks/feature');
26         $this->providesAsset('css', 'blocks/social_links');
27
28         $this->requireAsset('css', 'font-awesome');
29         $this->requireAsset('javascript', 'jquery');
30         $this->requireAsset('javascript', 'picturefill');
31         $this->requireAsset('javascript-conditional', 'html5-shiv');
32         $this->requireAsset('javascript-conditional', 'respond');
33     }
34
35     public function getThemeEditorClasses()
36     {
37         return [
38             ['title' => t('Span'), 'spanClass' => '', 'forceBlock' => '-1'],
39             ['title' => t('Standard Button'), 'spanClass' => 'btn btn-default', 'forceBlock'
   => '-1'],
40             ['title' => t('Success Button'), 'spanClass' => 'btn btn-success', 'forceBlock'
   => '-1'],
41             ['title' => t('Primary Button'), 'spanClass' => 'btn btn-primary', 'forceBlock'
   => '-1'],
42         ];
43     }
44 }
```

これでテーマが完成しました。次のLessonからはコンテンツを入れていきましょう。

Exercise ― 練習問題

レッスンで作成したテーマ「Starter theme」のメインエリアの下に
ページフッター（Page Footer）エリアを追加してみましょう。

concrete5/application/themes/starter_theme/default.phpの8行目にコードを追加して上書き保存します。

ソースコード Before default.php（4行～8行目）

```
4    <?php
5    $a = new Area('Main');
6    $a->enableGridContainer();
7    $a->display($c);
8    ?>
```

ソースコード After default.php（4行～12行目）

```
4    <?php
5    $a = new Area('Main');
6    $a->enableGridContainer();
7    $a->display($c);
8
9    $a = new Area('Page Footer');
10   $a->enableGridContainer();
11   $a->display($c);
12   ?>
```

CHECK! 追加したエリアは削除する

このあとのレッスンではページフッターエリアを追加していない前提で進みます。残したままでも問題はありませんが、気になる人は削除しておきましょう。

ブロックを設置して カスタマイズしよう

An easy-to-understand guide to concrete5

Lesson 10

テーマが完成したら、concrete5の編集モードでコンテンツを追加していきましょう。このレッスンでは、これまでに行ったことを振り返りつつブロックを設置したり、オリジナルのカスタムテンプレートを自作して適用するなどして、サイトを完成させます。

サイト名とグローバルナビを設定しよう

ヘッダーにサイト名のリンクとグローバルナビゲーションを設置します。
作業中は自分のタイミングで編集内容を保存したり公開して、
確認しながら作業を行ってください。

Step01 サイト名を設定する

starter_theme-html ▶ index.html

1 トップページで[+]アイコンをクリックし、コンテンツ追加パネル（ブロック一覧）から「記事」ブロックを「サイト全体の Header Site Title エリア」にドラッグ&ドロップします。

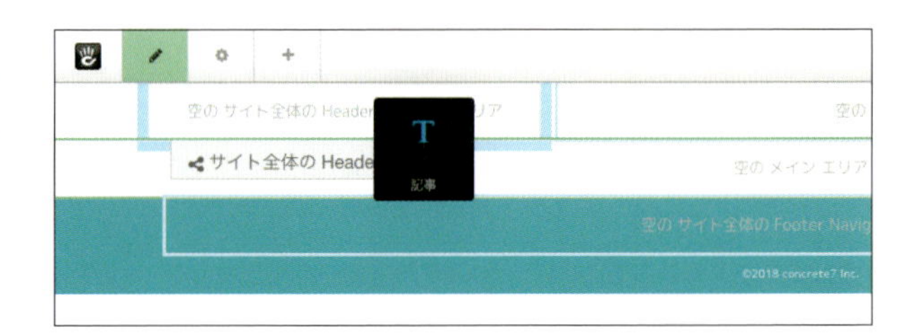

2 ［ソース］をクリック❶し、サンプルデータの「index.html」の28行目から34行目の下記のコード部分を貼り付け❷、［OK］ボタンをクリック❸します。

ソースコード index.html（28行～34行目）

```
28                  <h1>
29                      <a href="/">
30                          <span class="logo-top">世界一わかりやすい</span><br />
31                          BOOK SAMPLE<br />
32                          <span class="logo-bottom">コンクリートセブン株式会社</span>
33                      </a>
34                  </h1>
```

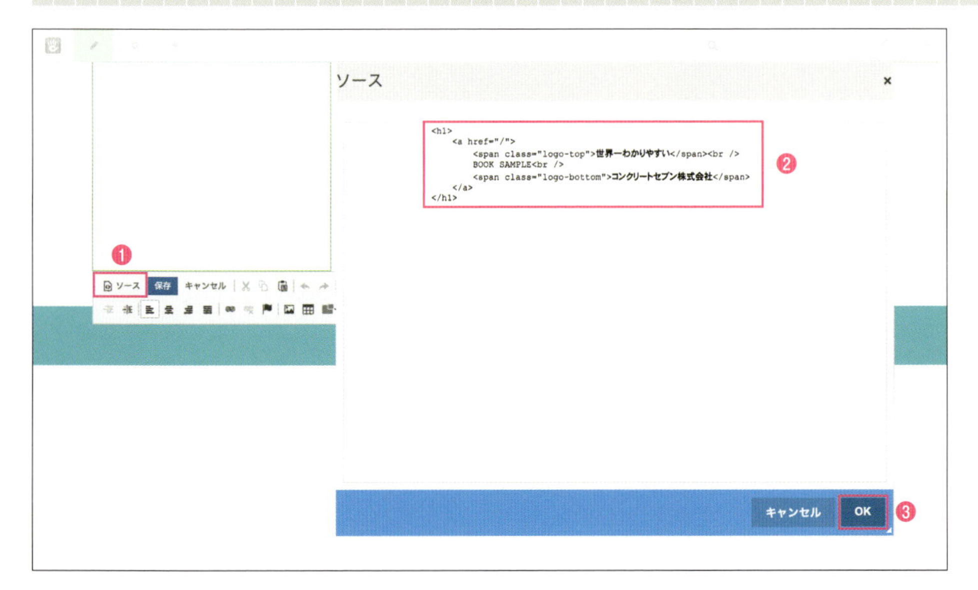

3 今後追加するどのページからもトップページにアクセスできるように、サイトタイトルにトップページへのリンクを設定しましょう。「記事」ブロックのエディターの鎖アイコンをクリック❶し、ハイパーリンクの編集ポップアップが開いたら[Sitemap]ボタンをクリック❷します。

4 サイトマップからページを選択する画面が開くので、[ホーム]をクリックします。

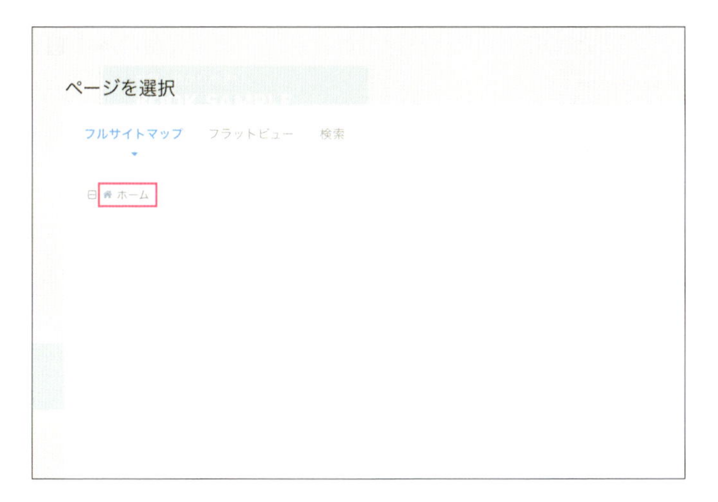

5 「ハイパーリンク」編集ポップアップのURL欄にトップページのURLが入るので、[OK]ボタン❶→[保存]ボタン❷の順でクリックします。

Step02 グローバルナビゲーションを設定する

1 トップページで[+]アイコンをクリックし、コンテンツ追加パネル（ブロック一覧）から「オートナビ」ブロックを「サイト全体の Header Navigation エリア」にドラッグ&ドロップします。

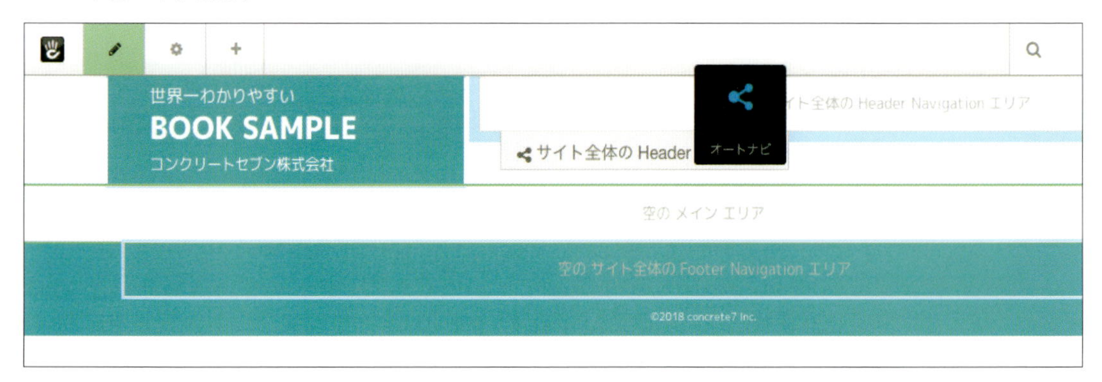

2 設定は変更せずに、［新規］ボタンをクリックします。

このテーマは、オートナビのデフォルトの出力に合わせてCSSが設定されているので、そのままでデザインが適用されます。

グローバルナビゲーションが表示されたトップページ

10-2

ソーシャルリンクを設置しよう

「ソーシャルリンク」ブロックは、管理画面から設定したソーシャルアカウントへのリンクを設置できるブロックです。サイト内のどこからでもソーシャルメディアに接続してもらえるように、ヘッダーにリンクを設置しましょう。

Step01 ブロックを設置する

1 ツールバー右上の[アイコン]アイコンをクリックし、[システムと設定] ❶→[ソーシャルリンク] ❷の順にクリックします。

2 [リンクを追加] ボタンをクリックします。

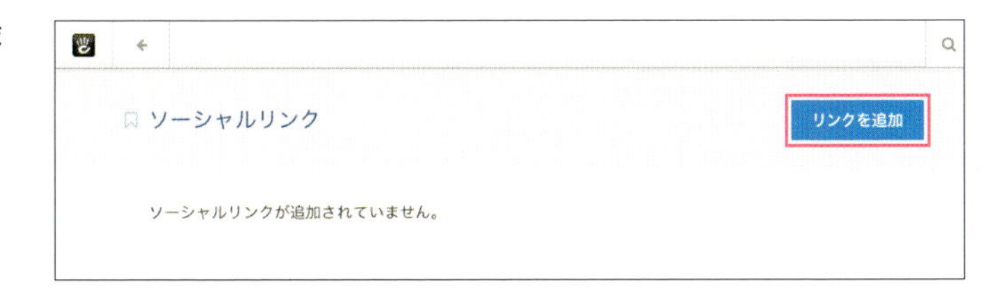

3 [サービス]と[URL]を下記のとおりセレクトボックスから選択または入力します❶。設定したいソーシャルページがある場合は、自由に設定しても問題ありません。

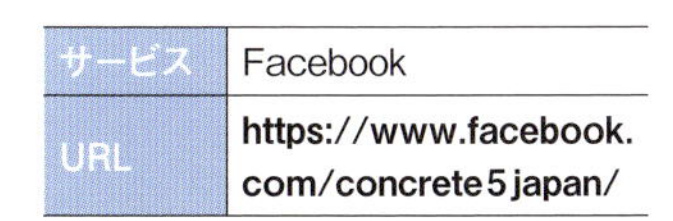

サービス	Facebook
URL	https://www.facebook.com/concrete5japan/

入力を終えたら[新規]ボタンをクリック❷します。

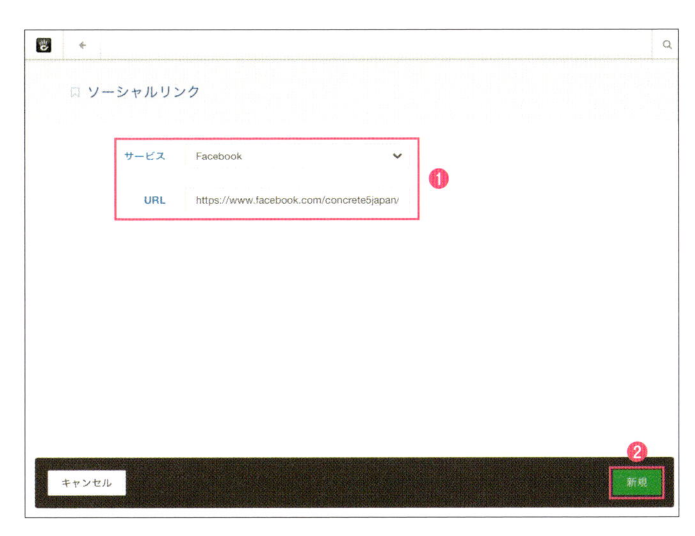

4 2と3を参考にTwitterとYouTubeも追加してください。

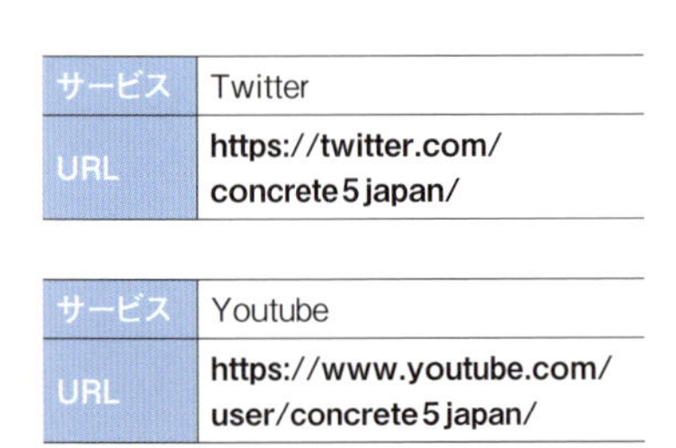

サービス	Twitter
URL	https://twitter.com/concrete5japan/

サービス	Youtube
URL	https://www.youtube.com/user/concrete5japan/

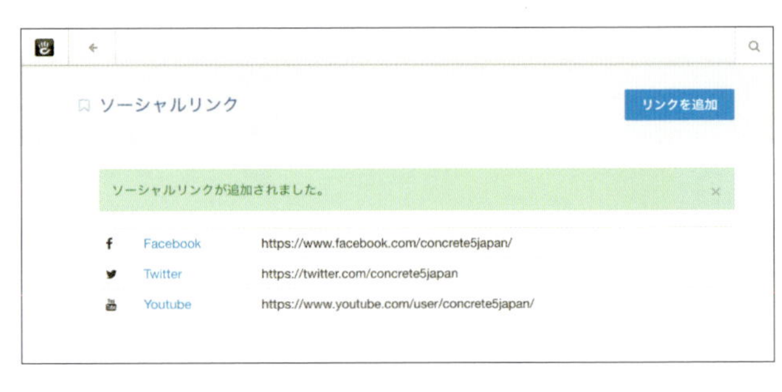

追加が終わったら、ツールバー左上の［矢印］ボタンからトップページへ戻ります。

5 トップページで＋アイコンをクリックし、コンテンツ追加パネル（ブロック一覧）から「ソーシャルリンク」ブロックを先ほど追加したグローバルナビの上にドラッグ&ドロップします。

6 Facebook、Twitter、Youtubeを選択❶し、［新規］ボタンをクリック❷します。

Step02 カスタムクラスを適用する

「ソーシャルリンク」ブロックにスタイルが反映されるように、カスタムクラスを適用してみましょう。カスタムクラスとして入力したclass名がついたdivでブロックが囲われて出力され、スタイルが当たるようになります。

1 Step01で追加した「ソーシャルリンク」ブロックをクリックし、現れたメニューの［デザイン&カスタムテンプレート］をクリックします。

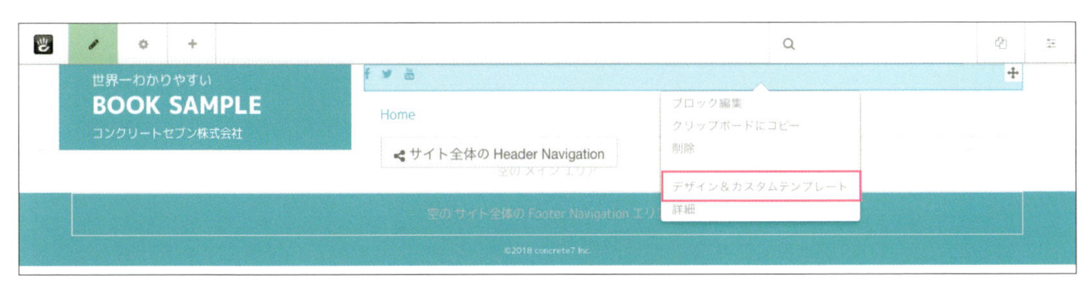

2 ［歯車アイコン］をクリック❶し、カスタムクラスに「social-links」と入力❷すると現れる［Add social-links］をクリック❸し確定できたら、［保存］ボタンをクリック❹します。

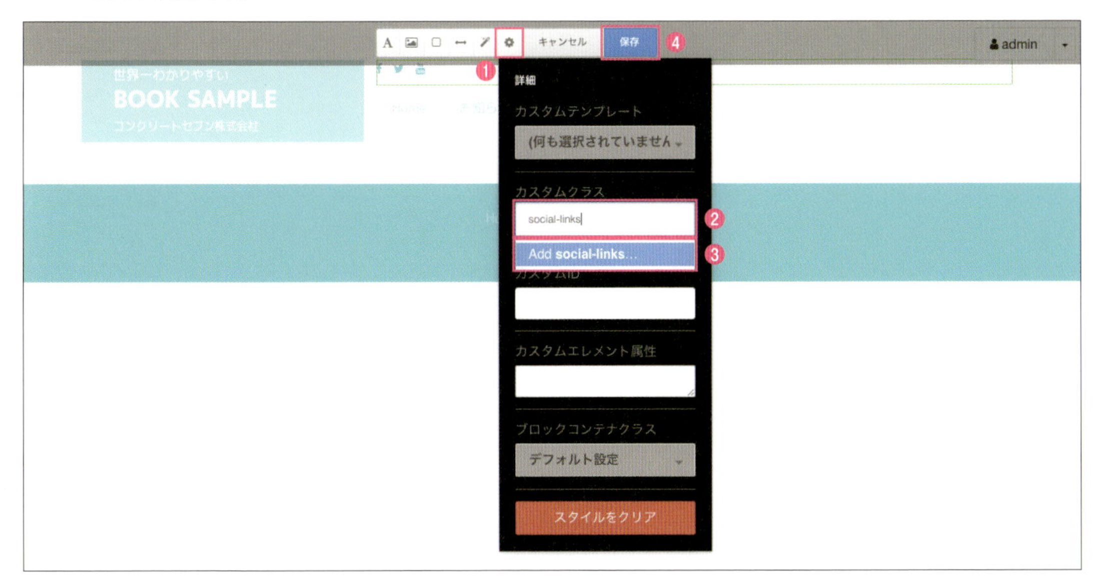

3 ソーシャルリンクが設定され、カスタムクラスのスタイルが適用されました。

10-3 お知らせ一覧を作ろう

お知らせ一覧はLesson05でも触れましたが、ここではステップアップしてページリストのカスタムテンプレートを作成し、指定したサイズのサムネイルを表示できるようにします。

Step01 ページのデフォルトを修正する

ページを追加した際に必ずページタイトルが追加されるように、ページタイプ名「ページ」のデフォルトに「ページタイトル」ブロックを追加します。

1 ツールバー右上の☰アイコン→[ページとテーマ]→[ページタイプ]の順にクリック❶し、ページの[出力]ボタンをクリック❷します。

2 [編集]ボタンをクリックします。

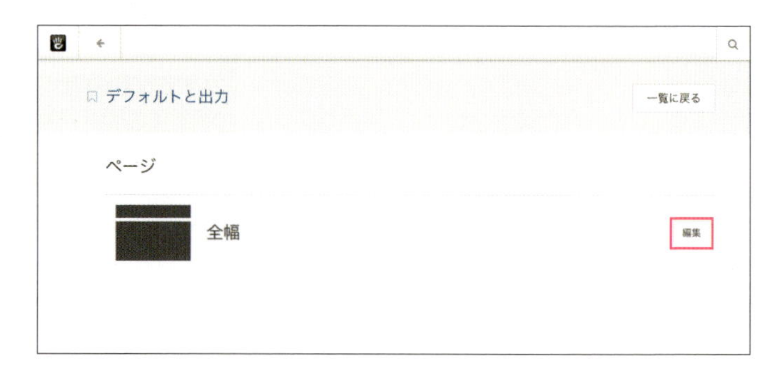

3 ツールバーの＋アイコンをクリックすると、コンテンツ追加パネル（ブロック一覧）が現れるので、「ページタイトル」ブロックをメインエリアの上部にドラッグ&ドロップします。

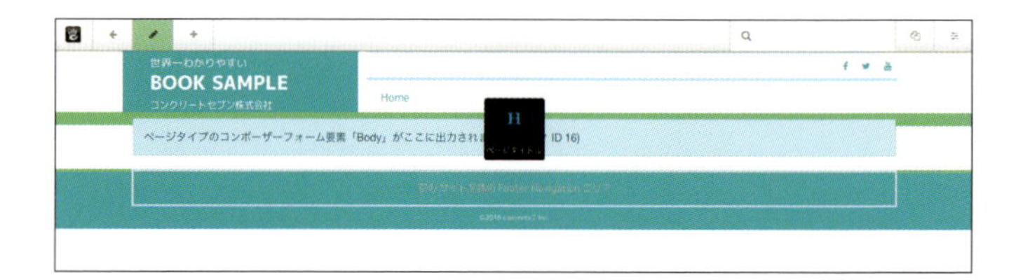

4 設定は変更せずに、[新規] ボタンをクリックします。

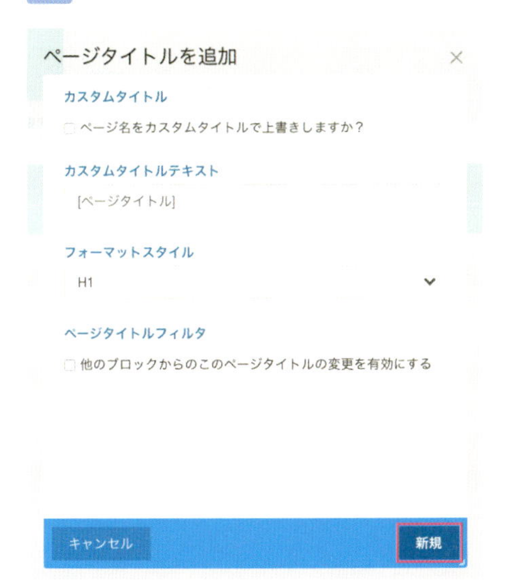

5 アイコンをクリックし、編集モードを終了します。

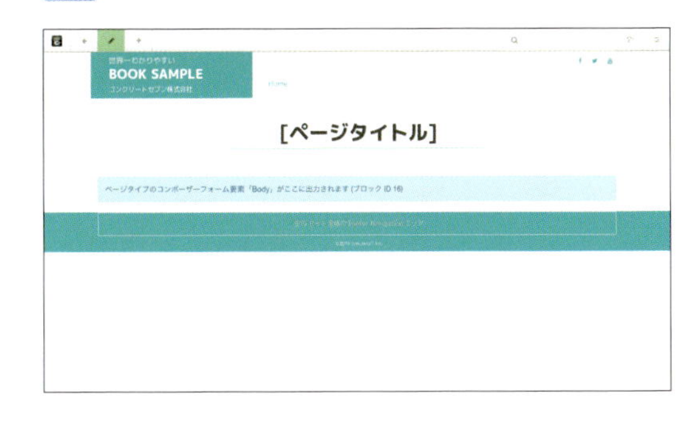

Step02 お知らせ一覧と記事用ページタイプを用意する

5-1 (P.76) と5-2 (P.79) を参考にお知らせ一覧ページとお知らせ記事用ページタイプをあらかじめ作成したのち、以下の操作を行います。

サムネイルの設定

お知らせ一覧で使用するサムネイル画像のサイズを設定します。

1 ツールバー右上のアイコンをクリックし、[システムと設定] ❶→ [サムネイル] ❷の順にクリックします。

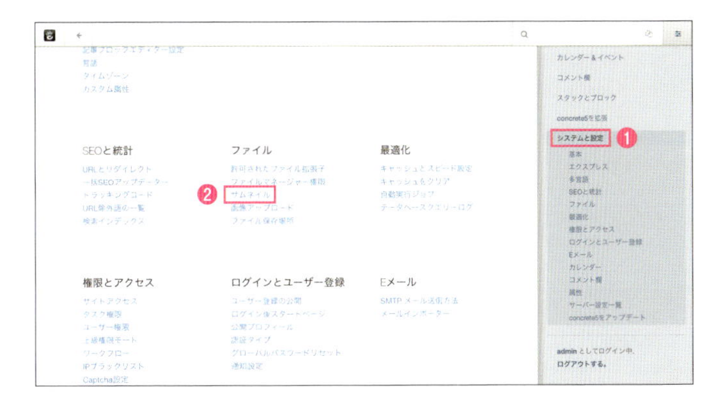

2 [タイプを追加] ボタンをクリックします。

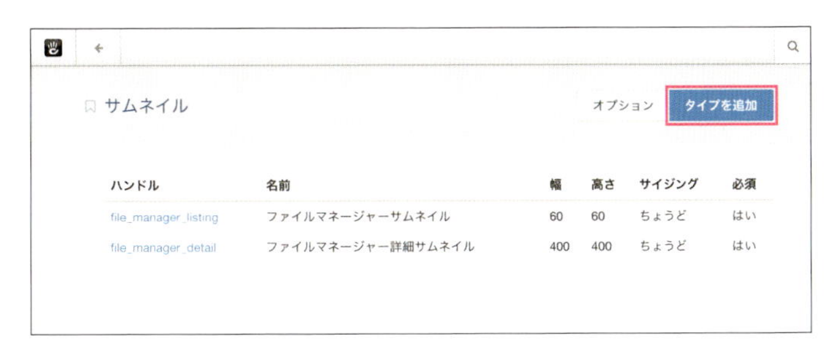

3 下記のとおり、ハンドル（半角英数字）、名前（日本語可）、幅（半角数字）、高さ（半角数字）、サイズモード（選択）を入力し、［新規］ボタンをクリックしてください。

ハンドル	thumbnail_news_list
名前	お知らせ一覧用
幅	200
高さ	124
サイズモード	［リサイズ・切り取りして指定どおりのサイズにする］

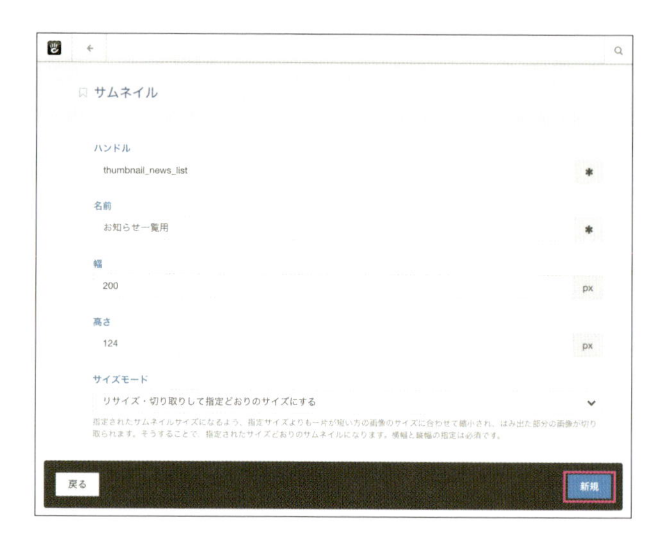

Step03 カスタムテンプレートを作成する

「ページリスト」ブロックのデフォルトの出力をベースに、テーマに合わせたカスタムテンプレートを作成します。ブロックのカスタムテンプレートは、ユーザー領域であるapplication以下のblocks/*ブロック名*/templatesフォルダにテンプレートファイルがあると、編集モードで選択できるようになります。それでは早速作ってみましょう。

1 /application/blocksフォルダに「page_list」フォルダを作成し、さらにその中に「templates」フォルダを作成します。

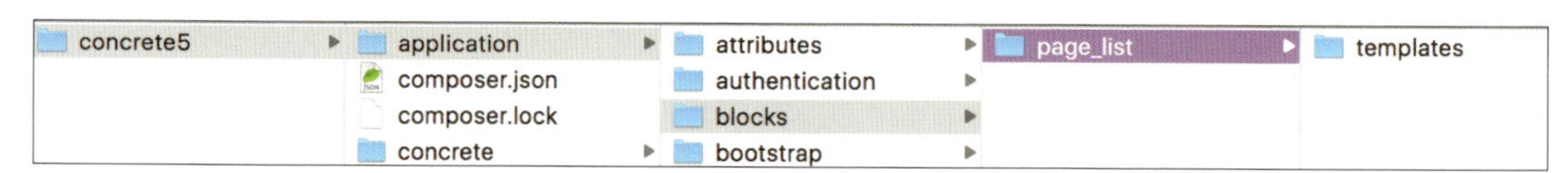

2 /concrete/blocks/page_listフォルダにある「view.php」（図1）を/application/blocks/page_list/templatesフォルダ内にコピーし、ファイル名を「news_list.php」（図2）に変更します。

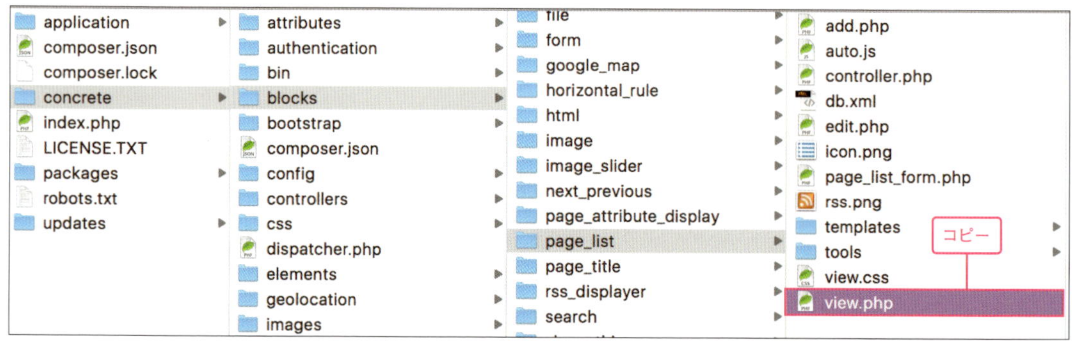

図1　/concrete/blocks/page_listフォルダ内にあるview.phpをコピーして…

application
composer.json
composer.lock
concrete
index.php
attributes
authentication
blocks
bootstrap
config
page_list
templates
news_list.php
ペーストしてファイル名を変更

図2　/application/blocks/page_list/templatesフォルダ内にペーストしてファイル名を変更。

3 news_list.phpをテキストエディターで開き、class名「ccm-block-page~」を「news~」に置き換えます。該当箇所は下記のとおりです。

ソースコード news_list.php

●18行目

```
before <div class="ccm-block-page-list-wrapper">
after  <div class="news-list-wrap">
```

●22行目

```
before <div class="ccm-block-page-list-header">
after  <div class="news-list-header">
```

●30行目

```
before <a href="<?php echo $rssUrl ?>" target="_blank" class="ccm-block-page-list-rss-feed">
after  <a href="<?php echo $rssUrl ?>" target="_blank" class="news-list-rss-feed">
```

●36行目

```
before <div class="ccm-block-page-list-pages">
after  <div class="news-list-pages">
```

●54行目

```
before $buttonClasses = 'ccm-block-page-list-read-more';
after  $buttonClasses = 'news-list-read-more';
```

●55行目

```
before $entryClasses = 'ccm-block-page-list-page-entry';
after  $entryClasses = 'news-list-page-entry';
```

●74行目

```
before $entryClasses = 'ccm-block-page-list-page-entry-horizontal';
after  $entryClasses = 'news-list-page-entry-horizontal';
```

●105行目

```
before <div class="ccm-block-page-list-page-entry-thumbnail">
after  <div class="news-list-page-entry-thumbnail">
```

●117行目

```
before <div class="ccm-block-page-list-page-entry-text">
after  <div class="news-list-page-entry-text">
```

●121行目

```
before <div class="ccm-block-page-list-title">
after  <div class="news-list-title">
```

●140行目

```
before <div class="ccm-block-page-list-date"><?php echo h($date) ?></div>
after  <div class="news-list-date"><?php echo h($date) ?></div>
```

●146行目

```
before <div class="ccm-block-page-list-description"><?php echo h($description) ?></div>
after  <div class="news-list-description"><?php echo h($description) ?></div>
```

●152行目

```
before <div class="ccm-block-page-list-page-entry-read-more">
after  <div class="news-list-page-entry-read-more">
```

●166行目

```
before </div><!-- end .ccm-block-page-list-pages -->
after  </div><!-- end .news-list-pages -->
```

●169行目

```
before <div class="ccm-block-page-list-no-pages"><?php echo h($noResultsMessage) ?></div>
after  <div class="news-list-no-pages"><?php echo h($noResultsMessage) ?></div>
```

●172行目

```
before </div><!-- end .ccm-block-page-list-wrapper -->
after  </div><!-- end .news-list-wrapper -->
```

4 74行目を下記に書き換えます。この行はサムネイルが表示される場合に使われるclass名です。サムネイルとタイトルが横並びのデザインなので、clearfixを追加しています。

ソースコード Before　news_list.php（74行目）

```
74                    $entryClasses = 'news-list-page-entry-horizontal';
```

ソースコード After　news_list.php（74行目）

```
74                    $entryClasses = 'news-list-page-entry-horizontal clearfix';
```

CHECK!　clearfixについて

Bootstrapでは、clearfixにfloatを解除するためのclear: both;などが適用されるように設定されています。
今回はサムネイルとタイトルを横並びにするのにfloatを利用しているため、親要素にclearfixをつけてfloatが解除されるようにしています。

5 日付とタイトルの表示順を入れ替えます。138行目から143行目を切り取り、119行目に貼り付けます。

ソースコード 日付を出力する記述（138行～143行目）

```
138                        <?php if (isset($includeDate) && $includeDate) {
139                            ?>
140                            <div class="news-list-date"><?php echo h($date) ?></div>
141                            <?php
142                        } ?>
143
```

6 次に、サムネイルの出力設定を変更します。107行目から110行目を下記のコードに置き換えます。デフォルトのサムネイルを出力するコードはサイズ指定がないため、先ほど作成したサムネイルの設定を利用した画像を出力するコードに変更します。

ソースコード Before　news_list.php（106行～110行目）

```
106                        <?php
107                        $img = Core::make('html/image', array($thumbnail));
108                        $tag = $img->getTag();
109                        $tag->addClass('img-responsive');
110                        echo $tag; ?>
```

ソースコード After　news_list.php（106行～109行目）

```
106                        <?php
107                          $src = $thumbnail->getThumbnailURL('thumbnail_news_list');
    //設定しておいた"thumbnail_news_list"サムネイルを取得
108                          echo \HtmlObject\Image::create($src)->alt($th->entities
    ($title));// alt属性にページ名を指定して表示
109                        ?>
```

CHECK!

サムネイルが正しいサイズで出力されない場合

ファイルをアップロードしたあとにサムネイルの設定をした場合、設定したサイズのサムネイルが生成されていません。
ファイルマネージャーからファイルの再スキャンをして、サムネイルを生成する必要があります。
ファイルの再スキャンは、複数ファイルを選択して左上のアイコンから再スキャンをクリックすることで行えます。

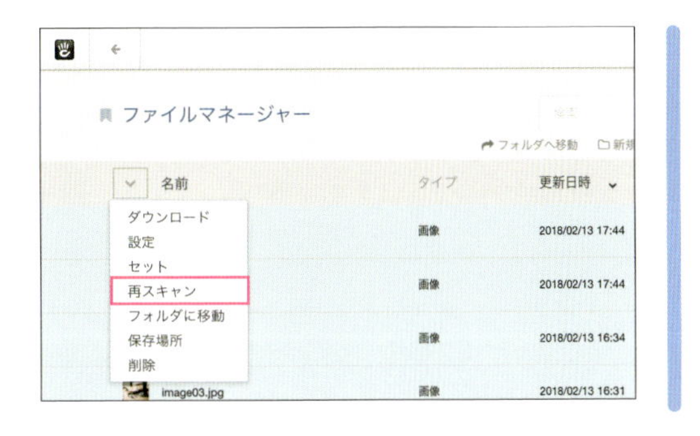

7 ページネーションが.news-list-wrapper内に入るように修正します。174行目から177行目を切り取り、171行目に貼り付けます。
完成したnews_list.phpは紙面では省略します。レッスンファイル内のhalfway-data/Lesson10/blocks/page_list/templatesフォルダ内にある「news_list.php」をテキストエディターで開いて確認してください。

ソースコード ページネーションを出力する記述

```
174     <?php if ($showPagination) { ?>
175         <?php echo $pagination; ?>
176     <?php } ?>
177
```

Step04 ページリストブロックを設置する

1 グローバルナビゲーションに表示されている［お知らせ一覧］をクリックし、先ほど追加したお知らせ一覧ページにアクセスします。

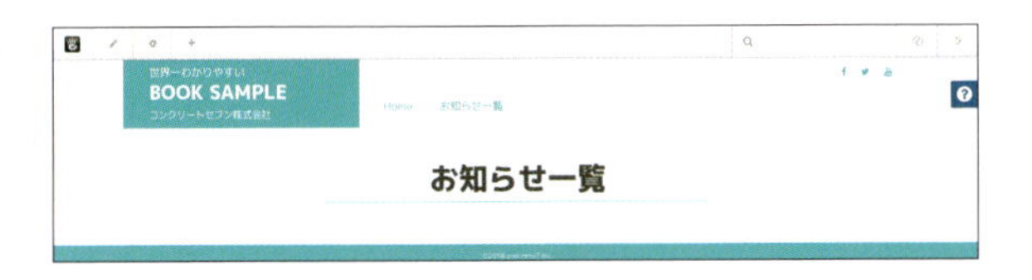

2 ツールバーの[+]アイコンをクリックし、ブロック一覧にある「ページリスト」ブロックを「お知らせ一覧」と「空の記事ブロックです。」のあいだにドラッグ&ドロップします。

3 「ページリストを追加」ポップアップが開くので、下記の箇所を入力または選択します。

表示するページ数	10
ページタイプ	［お知らせ記事］
ページ付け	［表示数よりもアイテムが多い場合、ページ付けインターフェースを表示します。］にチェック
並び替え	［新規記事を最初に］
日付を含める	［はい］
サムネイル画像を表示	［はい］
表示するページがない場合のメッセージ	表示するページはありません。

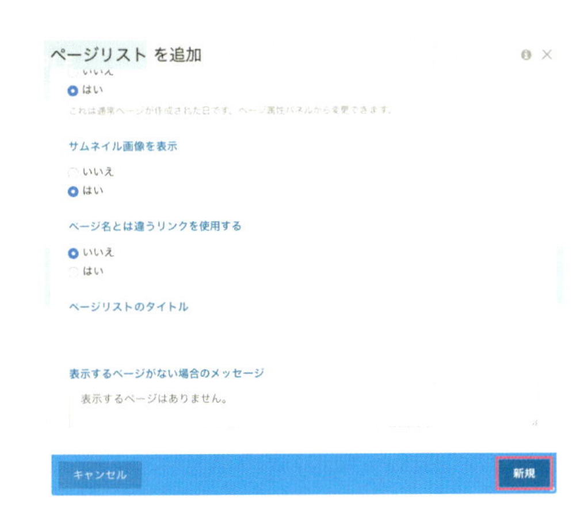

入力が終わったら、［新規］ボタンをクリックしてください。

Step05 カスタムテンプレートを適用する

1 「表示するページはありません。」と表示されている「ページリスト」ブロックをクリックし、[デザイン&カスタムテンプレート]をクリックします。

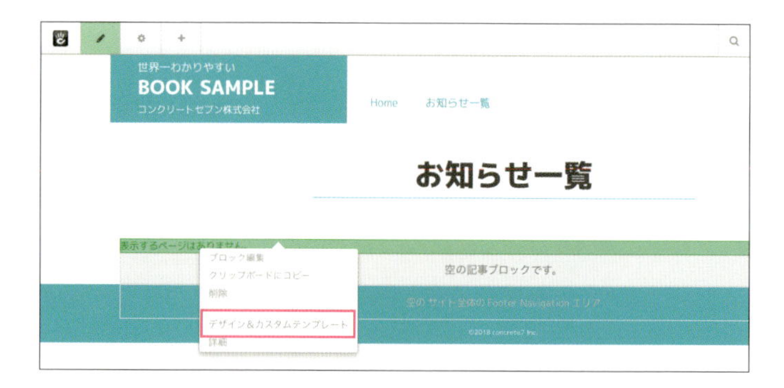

2 [歯車アイコン]をクリック❶し、カスタムテンプレート[News List]を選択❷し、[保存]ボタンをクリック❸します。

3 これで、先ほど作成したカスタムテンプレートが適用された、お知らせ記事の一覧を表示するページリストが追加されました。ツールバー左上の[✎]アイコン→[変更を公開]の順でクリックし公開します。

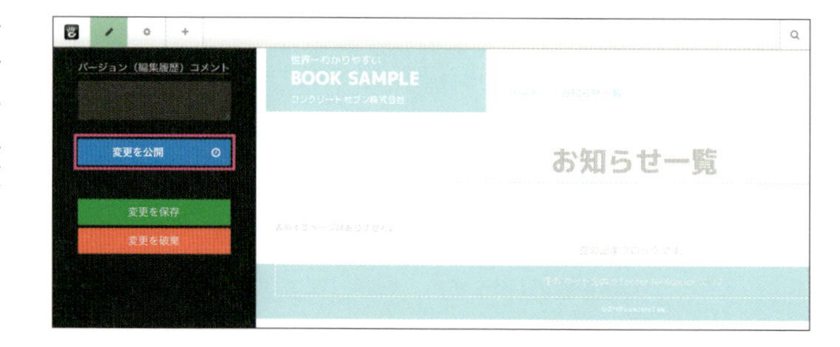

Step06 お知らせ記事を追加する

sample-data ▶ Lesson10

1 ツールバー右上の[⧉]アイコンをクリックすると、ページ追加パネルが開くので、「新しいページ」の[お知らせ記事]をクリックします。

2 コンポーザーが表示されるので、下記のとおり入力していきます。

ページ名	ホームページ開設のお知らせ
URLスラッグ	open
表示日時	そのままでOKです
説明	この度、ホームページを開設いたしました。
サムネイル	[ファイルを選択してください]をクリックし、サンプル画像「image03.jpg」をアップロードして、選択してください。
記事	サンプルデータの「text01.txt」を利用してください。

入力が終わったら[ページを公開]ボタンをクリックします。

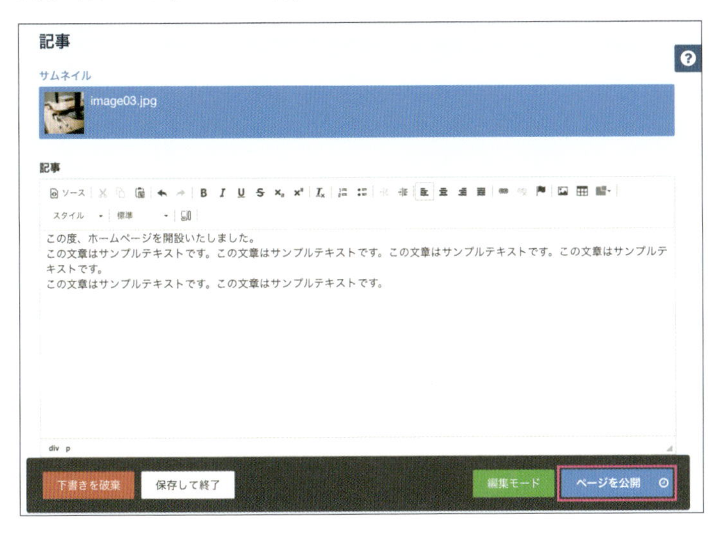

3 1～2を参考にもう1ページ記事を追加してみましょう。
ページ名は「求人募集開始について」、URLスラッグは「recruit」、説明は「求人情報を掲載しました。」、サムネイル画像はサンプル画像「image04.jpg」、記事はサンプルデータの「text02.txt」をコピー&ペーストしてください。

ページ完成

トップページ用の お知らせ一覧を作ろう

トップページに「ページリスト」ブロックを使用してお知らせ一覧を設置し、
トップページ用のデザインに合わせたカスタムテンプレートを作成して適用します。

Step01 ページリストブロックを設置する

1 グローバルナビゲーションに表示されている[Home]をクリックし、トップページにアクセスします。編集モードのまま別ページに移動し、ページ編集した関係で「ページは承認待ちです。」と表示されていますが、そのままツールバーの[+]アイコンをクリックします。

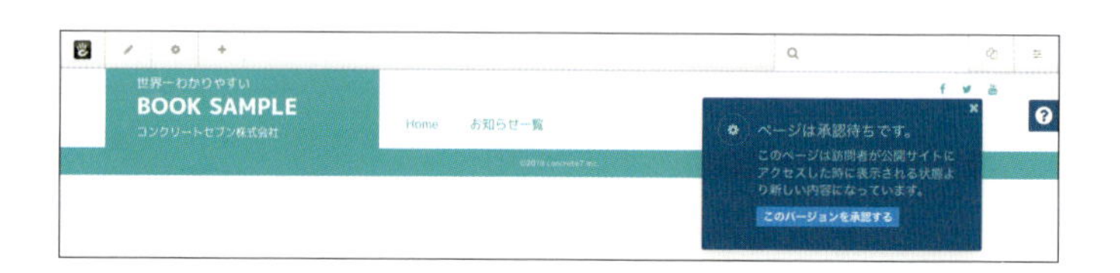

2 ブロック一覧にある「ページリスト」ブロックを「空の メイン エリア」の中にドラッグ&ドロップします。

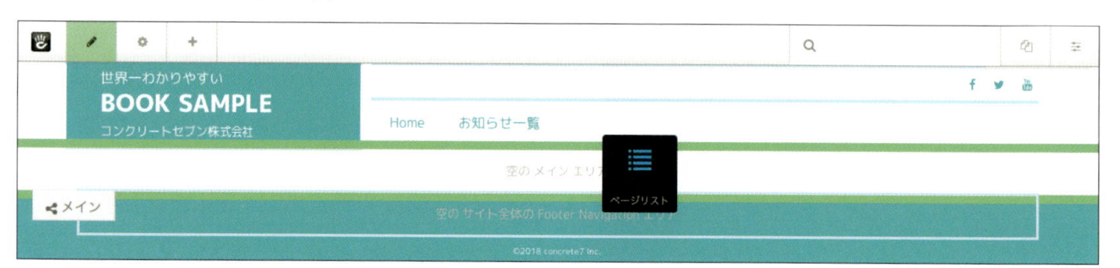

3 「ページリストを追加」ポップアップが開くので、下記の箇所を入力します。その他は初期設定のままで進みます。

表示するページ数	5
ページタイプ	[お知らせ記事]
並び替え	[新着記事を最初に]
ページの説明を含める	[いいえ]
日付を含める	[はい]
ページリストのタイトル	NEW TOPICS
表示するページがない場合のメッセージ	表示するページはありません。

入力が終わったら、[新規]ボタンをクリックしてください。

Step02 カスタムテンプレートを作成する

設置したページリストのままではデザインが反映されていないため、デザインに合わせてカスタムテンプレートを作成します。

サンプルデータをコピーする

/application/blocks/page_list/templatesフォルダに、サンプルデータ「home_news.php」をコピーします。サンプルデータはカスタムテンプレートとして完成しているものなのでそのまま使えます。

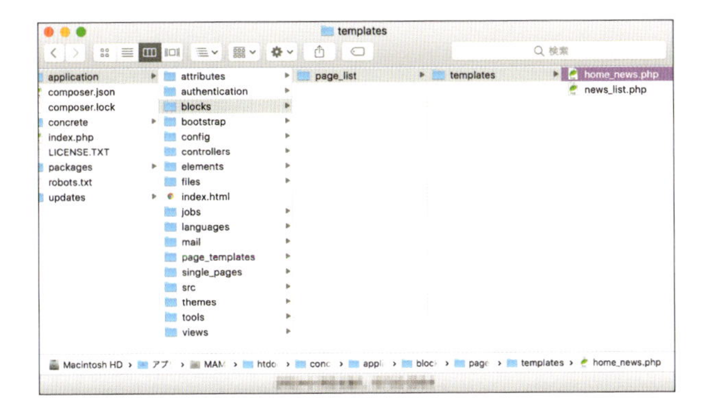

ソースコード home_news.php

```
 1 <?php
 2 defined('C5_EXECUTE') or die("Access Denied.");
 3 $th = Loader::helper('text');
 4 $c = Page::getCurrentPage();
 5 $dh = Core::make('helper/date'); /* @var $dh \Concrete\Core\Localization\Service\Date */
 6 ?>
 7 <?php if ($c->isEditMode() && $controller->isBlockEmpty()) {
 8     ?>
 9     <div class="ccm-edit-mode-disabled-item"><?php echo t('Empty Page List Block.')?></div>
10 <?php
11 } else {
12     ?>
13 <div class="news-wrap">
14     <?php if (isset($pageListTitle) && $pageListTitle): ?>
15     <h1><?php echo h($pageListTitle) ?></h1>
16     <?php endif; ?>
17     <dl class="news-list">
18     <?php foreach ($pages as $page):
19     $title = $th->entities($page->getCollectionName());
20     $url = ($page->getCollectionPointerExternalLink() != '') ? $page-
>getCollectionPointerExternalLink() : $nh->getLinkToCollection($page);
21     $target = ($page->getCollectionPointerExternalLink() != '' && $page->openCollectionPoint
erExternalLinkInNewWindow()) ? '_blank' : $page->getAttribute('nav_target');
22     $target = empty($target) ? '_self' : $target;
23     $date = $dh->formatDate($page->getCollectionDatePublic(), true);
24     ?>
25         <dt><?php echo $date?></dt>
26         <dd><a href="<?php echo $url ?>" target="<?php echo $target ?>"><?php echo $title
?></a></dd>
27           <?php endforeach; ?>
28     </dl>
29 </div>
30 <?php
31 } ?>
```

基本的には先ほど作成した一覧ページ用（news_list.php）と同じくデフォルトのテンプレートをベースにしていますが、変更箇所などいくつかの記述について説明します。

classやhtmlの変更

ブロックを囲むdivのclassをスタイルシートに合わせて変更しています。

ソースコード home_news.php 13行目

```
13 <div class="news-wrap">
```

デフォルトのテンプレートは基本的に<div>で構成されていましたが、<dl><dt><dd>の定義リストに変更しています。

項目の非表示

concrete5のページリストは追加時の設定で、出力する項目の表示／非表示を設定できますが、このテンプレートを使った場合、デザインどおりに出力されるようにカスタマイズしています。
RSS・説明・サムネイル・ページ名とは違うリンクを設定に関わらず非表示にするため、テンプレート側の記述を削除しています。

日時を日付のみに変更

デフォルトのテンプレートでは日時が表示されていますが、下記のようにコードを変えることで日付のみを表示する設定に変更しています。

ソースコード news_list.php（77行目）

```
77 $date = $dh->formatDateTime($page->getCollectionDatePublic(), true);
```

ソースコード home_news.php（23行目）

```
23 $date = $dh->formatDate($page->getCollectionDatePublic(), true);
```

Step03 カスタムテンプレートを適用する

1 先ほど追加した「ページリスト」ブロックをクリックし、［デザイン&カスタムテンプレート］をクリックします。

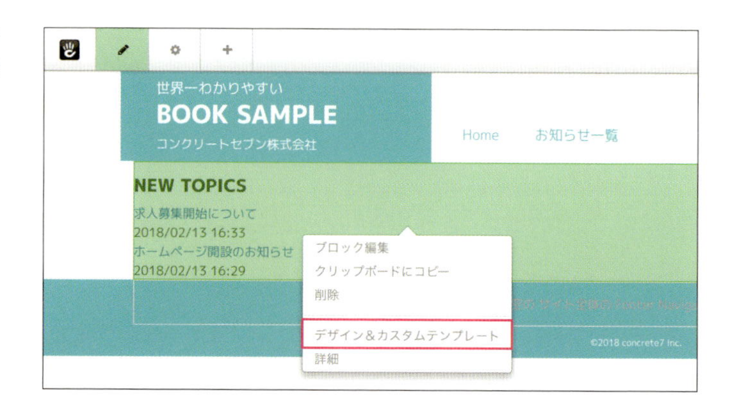

2 ［歯車アイコン］をクリック❶し、カスタムテンプレートから［Home News］を選択❷し、［保存］ボタンをクリック❸します。

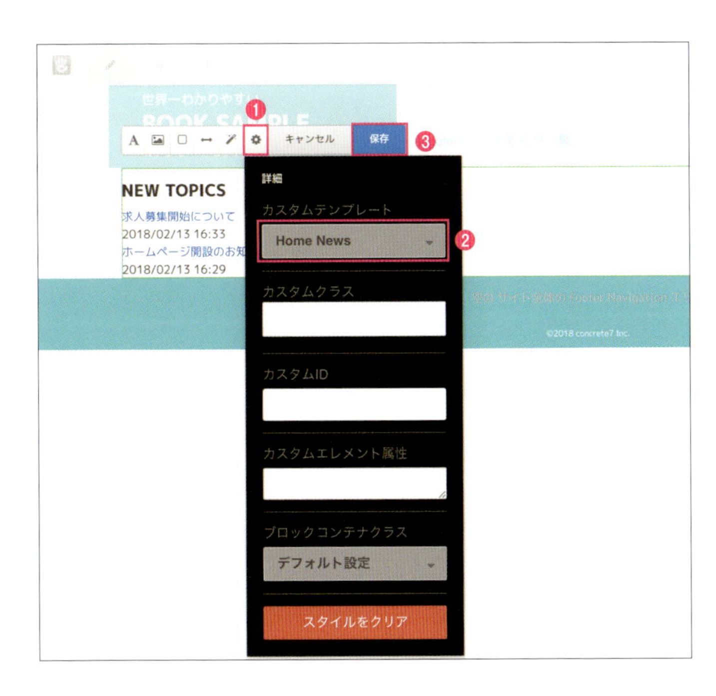

3 これで、先ほど作成したカスタムテンプレートがページリストに適用されました。

10-5 Googleマップを表示させよう

Googleマップの APIキーを取得し、「Googleマップ」ブロックを利用してサイトの下部に全幅表示のマップを設置します。

Step01 APIキーを取得する

「Googleマップ」ブロックを使うにはAPIキーを取得する必要があります。今回はAPIキーを作成し、concrete5で使用する方法を説明します。なお、Google APIについての詳細は本書では省略します。

1 ブラウザからGoogle Maps JavaScript APIにアクセスし、［キーの取得］ボタンをクリックします。

https://developers.google.com/maps/documentation/javascript/

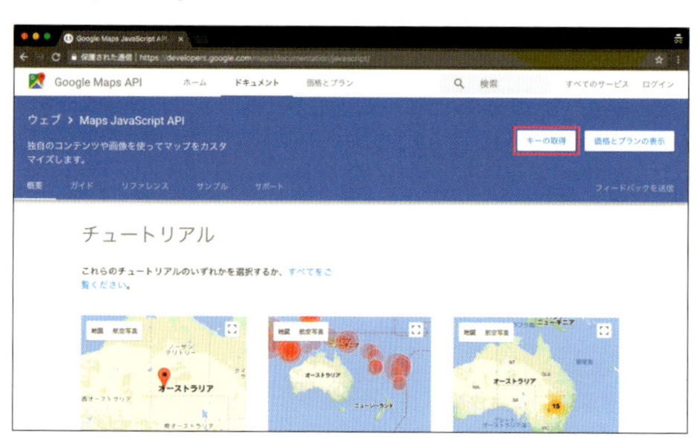

2 ログインしていない場合は、Googleアカウントでログインしてから［キーの取得］ボタンをクリックします。アカウントを作成していない場合は、新規作成してください。

3 「My Project」部分を「concrete5 test」と変更❶します。はじめて利用する場合は、規約に同意する必要がありますので、［Yes］を選択❷し［NEXT］をクリック❸します。

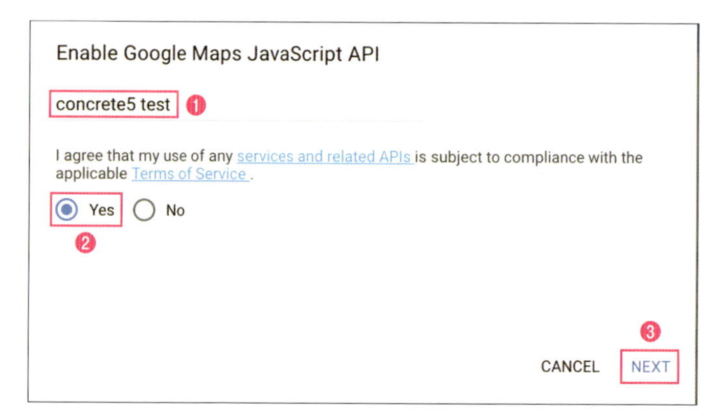

4 プロジェクトとAPIキーが作成されました。このままでは作成したAPIキーがどこからでも利用できてしまうので、制限をかけます。[API Console]へのリンクをクリックします。

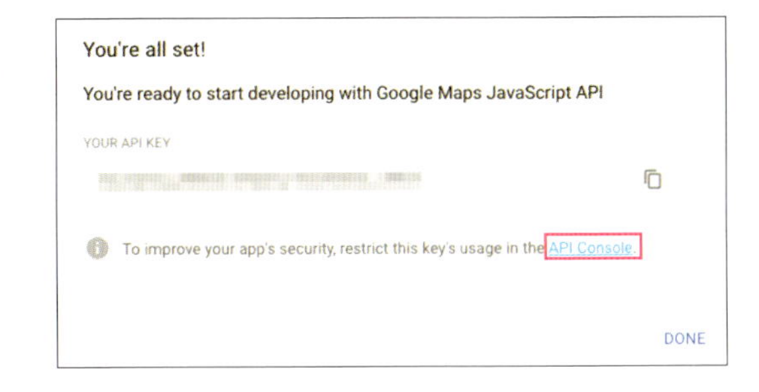

5 「キーの制限」で[HTTPリファラー(ウェブサイト)]を選択❶し、

http://localhost/concrete5/*

と入力します。今回はあくまでもローカル環境用のテストなので、実際のサイト開発では本番サイトに合わせて設定してください。
入力後、APIキーをコピー❷したら、[保存]ボタンをクリック❸します。

Step02 ブロックを設置する

1 トップページで[+]アイコンをクリックし、コンテンツ追加パネル(ブロック一覧)から「Googleマップ」ブロックをメインエリアの下部にドラッグ&ドロップします。

2 Step01でコピーしたAPIキーを［APIキー］入力エリアに貼り付け❶、［APIキーをチェックしてください。］をクリック❷します。APIキーの入力は、このサイトで「Googleマップ」ブロックを最初に追加したときのみで大丈夫です。

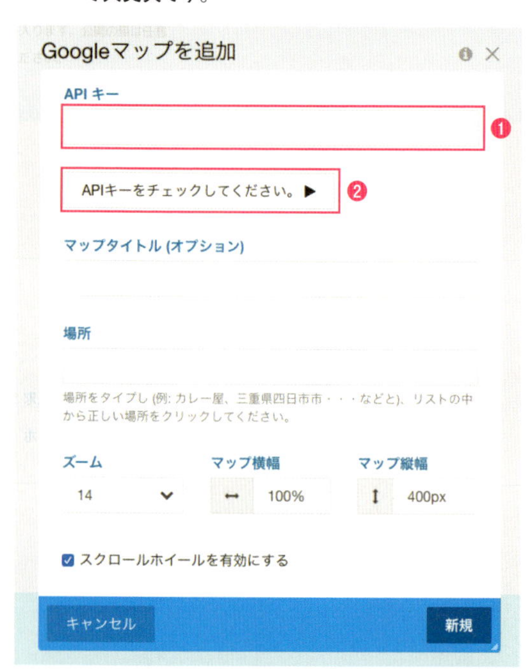

3 問題がなければ、「有効なAPIキー」とポップアップメッセージが表示され、「場所」の入力欄に「場所を入力」と表示❶されるようになります。ポップアップの［OK］ボタンをクリック❷します。

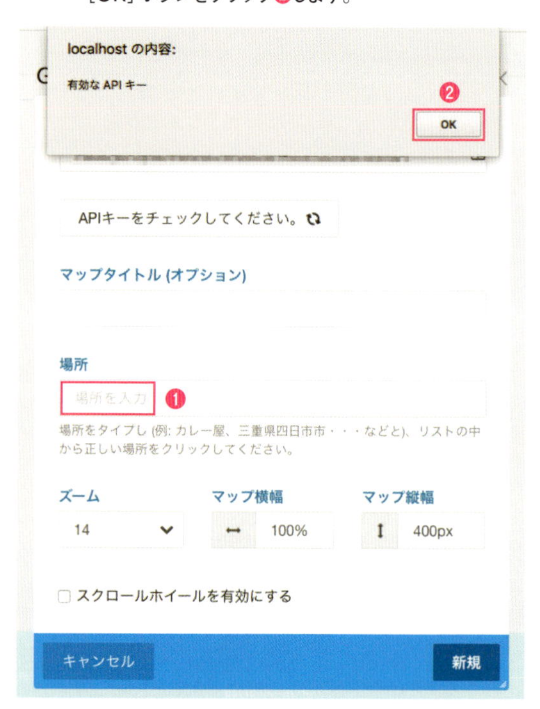

4 場所に「東京都」と入力し1番目に出てきた候補をクリック❶したら、［スクロールホイールを有効にする］のチェックを外し❷、［新規］ボタンをクリック❸します。

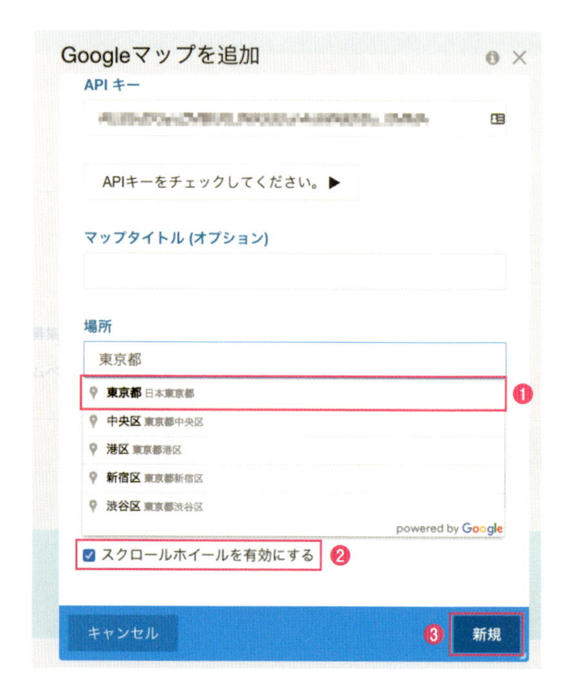

Step03 レイアウトを変更する

デフォルトのままでは、マップの左右に余白が生じてしまうので、全幅で表示されるように設定を変更します。

1 先ほど追加した「Googleマップ」ブロックをクリックし、[デザイン&カスタムテンプレート] をクリックします。

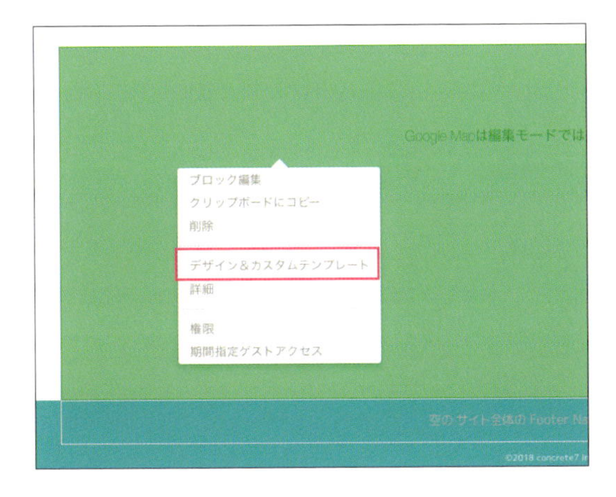

2 [歯車アイコン] をクリック❶し、ブロックコンテナクラスから [グリッドコンテナを無効化] を選択❷し、[保存] ボタンをクリック❸します。

3 [編集モード終了]をクリックし、ページを公開して確認してみましょう。以上で全幅表示のGoogleマップが追加されました。

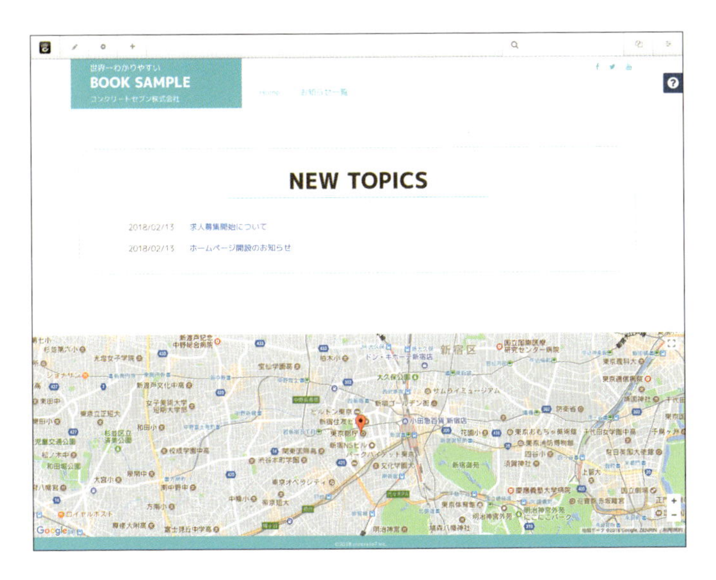

その他のコンテンツを追加しよう

足りていないコンテンツを追加してトップページを完成させます。サンプルデータの「index.html」をブラウザで開きながら進めるとわかりやすいでしょう。

Step01 スライドショーを設置する

スライドショーは4-3（P.63）を参考にし、メインエリアの上部へ追加します。画像はサンプルデータの「image05.jpg」と「image06.jpg」を使用してください。

Step02 記事ブロックで見出しを作成する

1 ツールバーの[+]アイコンをクリックし、ブロック一覧にある「記事」ブロックをメインエリアに設置したスライドショーの下にドラッグ&ドロップします。

2 「serviceサービス」と入力し、段落の書式を［見出し1］に変更します。

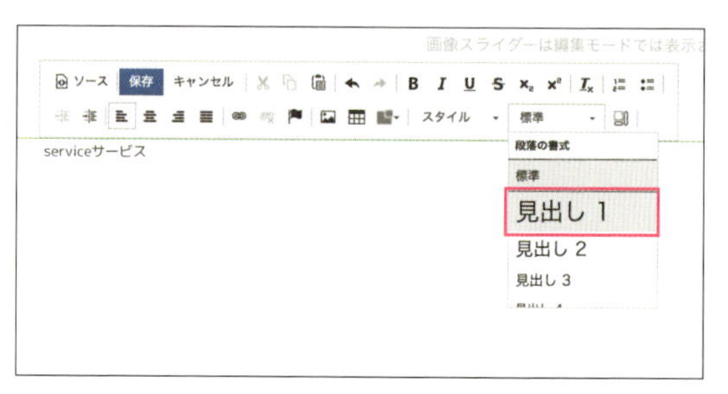

3 文字列「サービス」を選択し、スタイルを［Span］に設定します。

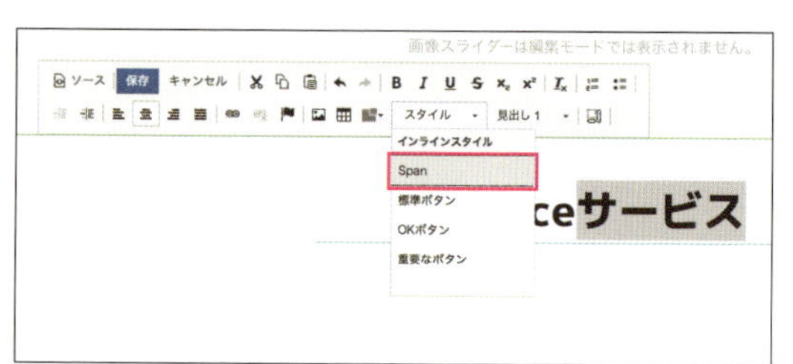

4 h1のスタイルである下線の上に改行が入っていたら削除❶し、［保存］ボタンをクリック❷します。

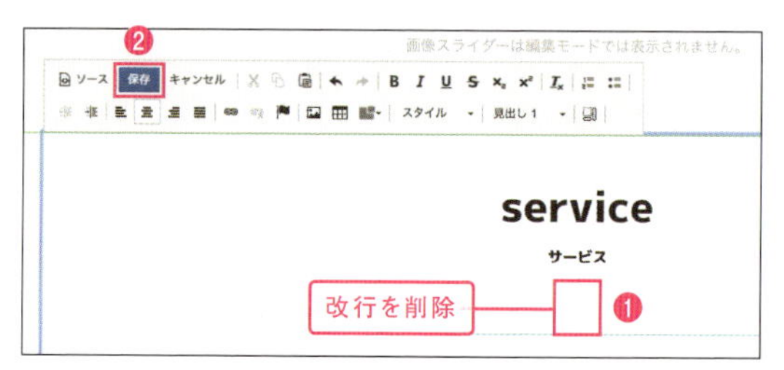

5 以上で、サブタイトル付きの見出しを作成することができました。

Step03 特色ブロックを設置する

sample-data ▶ Lesson10

トップページの「service」部分は、レイアウト機能と「特色」ブロックでできています。

1 4-5（P.68）の「エリアを分割する」を参考にし、3カラムのレイアウトをメインエリアに追加してください。その後、［コンテナーのレイアウトを編集］でレイアウトの位置を見出し「service」の下に移動します。

2 P.71の「特色ブロックを設置する」を参考に、レイアウトで作成した列それぞれに「特色」ブロックを配置します。それぞれの入力内容は、下記のとおりです。各カラムのタイトルと段落のテキストはサンプルデータの「text03.txt」を利用してください。

【左カラム（列の1）】

アイコン	Pencil
タイトル	Planning
段落	コンサルティングからプランニング、そしてコミュニーションのデザインまで。顧客視点の戦略と高度に統合された情報戦術をご提案いたします。

【中央カラム（列の2）】

アイコン	Code
タイトル	Development
段落	CMSを利用したホームページをご提案いたします。また、直感的にホームページの運営管理のできるCMS「concrete5」のインテグレートパートナーです。

【右カラム（列の3）】

アイコン	User
タイトル	Support
段落	Webサイトは作って終わりではありません。運用面でもしっかりサポートいたします。お悩みやご相談がございましたらご遠慮なくお問い合わせください。

3 設置した「特色」ブロックのままではデザインが反映されていないため、デザインに合わせてカスタムテンプレートを作成します。
/application/blocksフォルダに「feature」フォルダを作成し、さらにその中に「templates」フォルダを作成します。

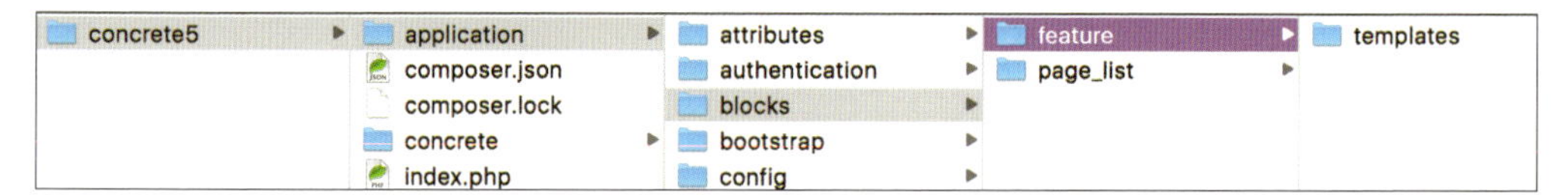

4 /application/blocks/feature/templatesフォルダに、サンプルデータ「circle.php」をコピーします。サンプルデータはカスタムテンプレートとして完成しているものなのでそのまま使えます。

ソースコード circle.php

```
1  <?php  defined('C5_EXECUTE') or die("Access Denied."); ?>
2  <div class="circle-icon-wrap">
3   <?php if ($linkURL) { ?>
4     <a href="<?php echo $linkURL?>">
5   <?php } ?>
6       <div class="circle-icon">
7         <i class="fa fa-<?php echo $icon?>"></i>
8       </div>
9   <?php if ($linkURL) { ?>
10    </a>
11  <?php } ?>
12  <?php if ($title) { ?>
13    <h3> <?php echo $title?></h3>
14  <?php } ?>
15  <?php
16  if ($paragraph) {
17      echo $paragraph;
18  }
19  ?>
20 </div>
```

5 concrete5の編集モードに戻り、先ほど追加したカスタムテンプレートを適用しましょう。「特色」ブロックをクリックし、[デザイン&カスタムテンプレート]をクリックします。

6 ［歯車アイコン］をクリック❶し、カスタムテンプレート［Circle］を選択❷し、［保存］ボタンをクリック❸します。

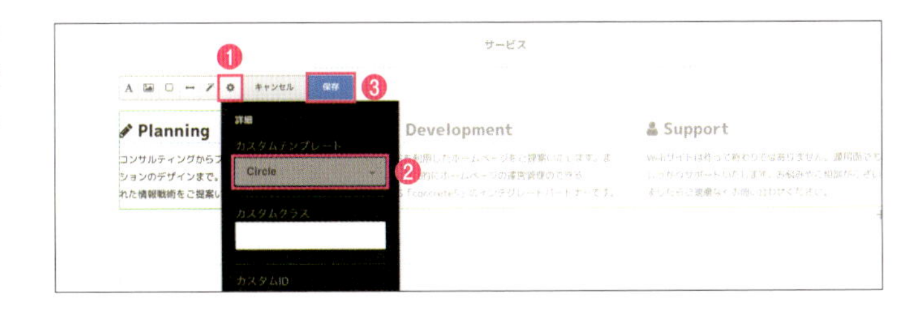

7 これで、先ほど作成したカスタムテンプレートがページリストに適用されました。5と6を参考に残り2つの「特色」ブロックにもカスタムテンプレートを適用してください。

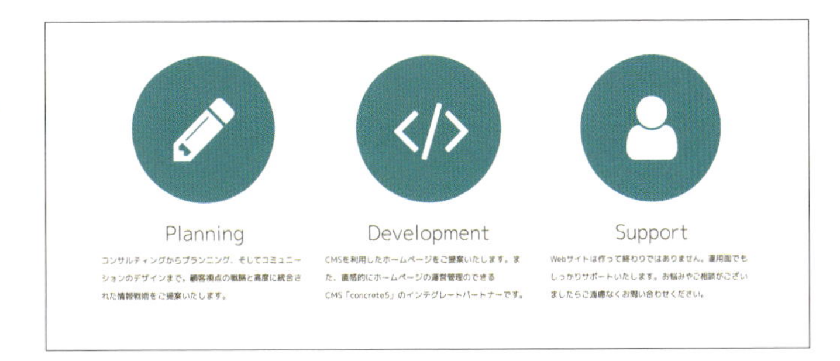

Step04 レイアウトにカスタムクラスを追加する

トップページの「service」の下部分は、他の箇所と違い背景がある領域となります。このようなデザインは、レイアウト機能で追加したレイアウトにカスタムクラスを追加することで、スタイルを反映させることができます。

1 「マップ」にマウスカーソルを移動すると、メインエリア名のタブが表示されます。［メイン］をクリックし、表示されるメニューの［レイアウトを追加］をクリックします。

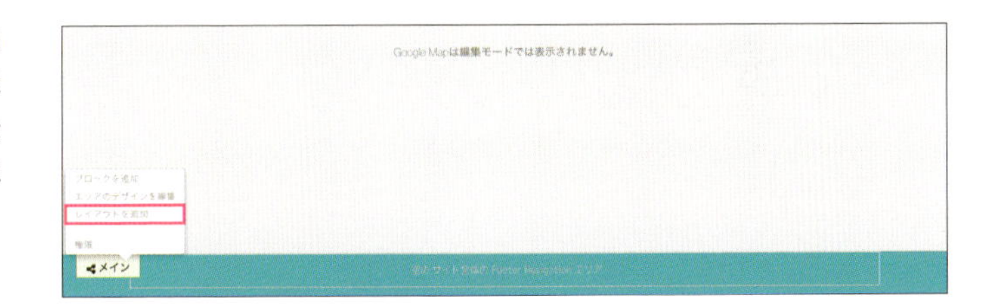

2 グリッド形式は「Twitter Bootstrap」が選ばれていることを確認し、カラムの数字の横の▲を押して「2」に増やします❶。表示されている列が2つに分かれたら、緑色の四角を左に1つずつずらし❷、［レイアウトを追加］ボタンをクリック❸します。

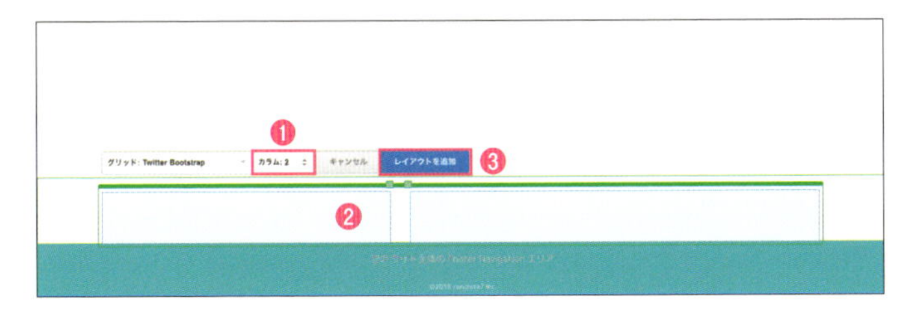

3 これでレイアウトが追加されました。追加したレイアウトのエリアをクリックし、［コンテナーのレイアウトを編集］をクリックします。

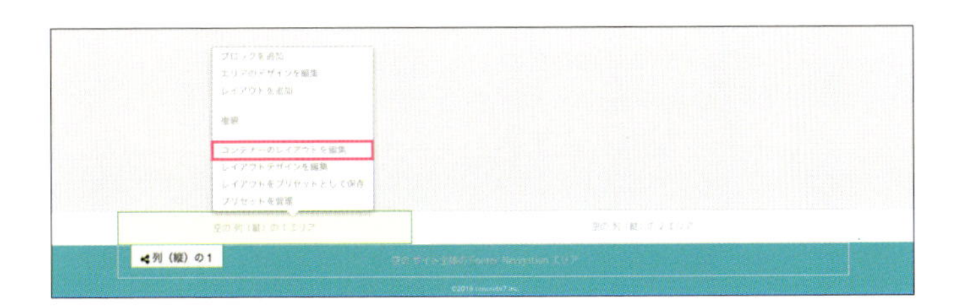

4 ［十字アイコン］で「NEW TOPICS」の上にレイアウトを移動したら、［レイアウトを更新］ボタンをクリックします。

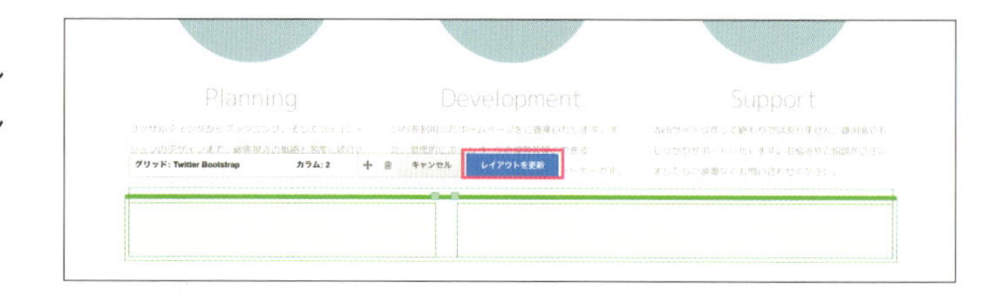

5 もう一度、追加したレイアウトのエリアをクリックし、表示されるメニューの［レイアウトデザインを編集］をクリックします。

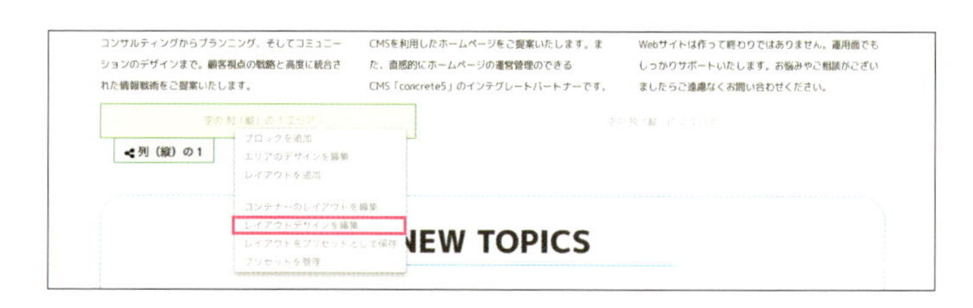

6 ［歯車アイコン］をクリック❶し、カスタムクラスに「area-accent」と入力❷すると現れる、［Add area-accent］をクリック❸し確定できたら、［保存］ボタンをクリック❹します。

7 これで、背景色付きのレイアウトが追加できました。列（縦）1エリアに「記事」ブロックを追加しテキストを入力します。
サンプルファイル「text04.txt」を利用して入力し、1行目と2行目の段落の書式をそれぞれ［見出し2］と［見出し3］に設定し、［保存］ボタンをクリックします。

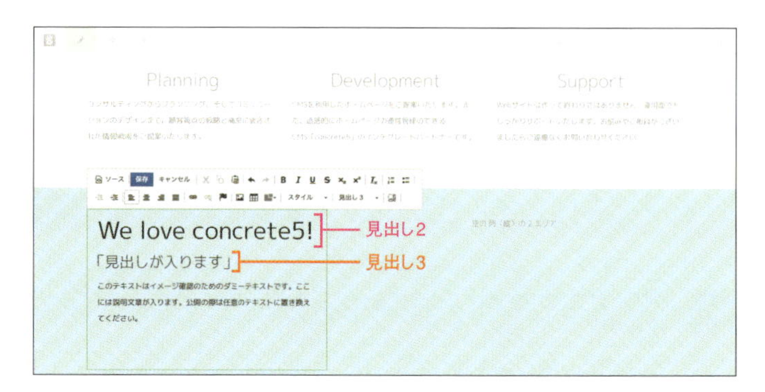

Step05 フッターナビゲーションを設置する

1 ［+］アイコンをクリックし、コンテンツ追加パネル（ブロック一覧）から「オートナビ」ブロックを「空の サイト全体の Footer Navigation エリア」にドラッグ&ドロップします。

2 設定は変更せずに、[新規] ボタンをクリックします。

ヘッダーのグローバルナビゲーションと同じく、テーマ側でオートナビのデフォルトの出力に合わせてCSSが設定されているので、そのままでデザインが適用されます。

[編集モード終了] をクリックし、ページを公開してトップページの表示を確認してみましょう。

ここまでのレッスンで、オリジナルテーマの作成とトップページに表示するコンテンツの設置が完了しました。サイトのベースとしては完成しているので、そのほかのページはご自由に追加して独自のサイトを作ってみてください。

Exercise ― 練習問題

お知らせ一覧に表示されるサムネイル画像が正方形になるように、
サムネイルの設定とカスタムテンプレートの作成を行ってみましょう。
カスタムテンプレートは10-3で作成した「News List」をベースに「News List Square」を作成します。サムネイルの設定は下記のとおり行います。

ハンドル	thumbnail_news_list_square
名前	お知らせ一覧用（正方形）
幅	250
高さ	250
サイズモード	[リサイズ・切り取りして指定どおりのサイズにする]

1. ツールバーの アイコン→[システムと設定]→[サムネイル]の順にクリックします。
2. [タイプを追加]ボタンをクリックし、サムネイルの設定を入力したら[新規]ボタンをクリックします。
3. concrete5/application/blocks/page_list/templates/news_list.phpをコピーし、ファイル名を「news_list_square.php」に変更します。
4. news_list_square.phpを開き、下記のように107行目を修正したら上書き保存します。

ソースコード Before news_list_square.php（105行～110行目）

```
105 <div class="news-list-page-entry-thumbnail">
106     <?php
107         $src = $thumbnail->getThumbnailURL('thumbnail_news_list');// 設定しておいた"thumbnail_news_list"サムネイルを取得
108         echo \HtmlObject\Image::create($src)->alt($th->entities($title));// alt属性にページ名を指定して表示
109     ?>
110 </div>
```

ソースコード After news_list_square.php（105行～110行目）

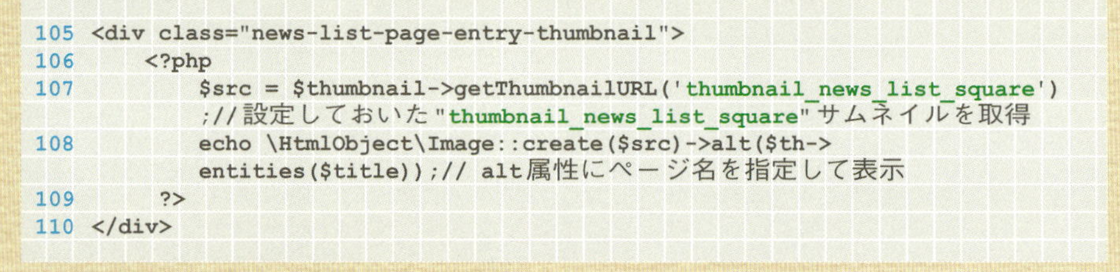

```
105 <div class="news-list-page-entry-thumbnail">
106     <?php
107         $src = $thumbnail->getThumbnailURL('thumbnail_news_list_square');// 設定しておいた"thumbnail_news_list_square"サムネイルを取得
108         echo \HtmlObject\Image::create($src)->alt($th->entities($title));// alt属性にページ名を指定して表示
109     ?>
110 </div>
```

5. お知らせ一覧ページに設置しているページリストのカスタムテンプレートを「News List Square」に変更します。
6. 編集モードでサムネイルが正方形になったことを確認できたら、[変更を破棄]して終了しましょう。

本番環境へ
デプロイしよう

An easy-to-understand guide to concrete5

Lesson 11

ローカル環境で構築したサイトを本番環境へデプロイしてみましょう。このレッスンでは、Lesson02で契約したレンタルサーバーのhttp://*サーバーID*.xsrv.jp/concrete5/というURLで、ローカルで構築したサイトを表示できるように作業を行います。

11-1 ファイルをアップロードしよう

まずはconcrete5で使用しているファイルを本番環境にアップロードしましょう。アップロードの前にキャッシュをクリアし、FTPクライアントソフトでサーバーにアップロードします。

Step01 キャッシュをクリアする

concrete5はページの表示速度向上のためにキャッシュを保存しています。開発時はキャッシュをオフにしていましたが、本番環境へデプロイする前にはキャッシュをクリアすることを習慣にしておきましょう。アップロードするファイルを少なくすることができます。

1 ツールバー右上の☰アイコンをクリックすると、管理画面パネルが開きます。［システムと設定］をクリック❶し、「最適化」にある［キャッシュをクリア］をクリック❷します。

2 ［キャッシュをクリア］ボタンをクリックします。「キャッシュファイルが削除されました。」と表示されたら完了です。

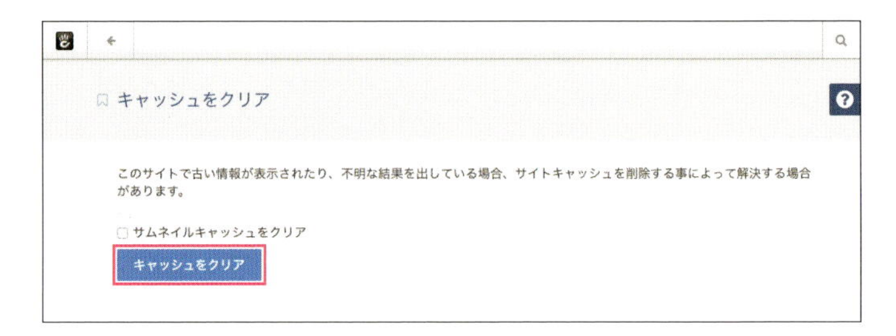

Step02 サーバーに接続する

Lesson02で契約したレンタルサーバーにファイルをアップロードするため、FTP接続してみましょう。エックスサーバーのファイルマネージャはファイル単位のアップロードとなってしまうため、FTPクライアントソフトを使用しましょう。

FTP（File Transfer Protocol）は、ネットワークでファイル転送を行うための通信方式のひとつです。FTPクライアントソフトは、FTPを使用してファイル転送を行うためのソフトウェアで、今回のようにウェブサイトのファイルをサーバーにアップロードするときなどに使います。

いろいろなFTPクライアントソフトがありますが、本書ではWindowsでもMacでも使用できるFileZillaを使用して説明します。以下のURLにブラウザでアクセスして、使用しているOSを選びFileZilla Clientをあらかじめインストールしておいてください。

https://filezilla-project.org/

FileZilla Clientソフトのダウンロードサイト

FTPクライアントソフトの操作

1 左上のアイコンをクリックし、サイトマネージャーを開きます。

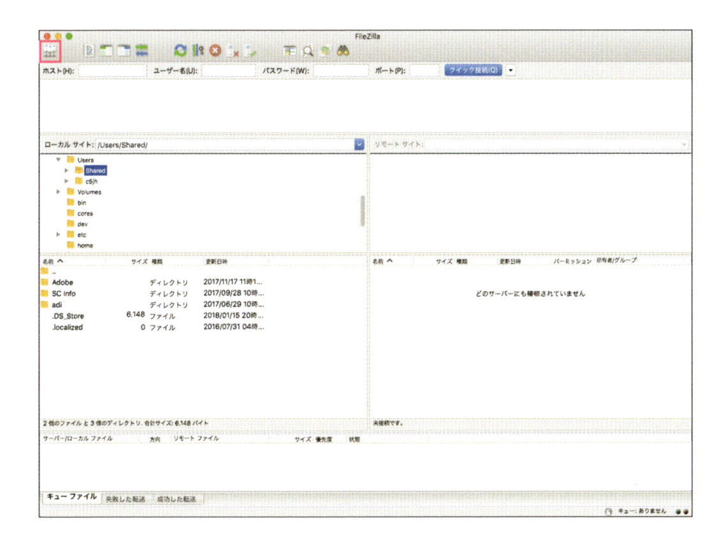

2 ［新しいサイト］ボタンをクリックします。

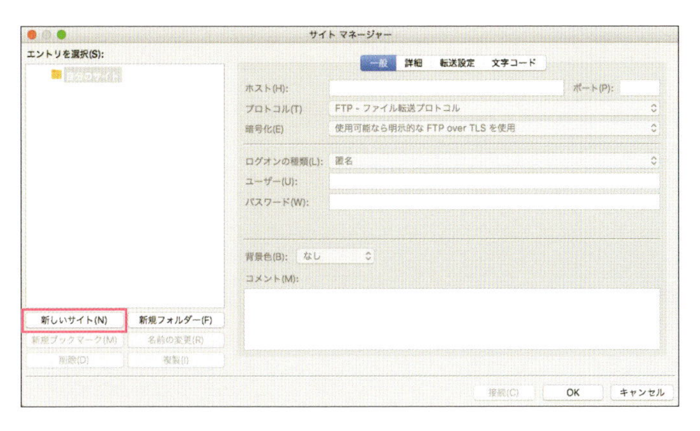

3

サイト名はあとから見たときにわかりやすいものを入力します。右側の項目は右記のとおり入力・選択していきます。ホスト、ユーザー、パスワードは「サーバーアカウント設定完了のお知らせ」メール（P.29）に記されているものを使用してください。入力が終わったら、［接続］ボタンをクリックします。

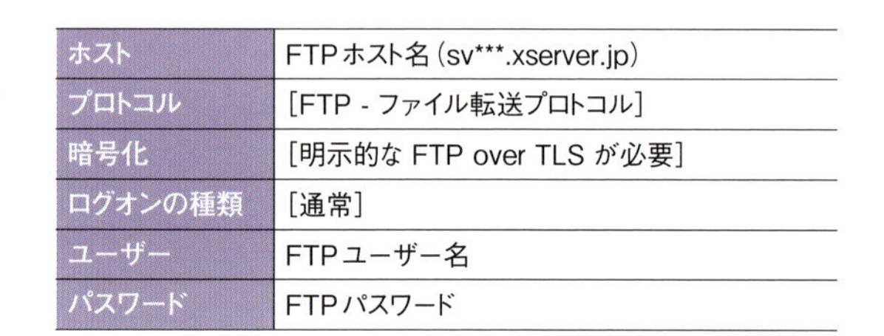

ホスト	FTPホスト名（sv***.xserver.jp）
プロトコル	［FTP - ファイル転送プロトコル］
暗号化	［明示的な FTP over TLS が必要］
ログオンの種類	［通常］
ユーザー	FTPユーザー名
パスワード	FTPパスワード

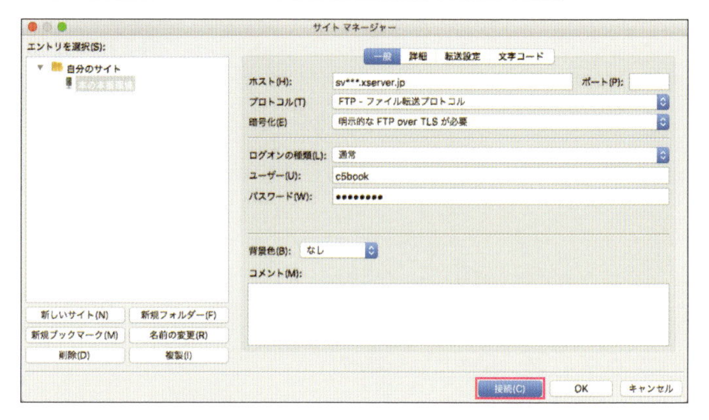

4

「パスワードを保存しますか？」と表示された場合は、コンピューターの使用状況を考えて設定してください。

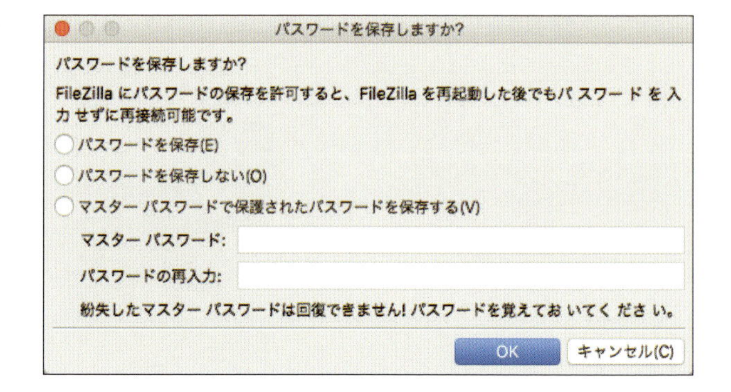

5

「不明な証明書」と確認画面が表示された場合は、「今後もこの証明書を常に信用する」にチェックを入れ❶、［OK］ボタンをクリック❷します。

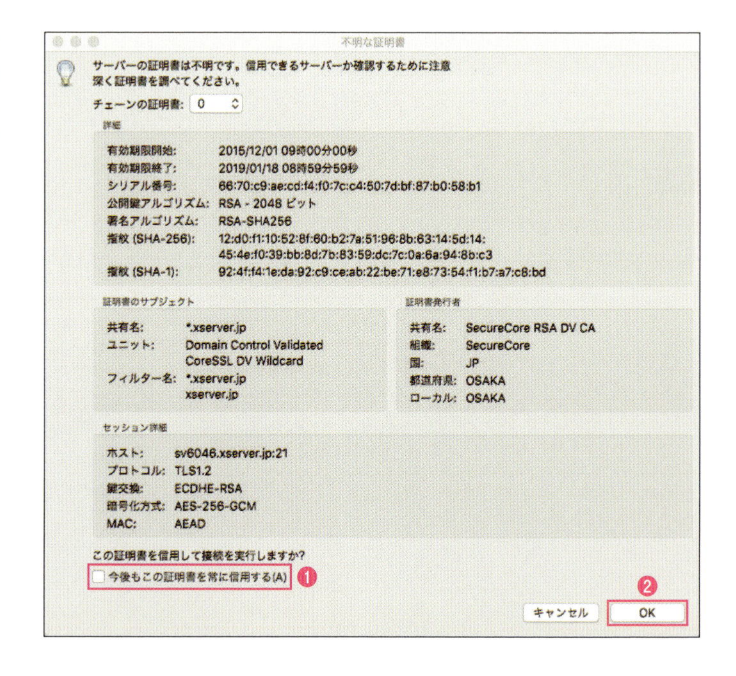

6 問題なく接続が完了すると、右側のリモートサイトにサーバー上のディレクトリが表示されます。

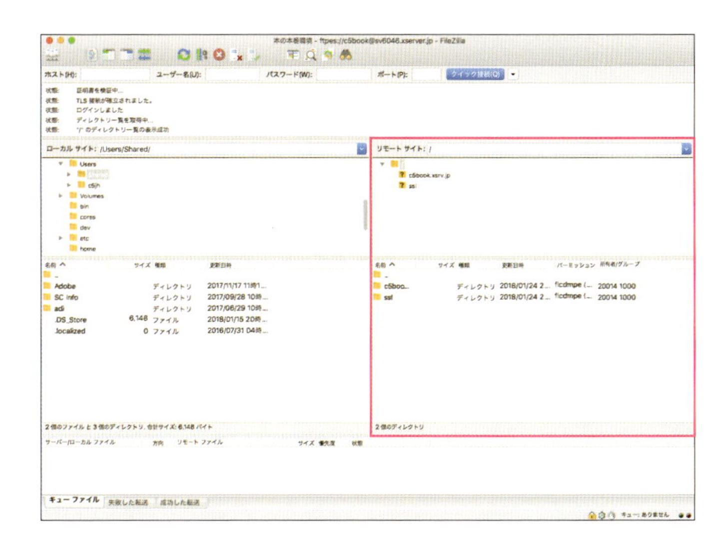

Step03 ファイルをアップロードする

concrete5を構成しているファイル群を本番環境にアップロードします。

1 ［サーバー*ID*.xsrv.jp］→［public_html］とクリックしていき、公開ディレクトリを表示します。ローカル環境（MAMP）の「concrete5」フォルダをドラッグ&ドロップします。

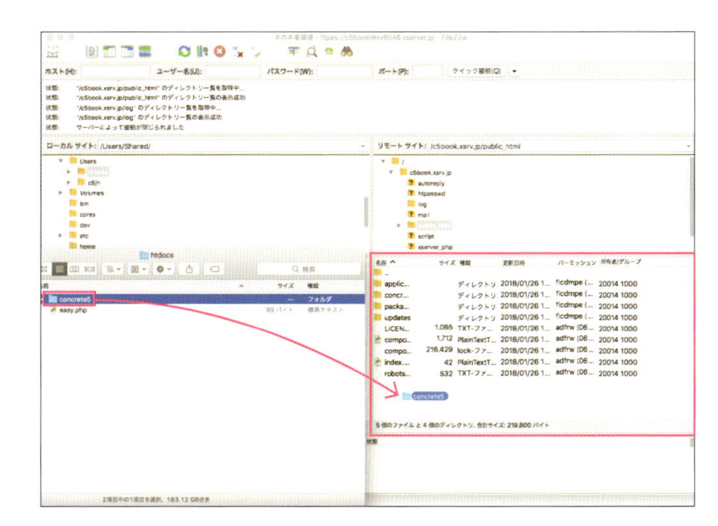

2 concrete5はファイル数が多いため、アップロードに時間がかかります。完了すると、状態が「状態:"/サーバー*ID*.xsrv.jp/public_html"のディレクトリー覧の表示成功」と表示❶され、リモートサイトのディレクトリの中に「concrete5」が表示❷されます。

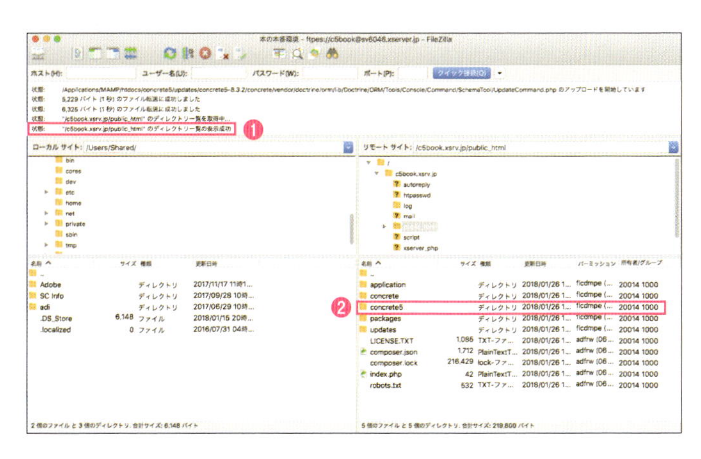

11-2 データベースを移行しよう

concrete5のサイトを表示するには、concrete5のファイルとデータベースが必要です。ローカル環境のデータベースをバックアップし、本番環境に移行しましょう。

Step01 データベースをエクスポートする

データベースのバックアップはphpMyAdmin（P.118）のエクスポート機能を使用して行います。

1 MAMPのデフォルトのPHP設定では、concrete5のデータベースのエクスポートが不完全に終わってしまうことがあるので、php.iniをテキストエディターで開いてmax_input_varsを2000に変更して保存し、MAMPを再起動します。

```
390  ; Maximum input variable nesting level
391  ; http://php.net/max-input-nesting-level
392  ;max_input_nesting_level = 64
393
394  ; How many GET/POST/COOKIE input variables may be accepted
395  max_input_vars = 2000
396
397  ; Maximum amount of memory a script may consume (128MB)
398  ; http://php.net/memory-limit
399  memory_limit = 128M
400
```

2 MAMPの「WebStart page」の「MySQL」にある［phpMyAdmin］リンクをクリックします。

3 サイドバーからローカルサイトで使用していたデータベースである［concrete5］をクリックします。

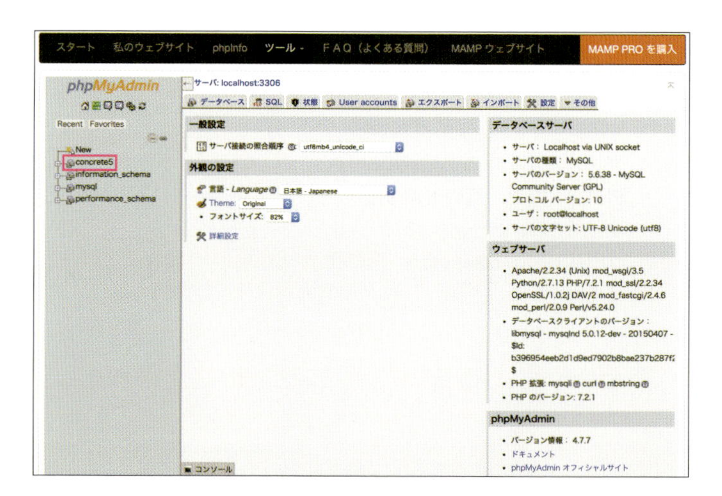

4　［エクスポート］タブをクリック❶し、［詳細］にチェック❷を入れます。

5　「出力」の［出力をファイルに保存する］にチェックを入れます。

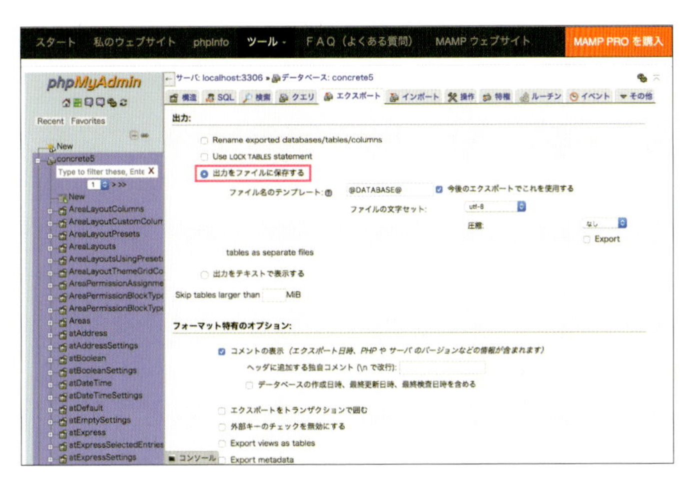

6　ページ下部の［実行］ボタンをクリックします。SQLファイルがダウンロードできたら、データベースのエクスポートは完了です。

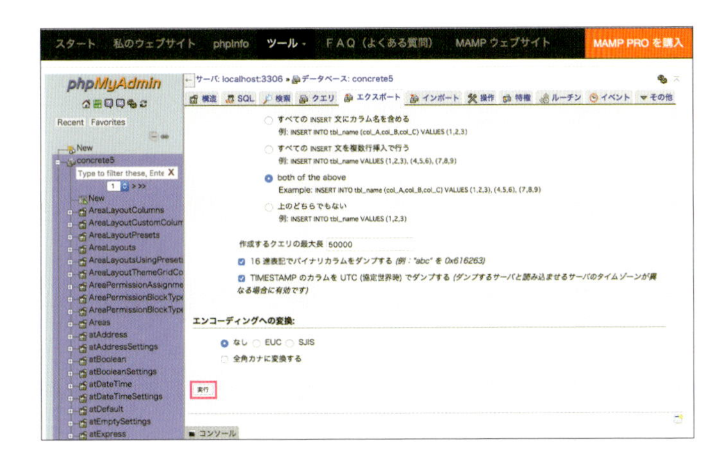

Step02 データベースをインポートする

本番環境のサーバーに用意されているphpMyAdminを使用して、バックアップしたデータベースをインポートしましょう。

1 データベースをインポートする前に、インポート先となる空のデータベースを用意します。2-3（P.31）を参照してデータベースの追加を行ってください。図は「*サーバーID*_c5book02」というデータベースを作成し、「*サーバーID*_c5book01」というMySQLユーザにアクセス権を付与した状態❶です。
サイドバーのデータベースにある［phpmyadmin(MySQL5.7)］をクリック❷してください。

2 phpMyAdminの認証画面が表示されます。ユーザー名（MySQLユーザ）とパスワード（MySQLユーザのパスワード）を入力し、［ログイン］ボタンをクリックします。

認証が必要
https://phpmyadmin-sv6046.xserver.jp
ユーザー名　c5book_c5book01
パスワード　••••••••••
キャンセル　ログイン

3 サイドバーから**1**で作成したデータベースを選択❶し、［インポート］タブをクリック❷します。

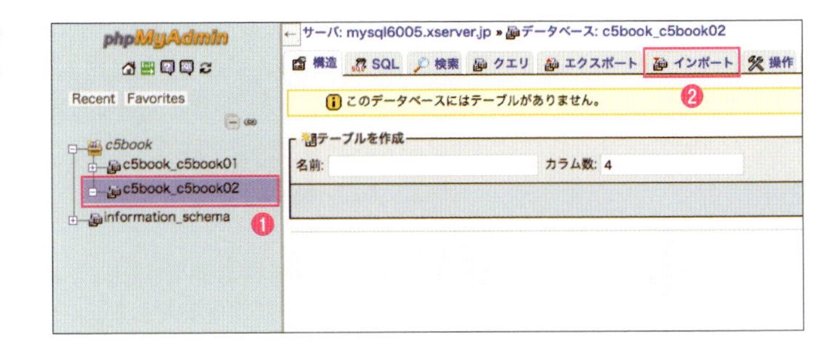

4 「アップロードファイル」の［ファイルを選択］ボタンをクリック❶し、先ほどエクスポートしたSQLファイルを選択して［実行］ボタン❷をクリックします。

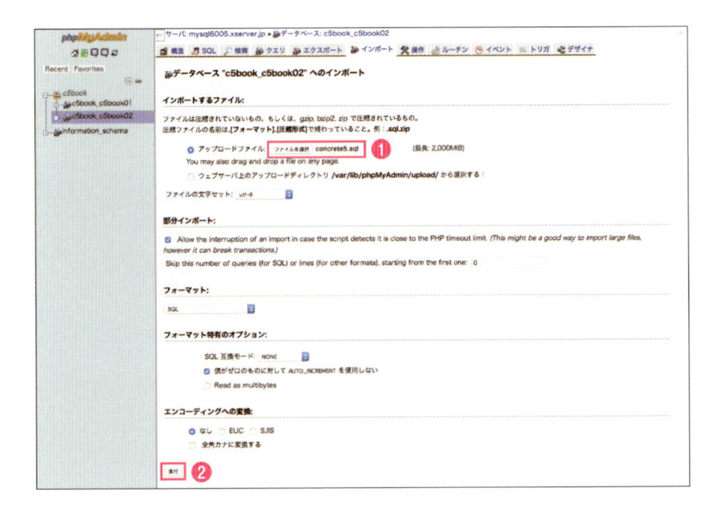

5 正常に完了すると、「インポートは正常に終了しました。」と表示されます。

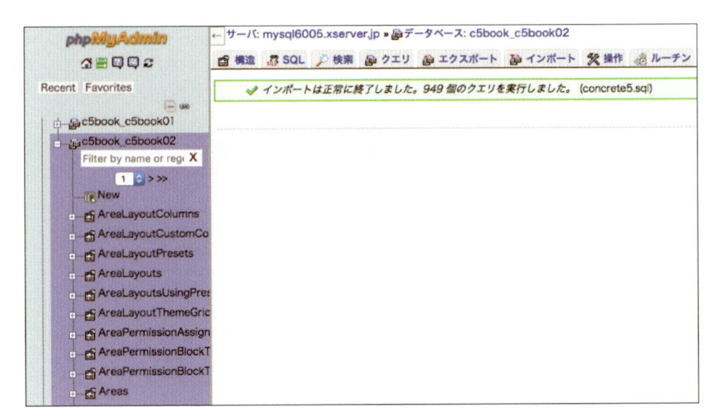

データベース情報を設定しよう

データベースの移行が完了したら、concrete5が正しいデータベースに接続できるように設定を変更しましょう。

データベース設定ファイルを変更する

concrete5がどのデータベースに接続するかを設定しているファイルを編集します。

1 リモートサイト上のapplication/config/database.phpをテキストエディターで開いて、編集しましょう。ローカル環境の該当ファイルをコピーして編集してもかまいません。

```
1  <?php¬
2  ¬
3  return.[¬
4  ....'default-connection'.=>.'concrete',¬
5  ....'connections'.=>.[¬
6  ........'concrete'.=>.[¬
7  ............'driver'.=>.'c5_pdo_mysql',¬
8  ............'server'.=>.'localhost',¬
9  ............'database'.=>.'concrete5',¬
10 ............'username'.=>.'root',¬
11 ............'password'.=>.'root',¬
12 ............'charset'.=>.'utf8',¬
13 ........],¬
14 ....],¬
15 ];¬
16
```

ホスト名
データベース名
データベースユーザー名
パスワード

2 ホスト名、データベース名、データベースユーザー名、パスワードを新しい接続先のものに変更し保存後アップロードします。コードは「' 設定項目 ' => ' 設定する値 '」として記述されています。

ソースコード Before database.php

```
1  <?php
2
3  return [
4      'default-connection' => 'concrete',
5      'connections' => [
6          'concrete' => [
7              'driver' => 'c5_pdo_mysql',
8              'server' => 'localhost',
9              'database' => 'concrete5',
10             'username' => 'root',
11             'password' => 'root',
12             'charset' => 'utf8',
13         ],
14     ],
15 ];
```

ソースコード After database.php

```
1  <?php
2
3  return [
4      'default-connection' => 'concrete',
5      'connections' => [
6          'concrete' => [
7              'driver' => 'c5_pdo_mysql',
8              'server' => 'mysql***.xserver.jp',
9              'database' => 'サーバーID_任意のデータベース名',
10             'username' => 'サーバーID_任意のユーザー名',
11             'password' => 'MySQLユーザ作成時のパスワード',
12             'charset' => 'utf8',
13         ],
14     ],
15 ];
```

CHECK! カノニカルURLの変更

URLの正規化を行うカノニカルURLを設定していた場合には、上記の手順だけでは正常にサイトが表示されず、リダイレクトされてしまいます。そのようなときは下記のファイルを編集します。
application/config/app.phpを開き、該当箇所を新しいサイトのURLに変更し保存してください。

ソースコード Before app.php

```
1  <?php
2
3  return [
4      'canonical-url' => 'http://old.example.com/',
5      'canonical-url-alternative' => 'https://old.example.com/',
6  ];
```

ソースコード After app.php

```
1  <?php
2
3  return [
4      'canonical-url' => 'http://new.example.com/',
5      'canonical-url-alternative' => 'https://new.example.com/',
6  ];
```

以上で、本番環境へのデプロイ作業は完了です。このようにデータベースをエクスポートしたファイルとconcrete5のファイルがあれば、サーバーにサイトをデプロイすることができますので、concrete5のバックアップが必要な場合は、データベースとファイルの「2つで1セット」と忘れないようにしてください。どちらか一方のファイルでも欠けてしまうと、再現することはできないので注意が必要です。

Exercise — 練習問題

レッスンではローカル環境のサイトを本番環境へデプロイしました。
おさらいとしてローカル開発環境で作っていたサイトをローカル環境に複製してみましょう。
複製後のサイトのURLはhttp://localhost/c5copyとします。

❶ローカル環境のサイトのキャッシュをクリアします。
❷MAMPのドキュメントルートにある「concrete5」ディレクトリを同じ階層にコピーして、ディレクトリ名を「c5copy」に変更します。

❸11-2を参考にデータベースをエクスポートします。
❹7-2を参考に新しいデータベースを作成します。データベース名はc5copyとしました。
❺作成したデータベースにエクスポートしたSQLファイルをインポートします。

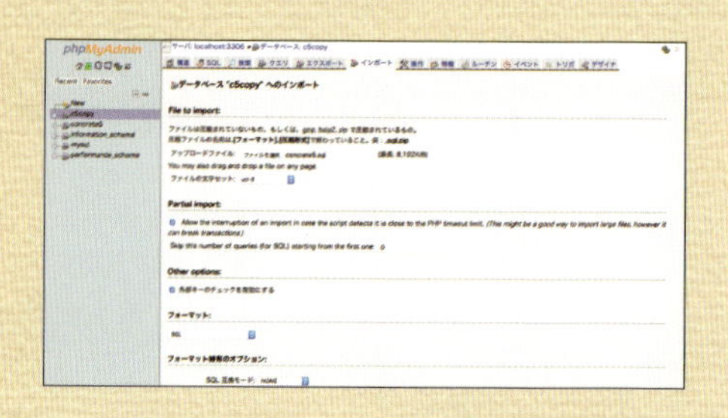

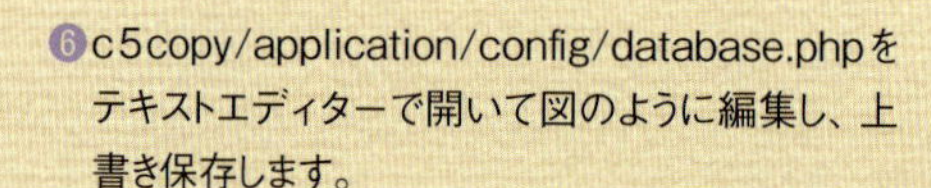

❻c5copy/application/config/database.phpをテキストエディターで開いて図のように編集し、上書き保存します。

```
1   <?php
2
3   return [
4       'default-connection' => 'concrete',
5       'connections' => [
6           'concrete' => [
7               'driver' => 'c5_pdo_mysql',
8               'server' => 'localhost',
9               'database' => 'c5copy',
10              'username' => 'root',
11              'password' => 'root',
12              'charset' => 'utf8',
13          ],
14      ],
15  ];
16
```

❼ブラウザでhttp://localhost/c5copyにアクセスして確認してみましょう。手順に間違いがなければ図のように表示されます。マップがエラーになるのはキーの制限をかけているためで正しい動作となります。

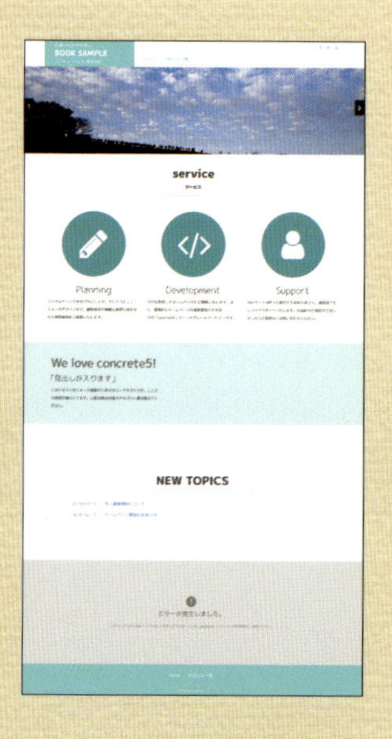

権限とワークフローを設定しよう

An easy-to-understand guide to concrete5

Lesson 12

このレッスンでは、concrete５の権限設定とワークフローについて学習します。concrete５には権限モードが2種類あります。それぞれの特徴を学び、実際にサンプルサイトに権限設定をしてみましょう。

仕様の確認と権限設定の準備

権限設定をするには、どのような仕様であるかをきちんと把握する必要があります。ここではconcrete5の権限モードと、チュートリアルでサンプルサイトに設定する権限の仕様を確認し、権限を設定するための準備をします。

シンプル権限モードと上級権限モード

concrete5には2つの権限モードがあり、インストール時の「シンプル権限モード」と管理画面から切り換えることで有効になる「上級権限モード」があります。上級権限モードではより細かな設定ができるようになりますが、一度切り換えたあとは管理画面からシンプル権限モードに戻すことができなくなるので注意が必要です。
シンプル権限モードは、ページの表示と編集に関する権限、サイト自体の閲覧権限などざっくりとグループ単位で設定できます。
上級権限モードは、ページなどの権限をより細かく設定したい場合やワークフローを利用したい場合に使うモードで、次のようなことができるようになります。

- **ページの閲覧、編集、公開などの細かな権限**
- **サブページ権限(作成される子ページの権限)**
- **ページタイプで作成されたページの権限(ページタイプのデフォルトの権限)**
- **エリアの閲覧、編集、公開などの権限**
- **エリアに追加できるブロックの制限**
- **ブロックの閲覧、編集、削除**
- **グループセットの作成**

すでに作成されたページの権限設定は自動では変わらないので、通常はページを追加する前に権限設定を行います。

ユーザーとグループ

concrete5では基本的にユーザーグループ、ユーザー、グループセット、グループの組み合わせで権限を設定することができます。項目によっては、ページ所有者やファイルアップローダー、メッセージ投稿者で設定もできます。

ユーザーグループ	ユーザーグループに含まれているユーザーアカウント
ユーザー	特定のユーザーアカウント
グループセット	グループセット内のいずれかのグループに含まれているユーザーアカウント ※グループセットを作成するには上級権限モードにする必要があります。
グループの組み合わせ	複数のグループすべてに含まれているユーザーアカウント
ページ所有者	ページの投稿者に設定してあるユーザーアカウント
ファイルアップローダー	ファイルをアップロードしたユーザーアカウント ※ファイルアップローダーはあとから変更することはできません。
メッセージ投稿者	コメントを投稿したユーザーアカウント ※メッセージ投稿者はあとから変更することはできません。

ユーザーグループについて

ユーザーグループはユーザーをグループ分けする機能です。1ユーザーが複数のグループに所属することも可能で、グループもツリー構造で管理することができます。
デフォルトのユーザーグループは3つあります。

ゲスト	ユーザー登録をしていないサイト訪問者
登録ユーザー	ユーザー登録をしたユーザー →自動で割り当てられる
管理者	任意のユーザーを追加できる →手動で割り当てる

サイト管理に関する基本的な権限設定には、これらのグループが使用されています。
ゲストにできることは、除外しない限りすべてのユーザーで行えます。また、左記の3つのほかにもユーザーグループを任意で追加することができます。

COLUMN

権限設定にとらわれないスーパーユーザー

デフォルトで追加されているのはadminというユーザーアカウントのみです。このアカウントはインストール時に作成されるスーパーユーザーで、スーパーユーザーは権限設定とは関係なしにconcrete5の機能にアクセスできます。ただし複数のスーパーユーザーアカウントを作成することはできません。
なお、スーパーユーザーではないユーザーアカウントの追加は、管理者が管理画面から行うほか、ユーザー登録を公開してウェブサイトから登録可能にすることもできます。

登場人物と役割分担

今回設定する権限設定の仕様は下記のとおりです。

- **デフォルトの管理者とは別に、お知らせ記事ページを新規作成、編集できるユーザーを追加する**
- **その編集者が行った変更はすぐには反映されず、管理者が承認するまで公開されない**
- **編集者は自分が投稿したお知らせ記事以外の編集権限はない**
- **編集者と管理者は複数人に増える可能性がある**

このことから今回の権限設定において2種類のユーザーグループが必要になります。

編集者グループ	ウェブサイトのお知らせ記事を作成、編集できる。変更は管理者が承認するまで公開されない。その他の管理画面へのアクセスはできない。
管理者グループ	ウェブサイトの管理者としての投稿や編集、管理画面へのアクセスなど基本的な管理者機能に加え、編集者が行った変更を承認する権限もある。

Step01 ユーザーグループを作成する

まずは、デフォルトにない編集者用のグループを作成します。

1 ツールバー右上のアイコン→［メンバー］→［ユーザーグループ］の順にクリック❶し、［グループを追加］ボタンをクリック❷します。

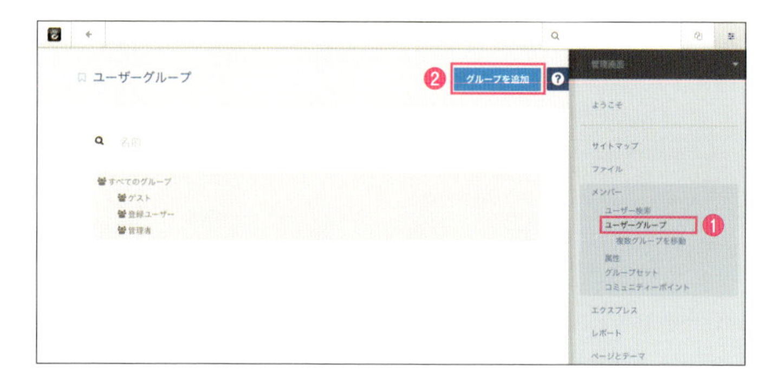

2 名前に「編集者」と入力❶し、［グループを追加］ボタンをクリック❷します。

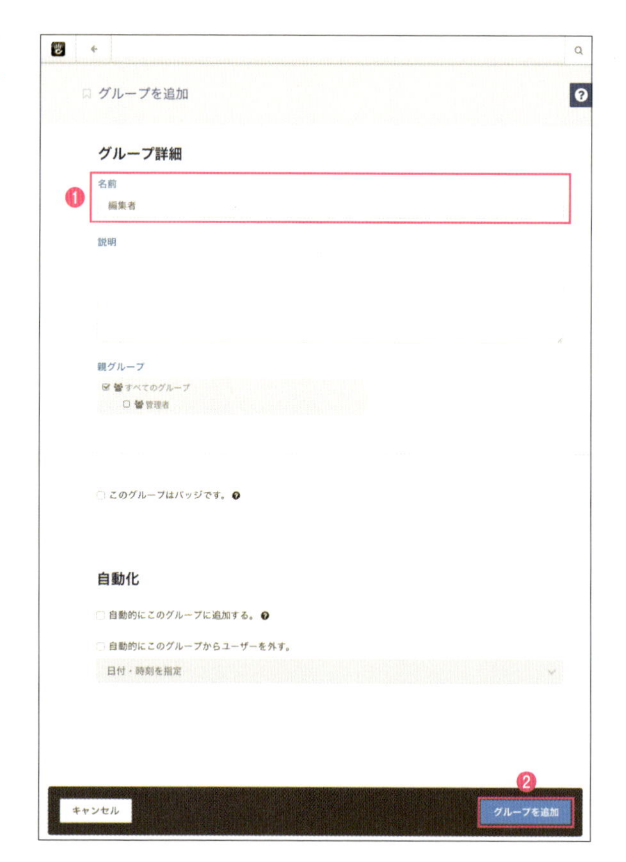

3 以上で、ユーザーグループを追加できました。

Step02 編集者ユーザーを追加する

先ほど作成した編集者グループに所属するユーザーアカウントを作成します。

1 ツールバー右上の☰アイコン→［メンバー］の順にクリック❶し、［ユーザーを追加］をクリック❷します。

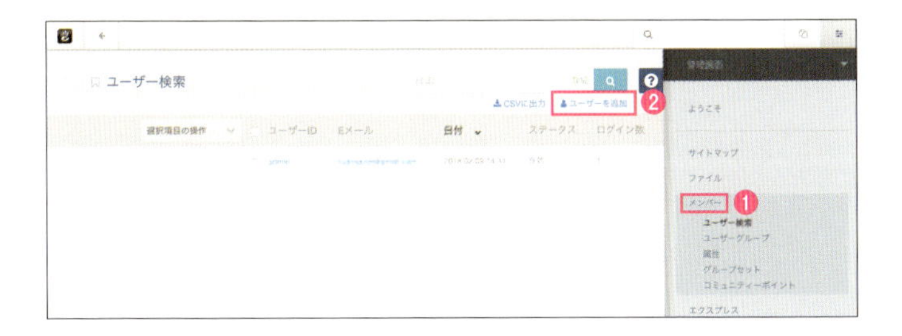

2 下記のとおりユーザー情報を入力し、［新規］ボタンをクリックします。

ユーザーID	editor
パスワード	アカウント「editor」用のパスワードを入力
メールアドレス	アカウント「editor」用のメールアドレスを入力
グループ	「編集者」にチェックを入れる

3 以上で、編集者グループに所属する「editor」というアカウントが作成できました。今はグループとユーザーを作成しただけで、何も権限の設定をしていないので、ユーザーアカウント「editor」でログインしても、ページを編集することはできません。

Step03 上級権限モードにする

権限設定をするためにシンプル権限モードから上級権限モードに変更します。

1 ツールバー右上の[アイコン]アイコン→［システムと設定］の順にクリック❶し、「権限とアクセス」にある［上級権限モード］をクリック❷します。

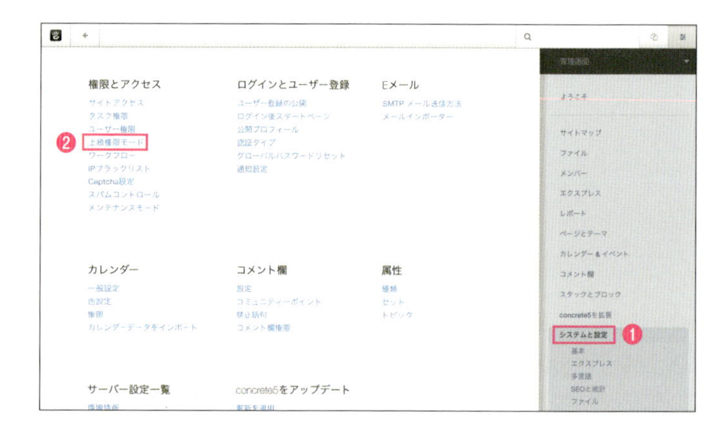

2 確認画面が表示されるので［上級権限モードを有効にする］ボタンをクリックします。これで上級権限モードが有効になりました。準備は完了したので、次から権限設定をしていきます。

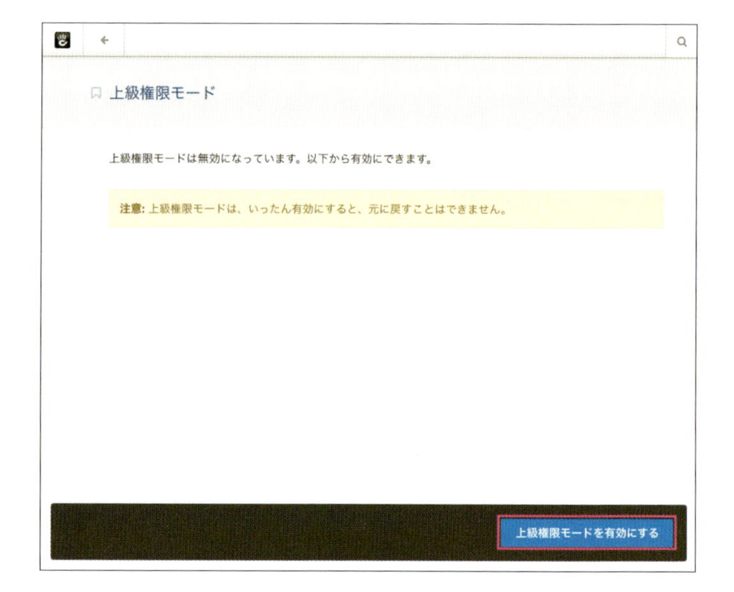

編集に必要な権限を与える

まずは「編集者」グループに属するユーザーが、サイトを編集する際に必要になる基本的な権限を設定していきます。

Step01 サイトマップのアクセスを許可する

ページを追加するときの場所選択や他のページへのリンクを追加したいときなど、ページを編集するさまざまな場面でサイトマップの表示が必要となります。編集者がサイトマップを表示できるようにアクセスを許可しましょう。

1 ツールバー右上の アイコン→[システムと設定]の順にクリック❶し、「権限とアクセス」にある[タスク権限]をクリック❷します。

2 これが権限設定の画面です。[サイトマップへのアクセス]をクリックします。

3 「含む」の横にある[新規]ボタンをクリックします。

サイトマップへのアクセス
含む 新規
管理者
除外 新規
なし
キャンセル 保存

4 「選択」の中から[グループ]をクリックします。

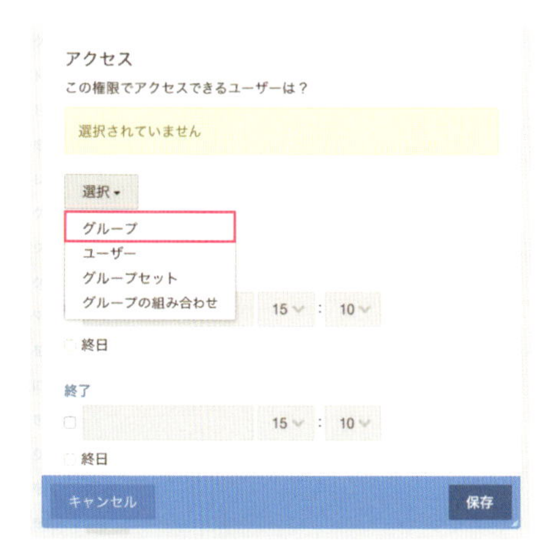

5 ユーザーグループの一覧が表示されるので、[編集者]をクリックします。

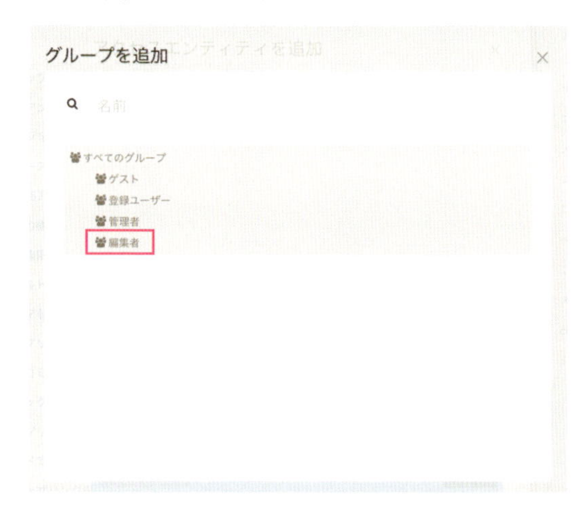

6 アクセスに「編集者」グループを選択できた❶ので、[保存]ボタンをクリック❷します。

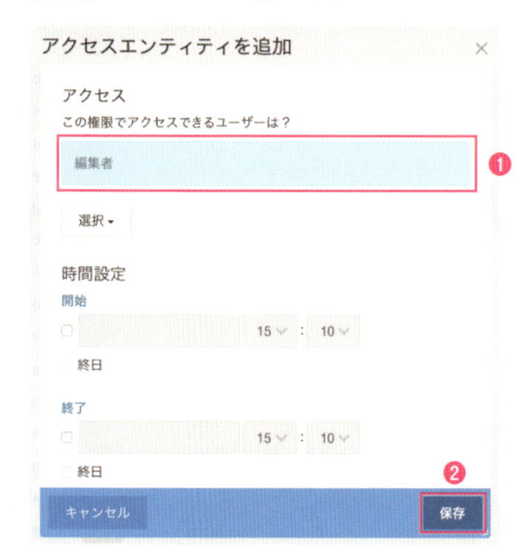

7 「含む」に「編集者」グループが追加されたのを確認❶したら[保存]ボタンをクリック❷します。

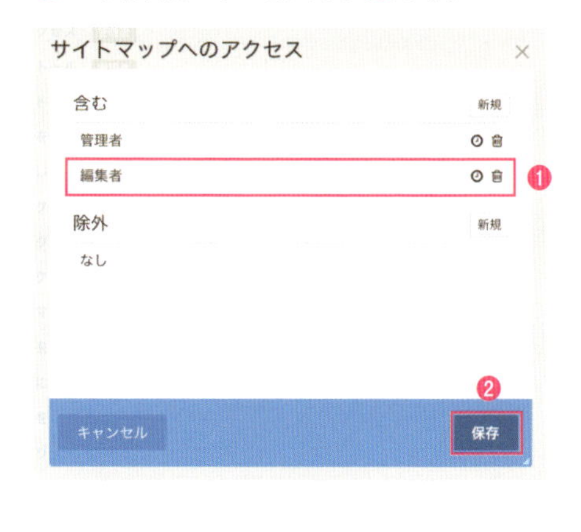

8 タスク権限の設定画面に戻るので、[サイトマップへのアクセス]に「編集者」が追加されたことを確認❶し、[保存]ボタンをクリック❷します。

9 続いてツールバー右上の アイコン→［サイトマップ］の順にクリック❶し、フルサイトマップページを開きます。［ホーム］をクリックし、メニューの中の［権限］をクリック❷します。

10 ［サイトマップでページを表示］をクリックします。

11 3～7と同じように「編集者」グループを追加❶し、［変更を保存］ボタンをクリック❷します。

COLUMN

権限設定の方法について

concrete5の基本的な権限設定の画面では、左側の項目に対して右側でどのような権限設定がなされているかを確認できます。権限を設定したい項目名をクリックすると設定画面が現れます。項目によっては詳細タブなどがあり、より細かく設定することができます。
たとえば、ページの編集権限を設定したとき、「含む」に設定されているグループに所属しているユーザーが編集ができるようになり、「除外」に設定されているグループに所属しているユーザーは、「含む」に設定されているグループに所属していたとしても編集ができません。
「含む」と「除外」はそれぞれ[新規]ボタンから権限の対象を追加できます。同時に権限の時限設定もここから行うことができます。時限設定をした場合は、設定画面の時計アイコンの色が変化します。時限設定はあとから変更することもできます。
またゴミ箱アイコンをクリックすれば、権限設定からユーザーやグループを削除できます。

権限設定は内容によって色が異なり、通常がグレー、時限設定した対象がブルー、除外設定した対象がレッド、時限指定で除外した対象がオレンジになります。

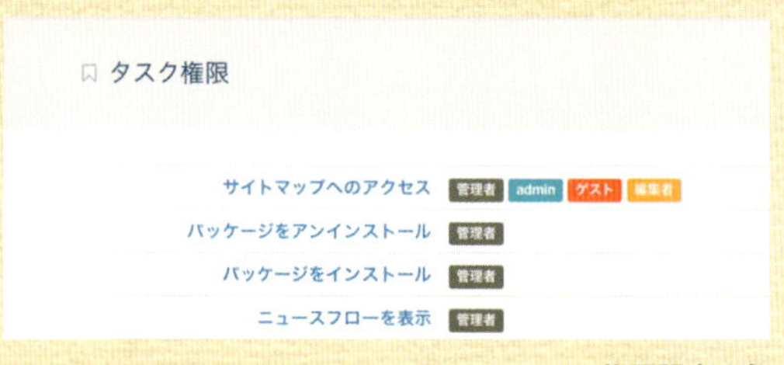

権限設定の色

設定画面で何も設定しないと「なし」となり、スーパーユーザーでしかアクセスできないことになります。
なお、権限設定画面は[保存]ボタンが多いので、設定が完了したら忘れずに最後まで保存するよう気をつけてください。

Step02 ブロックの追加を許可する

ブロックはページにコンテンツを追加する際に必要となります。ページタイプの出力で設定してあるブロック以外に編集者が任意にブロックを追加できるようにしたい場合は、追加を許可する設定をします。

1 ツールバー右上の アイコン→[スタックとブロック]の順にクリックし、管理画面パネルの[ブロックとスタック権限]をクリックします。

2 [ブロックを追加]をクリックします。

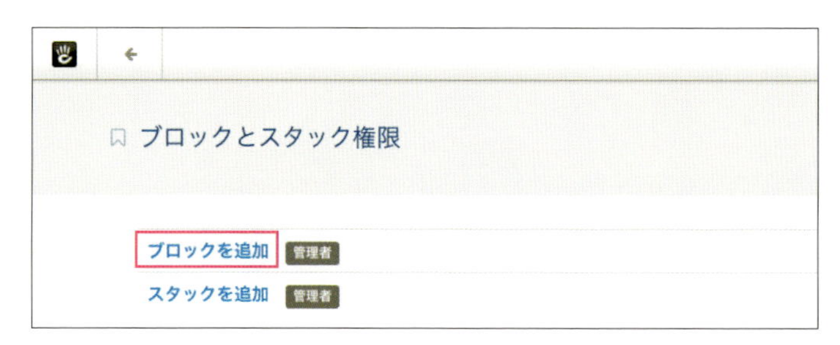

3　「含む」の横にある[新規]ボタンをクリックします。

4　「選択」の中から[グループ]をクリックします。

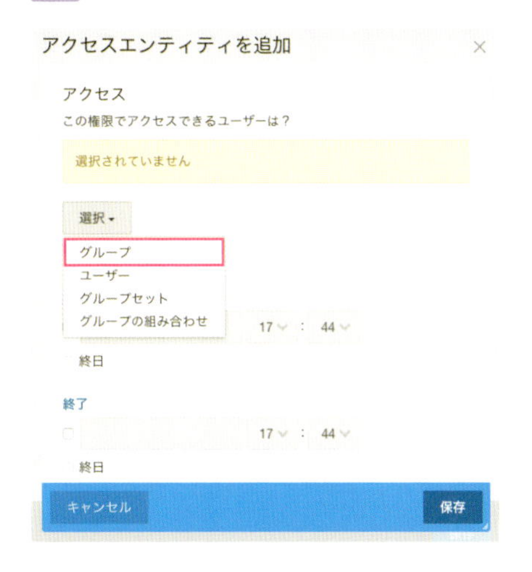

5　ユーザーグループの一覧が表示されるので、[編集者]をクリックします。

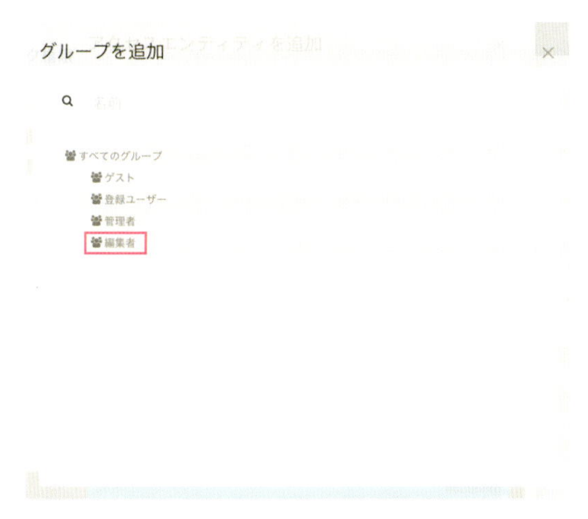

6　アクセスに「編集者」グループを選択❶できたので、[保存]ボタンをクリック❷します。

アクセスエンティティを追加
アクセス
この権限でアクセスできるユーザーは？
編集者 ❶
選択
時間設定
開始
終日
終了
終日
キャンセル　保存 ❷

7　「含む」に「編集者」グループが追加されたのを確認❶したら[保存]ボタンをクリック❷します。

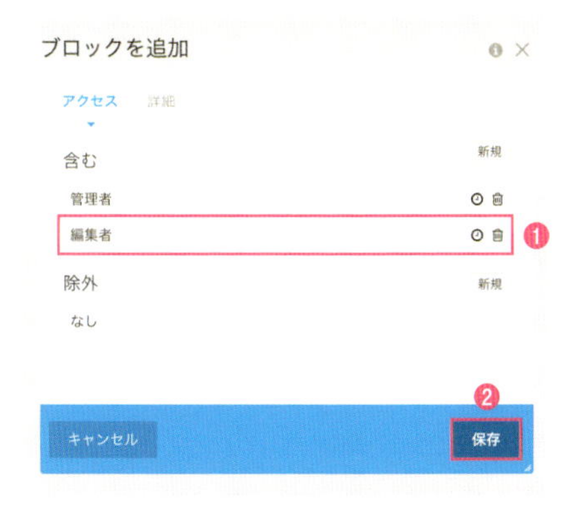

8　ブロックとスタック権限の設定画面に戻るので、[ブロックを追加]に「編集者」が追加されたことを確認❶し、[保存]ボタンをクリック❷します。

ブロックとスタック権限
ブロックを追加　管理者　編集者 ❶
スタックを追加　管理者
保存 ❷

Step03 ファイルのアップロードを許可する

編集者がファイルをアップロードし、サムネイル画像の設定や画像やファイルへのリンクを記事に追加する場合、ファイルのアップロードを許可する設定をしておく必要があります。

1 ツールバー右上の☰アイコン→［システムと設定］の順にクリック❶し、「ファイル」にある［ファイルマネージャー権限］をクリック❷します。

2 ［ファイルフォルダ検索］をクリックします。

3 「サイトマップへのアクセス」(P.209)や「ブロックを追加」(P.212)を参考に、「編集者」グループを「含む」に追加します。

4 ［ファイルフォルダ検索］の横の「管理者」と「編集者」を、［ファイルを追加］の行へドラッグ&ドロップします。このように権限設定が同じ場合には、ドラッグ&ドロップでコピーすることができます。

5 次に［ファイルフォルダ編集］をクリックします。

6 「含む」の横の［新規］ボタンをクリックしたら、「選択」から［ファイルアップローダー］を選択❶し、［保存］ボタンをクリック❷していきます。

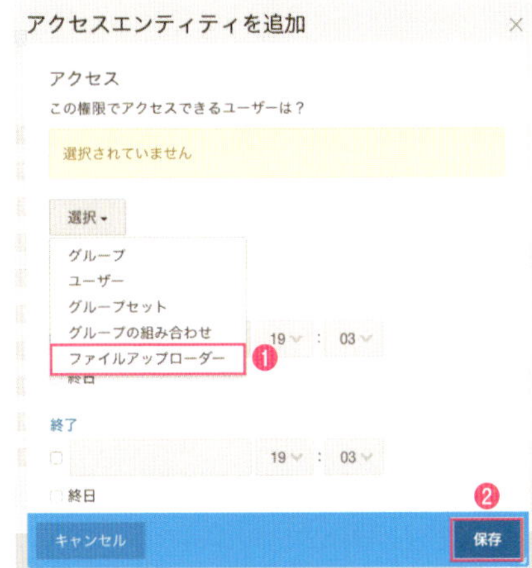

7 ［ファイルフォルダ編集］の権限が「管理者」と「ファイルアップローダー」になっているのを確認し、［ファイルのプロパティーを編集］の行へドラッグ&ドロップして設定をコピーします。

8 同様に［ファイルの内容を編集］［ファイルをコピー］❶［ファイルを削除］❷にも権限設定をコピーし、設定が完了したら［保存］ボタンをクリック❸します。

12-3 ページに権限を設定しよう

基本的な権限設定が完了しましたが、まだ「編集者」グループのユーザーはページを編集することができません。それはページに権限設定をしていないためです。お知らせ記事とお知らせ一覧ページに権限を設定し、「編集者」グループのユーザーが編集できるようにします。

権限の割り当てと継承について

concrete5はページごとに権限設定を行うことができ、上級権限モードの場合は、閲覧の可否のほか編集やサブページ追加などについても細かく設定ができます。
権限の割り当て方法として、「上位階層から継承する」か、「ページタイプのデフォルトから」権限設定を継承するか、直接ページに「手動で」権限設定するかを選べます。
また、そのページの下に追加したページの権限をどうするか「サブページ権限」を設定でき、「このページの権限を継承する」か「ページタイプのデフォルトの権限設定を継承する」かを選べます。このサブページ権限は、追加済みのページに対しては反映されないため、できるだけ最初の段階で設定しておく必要があります。

権限設定の管理について

このように細かくページに権限設定ができますが、権限設定したページの一覧表示といった機能はないため、どのページにどんな権限設定をしたのかがわからなくならないように注意する必要があります。ページが増えるにつれ管理が大変になってしまうため、お知らせ記事などの運用時に増えるページについては、ページタイプの権限に設定することをおすすめします。そうすることで追加したあとでも、ページタイプの設定から記事の権限設定をまとめて変更できるからです。
それでは、お知らせ記事のページタイプに権限を設定していきましょう。

Step01 お知らせ記事のページタイプに権限を設定する

1 ツールバー右上の アイコン→[ページとテーマ]→[ページタイプ]の順にクリック❶し、ページタイプの設定画面が開いたら、お知らせ記事の[権限]ボタンをクリック❷します。

2 まず、「このページタイプの権限」を設定します。［このタイプのページを追加］をクリックし、12-2で学習した設定方法を参考に「編集者」グループを追加してください。

3 次に「このページタイプで作成されたページの権限」を下記のとおり設定し［保存］ボタンをクリックします。ドラッグ&ドロップでのコピーも活用し設定するといいでしょう。「ページ所有者」は、権限を付与する先を選択する画面で選ぶことができます。

項目	［含む］に設定
表示	「ゲスト」グループ
バージョンを表示	「管理者」グループ、ページ所有者
サイトマップでページを表示	「管理者」グループ、「編集者」グループ
ユーザーとしてプレビュー	「管理者」グループ、ページ所有者
プロパティーを編集	「管理者」グループ、ページ所有者
コンテンツを編集	「管理者」グループ、ページ所有者
スピード設定を編集	「管理者」グループ
テーマを変更	「管理者」グループ
ページテンプレートを変更	「管理者」グループ
ページタイプを編集	「管理者」グループ
権限を編集	「管理者」グループ
削除	「管理者」グループ、ページ所有者
バージョンを削除	「管理者」グループ、ページ所有者
変更を承認	「管理者」グループ、ページ所有者
サブページを追加	「管理者」グループ
ページの移動またはコピー	「管理者」グループ、ページ所有者
期間指定ゲストアクセス	「管理者」グループ、ページ所有者
多言語設定を編集	「管理者」グループ

Step02 お知らせ一覧ページに権限設定をする

お知らせ記事のページタイプに権限設定しただけでは、編集者がお知らせ一覧ページにサブページを追加する権限がないのでページを追加できません。また、concrete5のデフォルトのサブページ権限が「このページの権限を継承する」設定になっているので、記事の公開先であるお知らせ一覧ページの権限がお知らせ記事に継承されてしまいます。お知らせ一覧ページの権限を変更し、設定した権限でサブページが追加できるように設定しましょう。

1 ツールバー右上の アイコン→［サイトマップ］の順にクリック❶し、フルサイトマップページを開きます。［お知らせ一覧］をクリックし、メニューの中の［権限］をクリック❷します。

2 「権限を割り当てる」のセレクトボックスを［手動で］に変更します。

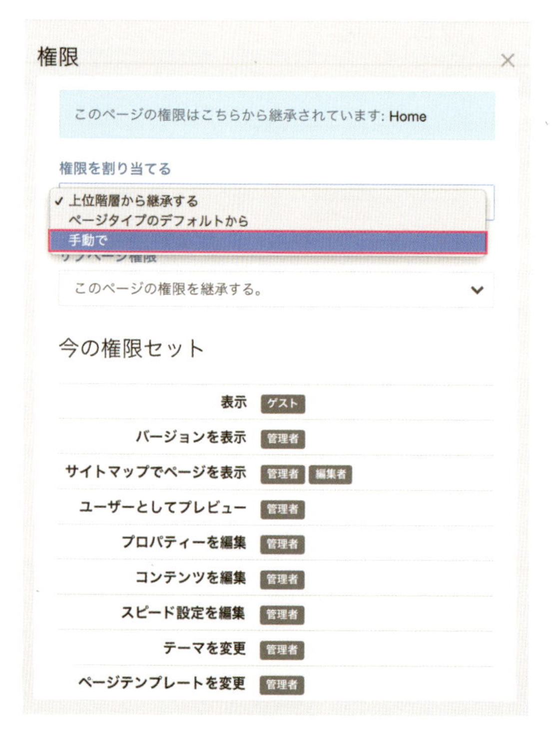

3 「変更を確認」ポップアップが表示されるので［Ok］ボタンをクリックしてください。

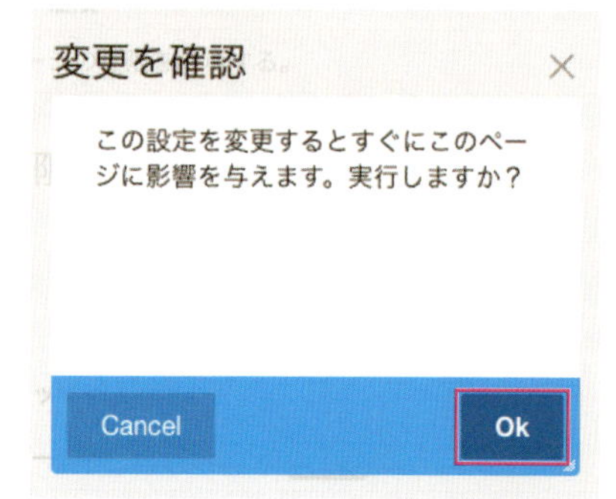

4 続いて「サブページ権限」を［ページタイプのデフォルトの権限設定を継承する。］に変更します。この設定で、今後このページの下に追加されたページは、ページタイプのデフォルトの権限設定を継承するようになります。

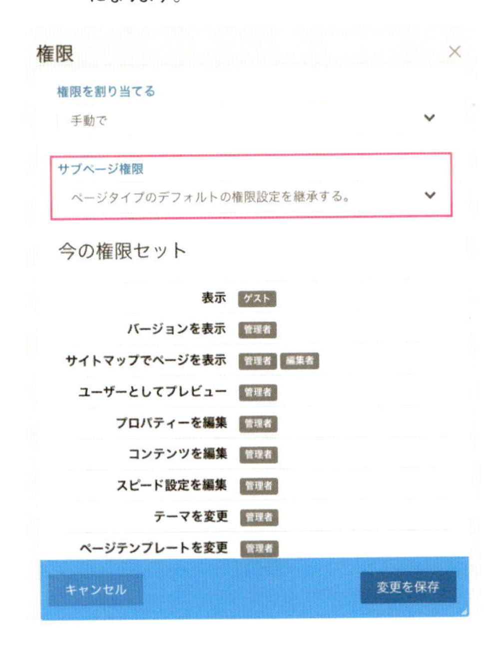

5 ［サブページを追加］の権限に「編集者」グループを追加します。［サイトマップでページを表示］の横の「管理者」と「編集者」を、「サブページを追加」の行へドラッグ&ドロップ❶し、設定をコピーするといいでしょう。設定が終わったら［変更を保存］ボタンをクリック❷します。

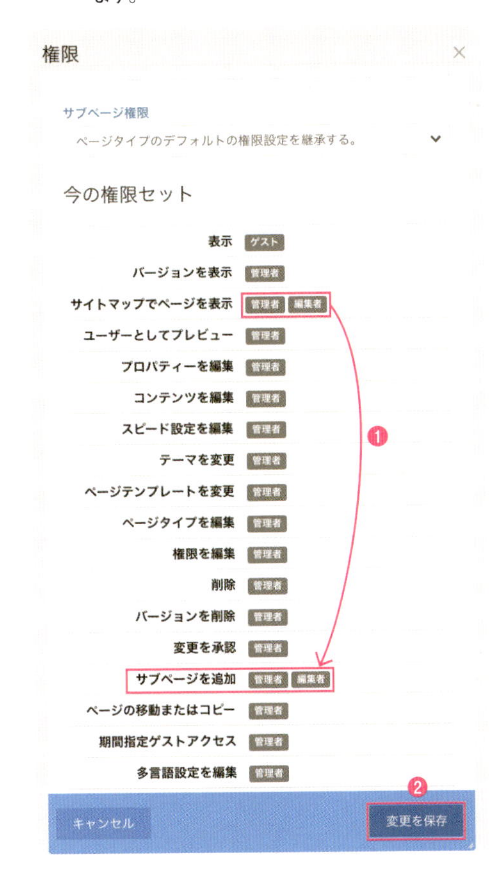

Step03 下書きの権限設定をする

concrete5にはページを作成する際に下書き保存する機能があります。「編集者」グループのユーザーも下書き機能を利用できるように権限設定をしましょう。コンポーザーでは自動保存が実行されるので、下書き機能を利用しない場合も権限の設定が必要となります。

1 フルサイトマップページの右上にある［オプション］をクリックし、［サイトマップにシステムページを含める］をクリックします。

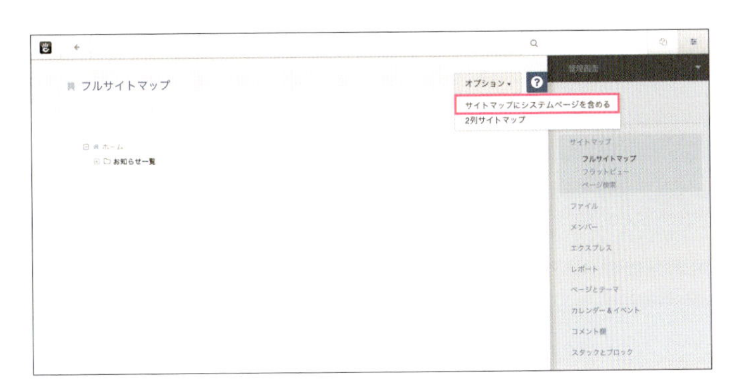

2　フルサイトマップにシステムページが表示されるようになるので、その中の［下書き］をクリックし、現れたメニューから［権限］をクリックします。

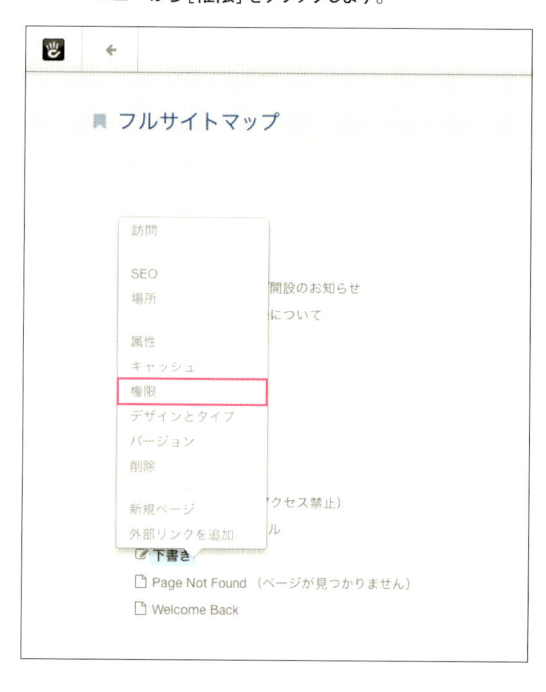

3　［削除］❶と［変更を承認］❷に「編集者」グループを含めます。設定が終わったら［変更を保存］ボタンをクリック❸します。

4　フルサイトマップの［オプション］で［サイトマップにシステムページを含める］をクリックし、チェックを外しておいてください。システムページの表示が必要なとき以外は非表示にしておくことで、意図しない設定をしてしまうのを防ぎます。

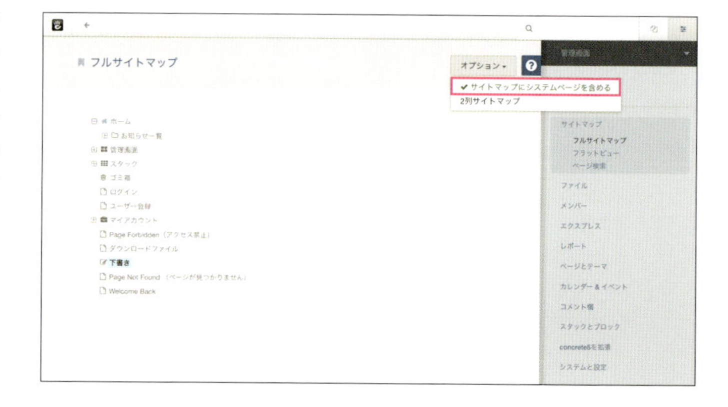

以上の設定で、「編集者」グループに所属するユーザーがお知らせ記事を投稿できるようになりました。作成した編集者ユーザー「editor」でログインし、ツールバーから「お知らせ記事」の投稿をテストしてみましょう。うまく投稿できなかったら、このLessonの設定を再度、見直してみてください。

Step04 追加済みのページに権限設定をする

権限設定をする前にすでに投稿していたページには、ページタイプの権限設定が適用されていません。あとから混乱しないように、この時点で設定をそろえておきましょう。なお、前項の投稿テストを編集者ユーザー(editor)でログインして行っている場合は、管理者ユーザー(admin)でログインしなおしてください。

1 ツールバー右上のアイコン→[サイトマップ]の順にクリック❶し、フルサイトマップページを開きます。[ホームページ開設のお知らせ]をクリックし、メニューの中の[権限]をクリック❷します。

2 「権限を割り当てる」のセレクトボックスを[ページタイプのデフォルトから]に変更します。

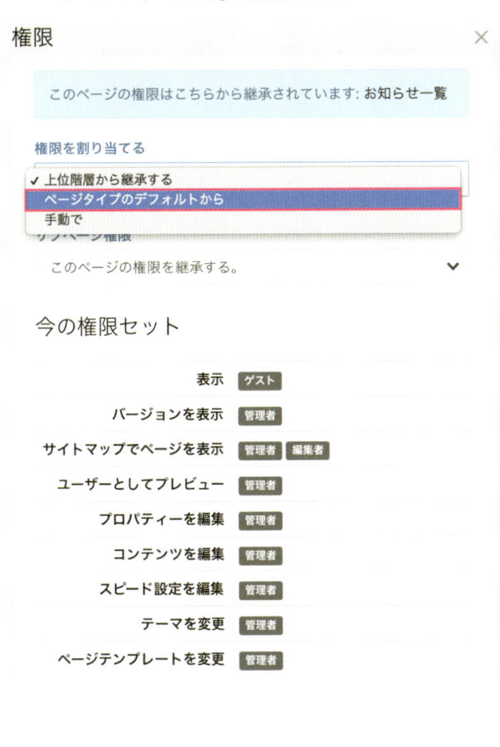

3 「変更を確認」ポップアップが表示されるので[Ok]ボタンをクリック❶し、右上の[×]をクリック❷してください。

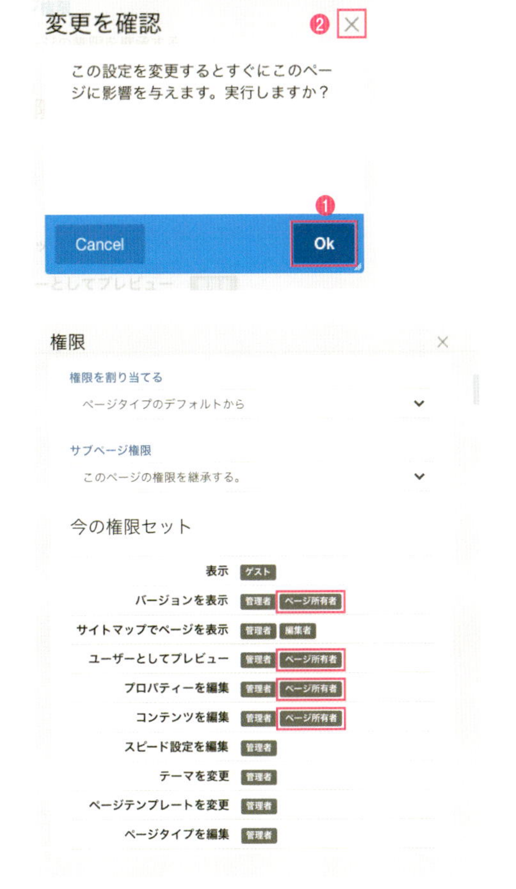

4 同様に「求人募集開始について」の権限の割り当て設定も変更したら完了です。

12-4 ワークフローを設定しよう

concrete5には1段階の承認ワークフローが標準で実装されています。お知らせ記事にワークフローを設定し、承認ワークフローについて学習しましょう。

ワークフローとは

ワークフローは複数のユーザーやグループで、サイトを運用する際に便利な機能です。組織でサイトを運用する場合、先ほどの権限設定のように編集者すべてが即時公開できると困ることがあるでしょう。そのようなときは承認ワークフローを設定することで、編集者が編集した内容を公開する前に承認者が確認し、承認（公開）するか却下するかを選ぶことができるようになります。
具体的な機能としては次のとおりです。

- **ページごとに異なるワークフローを設定できる**
- **ページ、スタック（P.272）、ブロックなどが対象**
- **メールで通知（申請・承認・却下）**
- **ワークフローの確認待ちを管理画面から確認**

ワークフローを使用するには上級権限モードを有効にし、ワークフローを適用するユーザーやユーザーグループを用意しておく必要があります。本書をここまで進めている場合は、問題なく準備が完了しているはずです。

COLUMN

多段階ワークフロー

標準では1段階の承認ワークフローですが、有償のエンタープライズアドオンとして多段階ワークフローが販売されています。多段階ワークフローを導入すると、より複雑な承認ワークフローの作成が可能になります。詳細はコンクリートファイブジャパン株式会社のページ（https://concrete5.co.jp/services/enterprise-packages/multistep-workflow）を確認してください。

Step01 ワークフローを追加する

1 ツールバー右上の アイコン→［システムと設定］の順にクリック❶し、「権限とアクセス」にある［ワークフロー］をクリック❷します。

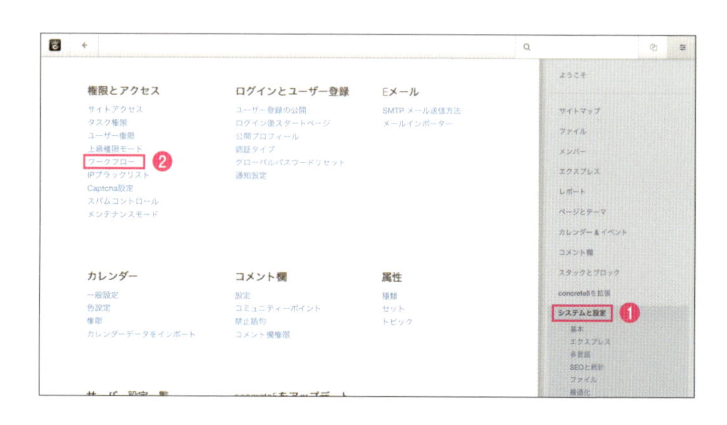

2 ［ワークフローを追加］ボタンをクリックします。

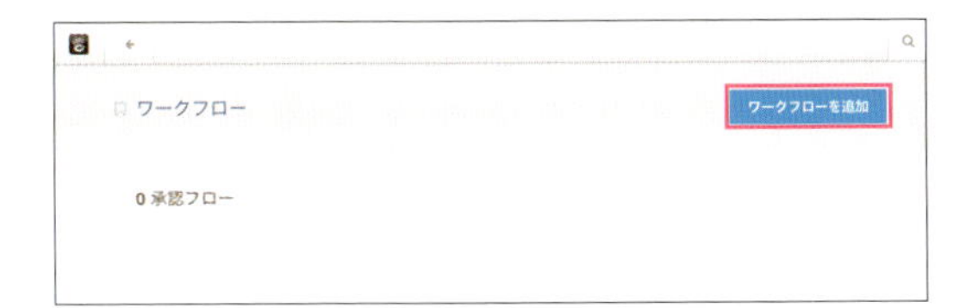

3 名前に「基本」と入力❶し、［新規］ボタンをクリック❷します。タイプは標準では1つからしか選択できないので「Basic Workflow」のままで進んでください。

4 ワークフローが正常に作成できたら、詳細を設定します。［詳細を編集］ボタンをクリックしてください。

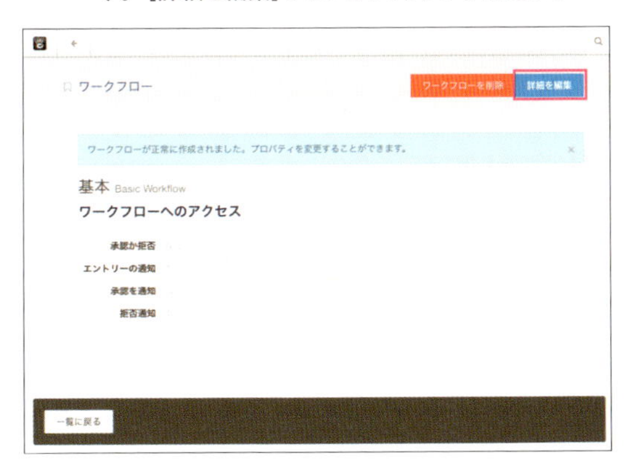

5 権限設定と同様の方法でワークフローに関わる項目の設定ができます。［承認か拒否］❶の「含む」に「管理者」グループを追加し、［保存］ボタンをクリック❷してください。

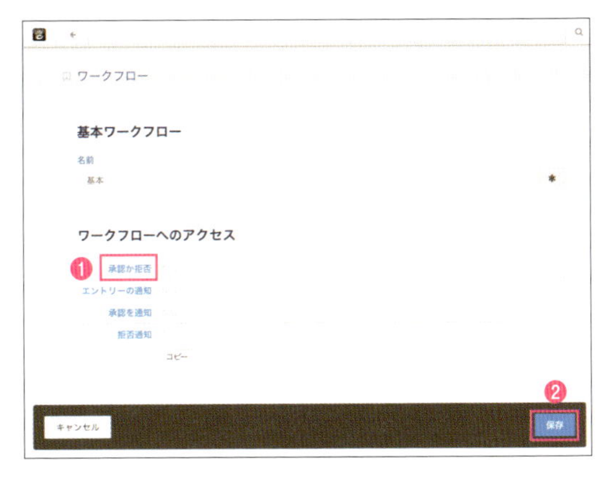

6 「ワークフローが更新されました。」とメッセージが表示されたら、ワークフローの作成は完了です。

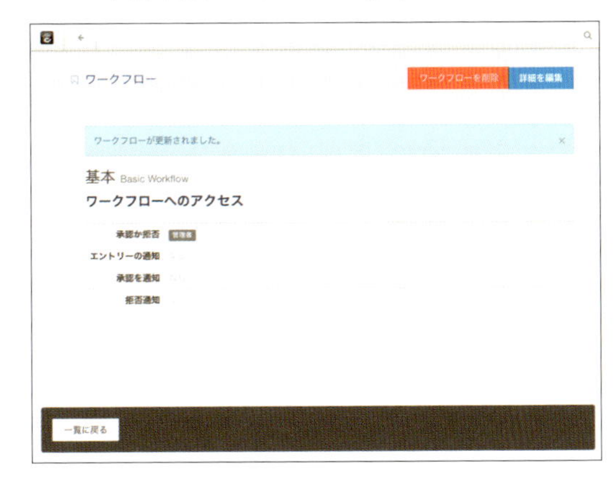

CHECK!

ワークフローの詳細設定内容について

承認か拒否	承認と拒否ができるユーザー／グループ
エントリーの通知	ワークフローへ送信されたエントリー（更新）の通知を受けるユーザー／グループ
承認を通知	エントリーが承認された場合の通知を受けるユーザー／グループ
拒否通知	エントリーが拒否された場合の通知を受けるユーザー／グループ

通知に関する設定は通常の権限設定と違い「なし」＝「スーパーユーザーのみ」ではないので、スーパーユーザーにメール通知が届くわけではありません。

Step02 ワークフローの対象を設定する

1 ツールバー右上の☰アイコン→[ページとテーマ]→[ページタイプ]の順にクリック❶し、ページタイプの設定画面が開いたら、お知らせ記事の[権限]ボタンをクリック❷します。

2 「このページタイプで作成されたページの権限」の[削除]をクリックします。

3 [ワークフロー]タブをクリック❶して、「この権限にワークフローを設定」部分に表示されている先ほど作成した[基本]にチェックを入れ❷、[保存]ボタンをクリック❸します。

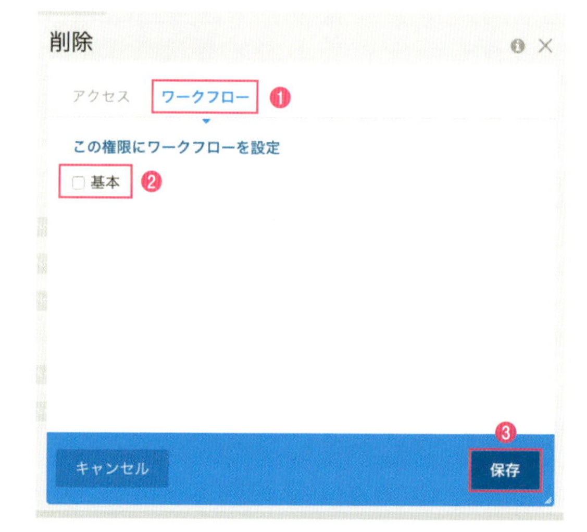

4 ［バージョンを削除］と［変更を承認］にも同じようにワークフローを設定❶します。「管理者」と「ページ所有者」部分は変わらないので、［削除］の行をドラッグ&ドロップでコピーし設定してください。3で行ったワークフローの設定は継承されます。その後、［保存］ボタンをクリック❷します。

以上で、ワークフローの設定が完了しました。
実際に「管理者」グループに入っていないユーザーで編集すると、［変更を公開］ボタンが［ワークフローに送信］ボタンに変化します。

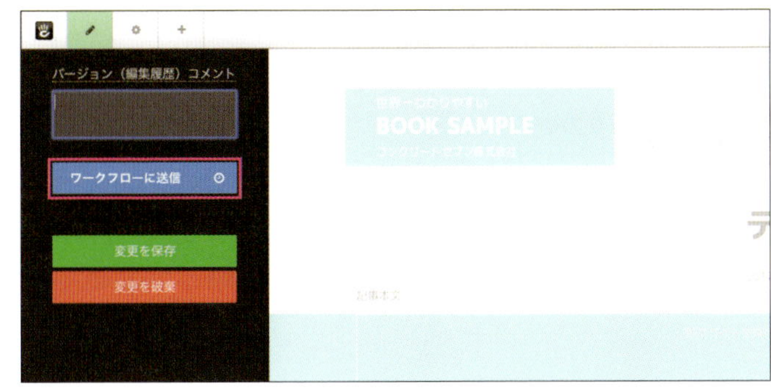

CHECK! ワークフローを設定可能なページ権限

ページやページタイプの権限設定で必要な項目にワークフローを設定することができます。

- 権限を編集
- 削除
- バージョンを削除
- 変更を承認
- ページの移動またはコピー

それぞれの設定画面には［ワークフロー］タブが表示されており、そこからP.222で追加したワークフローにチェックを入れて保存することで、ワークフローが有効になります。

送信されたワークフローを承認する

承認ワークフローが送信されたあと、どのような流れで公開するのか一例を紹介します。

1 編集者によってワークフローが送信されると、承認権限を持つユーザー（今回は管理者）のようこそページに「承認」という通知が表示されます。図にある「1 承認」は確認待ちの承認ワークフローが1件あることを指しています。［1 承認］をクリックすると、確認待ちページへ移動します。

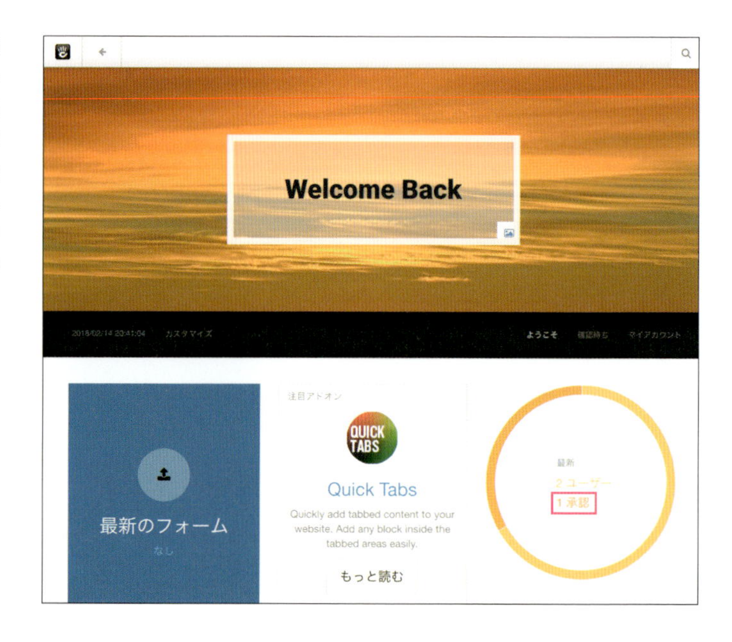

2 「確認待ち」を見てみると、ユーザー「editor」が追加した新規ページ「テスト」がワークフローに送信されていることがわかります。ページ名（ここでは［テスト］）をクリックし、該当ページに移動します。

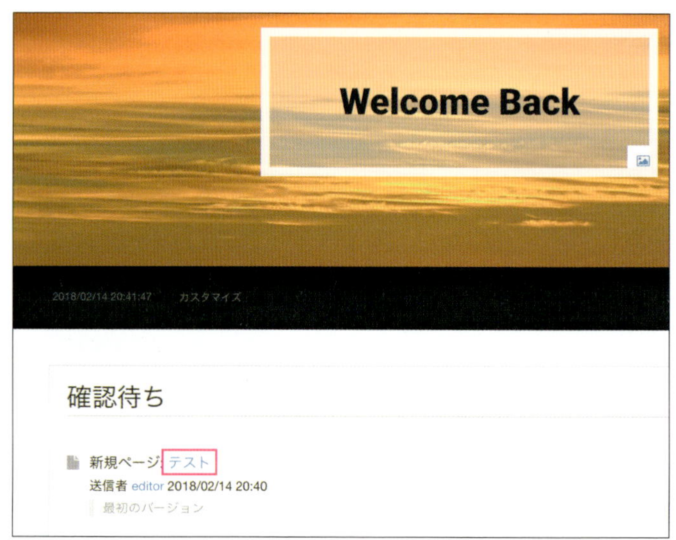

3 承認待ちのページを表示すると、右上にインフォメーションが表示されます。［Action］ボタンをクリックするとメニューが表示されるので、［承認］をクリックするとページが公開されます。

確認待ちページ

確認待ちページには、現在そのユーザーが確認すべき事項が一覧で表示されます。表示されるメッセージは、要求された内容によって異なります。

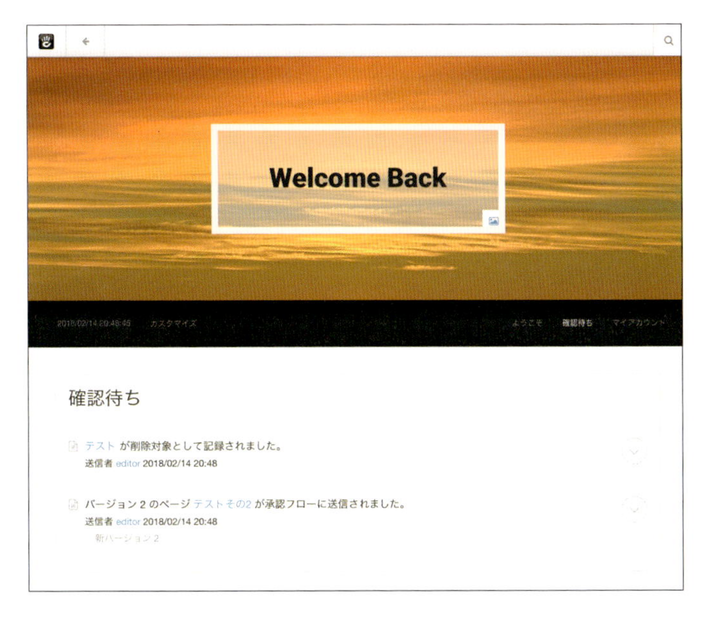

確認待ちに表示されている項目の横のアイコンをクリックするとメニューが表示されます。表示されるメニューは要求された内容によって異なりますが、基本的には下記の内容となります。

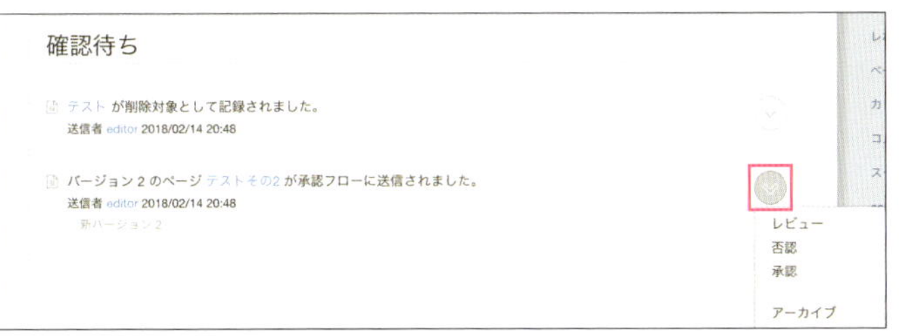

レビュー	ワークフローに送信されたバージョンと現在公開中のバージョン、最新バージョンをタブを、切り替えて見比べることができます（下図参照）。
否認	ワークフローに送信された要求を却下します。
承認	要求されたバージョンを承認し公開します。
アーカイブ	確認待ちページに表示されないようになります。ワークフローに送信されたページへアクセスしない限り、確認待ちであることがわからないようになります。

▼レビューによるバージョンの比較

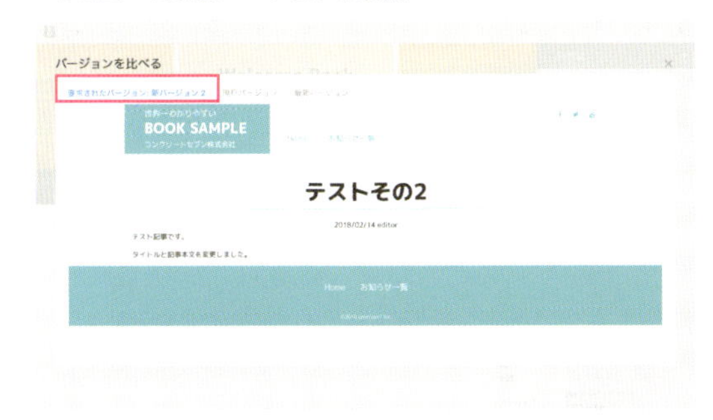

[レビュー] ─ 要求されたバージョン

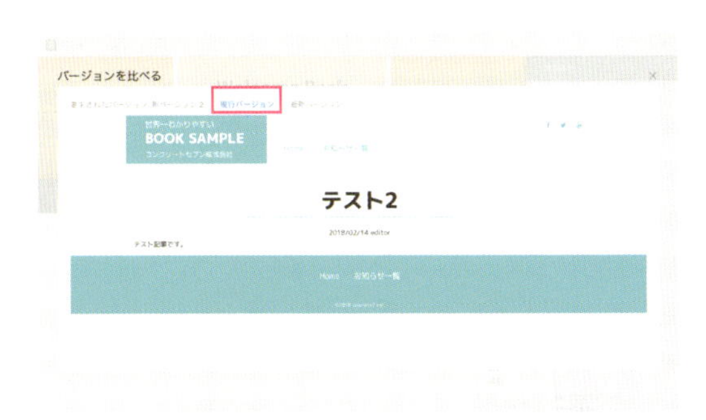

[レビュー] ─ 現行バージョン

Exercise ― 練習問題

ユーザーグループ「特集閲覧者」を追加してみましょう。
また、「特集閲覧者」グループ、「管理者」グループ、
「編集者」グループに所属しているユーザーアカウントのみが閲覧できる
お知らせ記事を投稿してみましょう。

❶12-1を参考に「特集閲覧者」グループとグループに所属するユーザーアカウントを作成します。
❷「特集閲覧者」グループに編集権限は必要ないので、お知らせ記事の作成に入ります。
ページ追加パネルの［お知らせ記事］をクリックします。
❸コンポーザーでタイトルや本文を入力します。入力内容の指定はありません。
入力後、［ページを公開］をクリックします。
❹ツールバーの⚙アイコン→［権限］の順にクリックします。

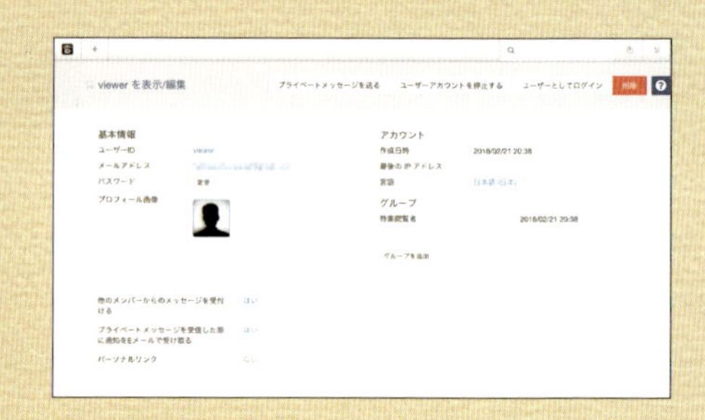

❺「権限を割り当てる」のセレクトボックスを［手動で］に変更し［Ok］ボタンをクリックします。

❻「表示」の権限を「管理者」グループ、「編集者」グループ、「特集閲覧者」グループに変更し、［変更を保存］ボタンをクリックします。

❼閲覧権限のないユーザーアカウントもしくはログインしていない状態でページを閲覧しようとすると、ログインページに移動します。「特集閲覧者」グループに所属しているユーザーアカウントでログインしてページの表示を確認してみましょう。

多言語設定をしてみよう

An easy-to-understand guide to concrete5

Lesson 13

このレッスンではconcrete5の多言語機能について学習します。concrete5の多言語機能がどのようなもので、どのように設定しサイトを構築していくのか、構築するうえで注意しておくべきことを解説します。

13-1 多言語サイト機能の基本

近年、国内企業でも需要が高まっているコンテンツの多言語化にconcrete5は対応しています。concrete5の多言語機能の概要と設定の流れを説明します。

多言語機能について

concrete5には多言語サイトを構築するための機能が標準で備わっており、管理画面からGUI操作するだけで多言語設定ができるようになっています。

多言語機能を使い多言語サイトを構築すると、各ページが別の言語ではどのページにあたるかが設定され、「言語切り替え」ブロックを使用することで表示しているページの言語を切り替えることができます。各言語共通のコンテンツがあるにもかかわらず、言語を切り替えるたびにトップページに移動してしまう多言語サイトもありますが、concrete5の多言語機能で制作すると、日本語で会社概要のページを閲覧中に言語を切り替えた場合、英語の会社概要のページを表示することができます。ただし、切り替え先の言語でそのページが設定されていない場合は、この限りではありません。

また、多言語機能といっても、各言語ごとにページを生成し通常サイトと同じように編集モードでブロックを編集しコンテンツを作成していくので、自動でページが翻訳されて表示できるわけではありません。サイトマップは言語ごとに表示が分かれており、プルダウンからどの言語を表示するかを切り替えることができます。

concrete5サイトで言語を切り替えたときのページ遷移

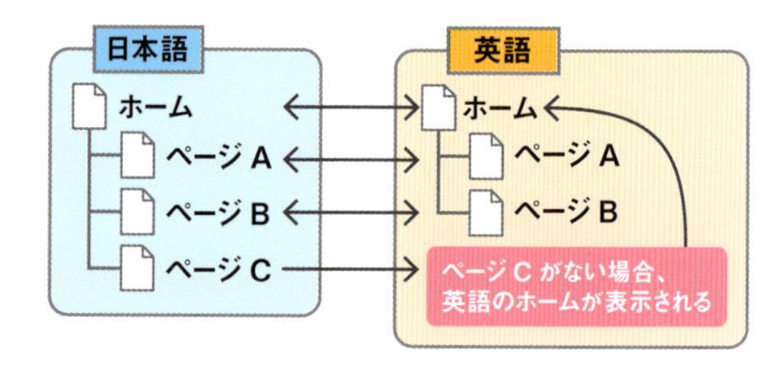

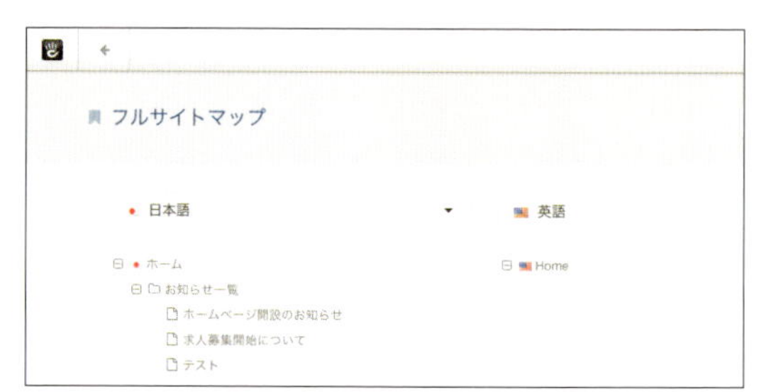

サイトを多言語化した場合のフルサイトマップ表示

多言語化の流れ

多言語サイト作成は簡単にまとめると下記のような手順になります。

1. デフォルト言語を決める
2. デフォルト言語のページのコンテンツを作成する
3. 別言語のロケール（国と言語の組み合わせ）を追加する
4. デフォルト言語ページを元に別言語のページを作成する

CHECK! 属性情報も多言語化したい場合

concrete5には、ページなどに独自の情報を登録しておくことができる「属性」という機能がありますが、多言語サイトで属性を使用する場合、登録の際に注意しておくことがあります。それは、英語で属性を登録することです。

属性情報を多言語化する場合、「サイトインターフェースを翻訳」という機能を使用することで翻訳が可能です。日本語から英語への翻訳ができない状態ですので、翻訳元の言語は英語にする必要があります。

「サイトインターフェースを翻訳」する機能については13-5（P.244）で詳しく説明します。

13-2 多言語サイトの初期設定

多言語機能について理解できたら実際にチュートリアルで作ってきたサイトを多言語サイトにしてみましょう。ここでは多言語サイト構築の初期設定として、デフォルトの言語について解説します。

デフォルトの言語

サイトを多言語化する前はデフォルトの言語について深く考えずに構築することができます。しかし多言語サイトを制作する場合には、ページのURLと関わってくるのでとても重要になってきます。
concrete5で多言語サイトを構築した場合、デフォルト言語がルートで2言語目以降が2階層目といった、左図のようなサイト構成になります。管理画面でこの構成が確認できるわけではないのですが、URLで確認することができます。

サイトを多言語化した場合のサイト構成とURL

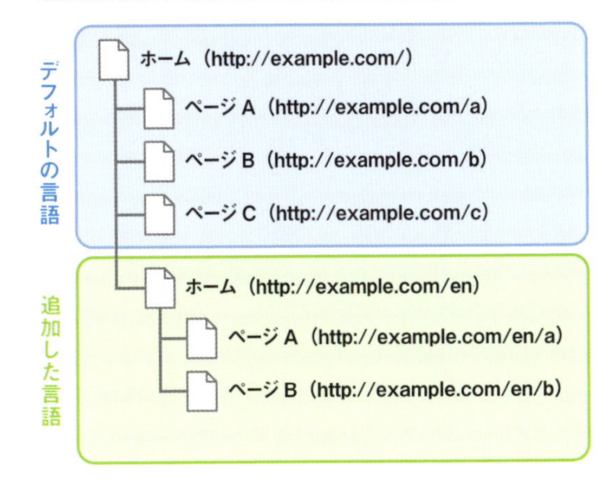

サイトを多言語化をするときに突如現れたデフォルトの言語ですが、実はインストール時の設定によって決まっています。インストール時の設定画面を見てみましょう。サイト情報を入力する際の「詳細オプション」にある「地域」の設定がデフォルトの言語と国の設定になるのです。

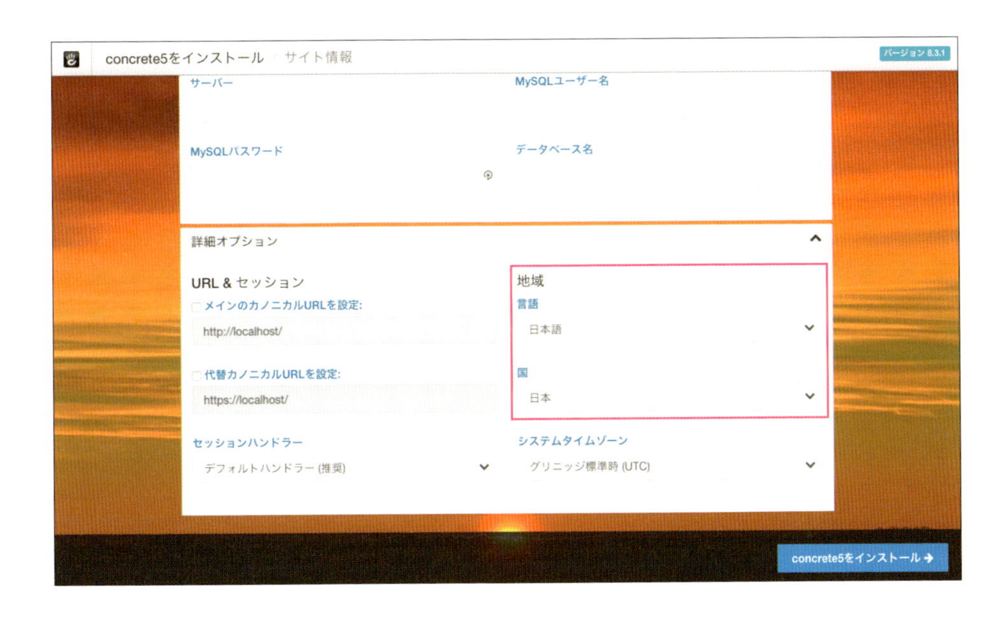

インストール後は管理画面パネル→［システムと設定］→［多言語］→［多言語サポート設定］の「ロケール」と「規定の地域」でデフォルトの言語を確認することができます。

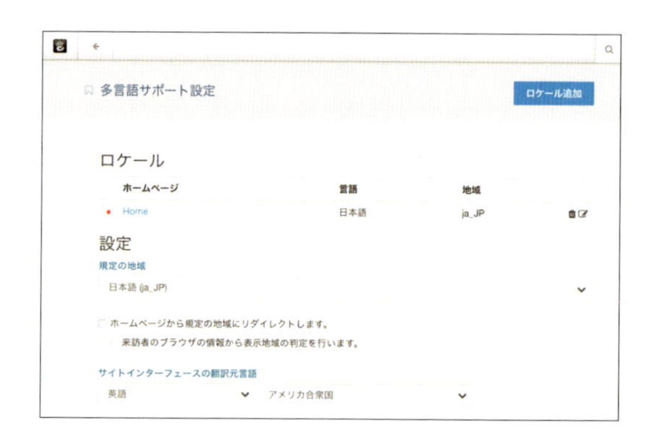

デフォルト言語をあとから変更することは不可能ではありませんが、多言語サイト構築を進めてしまっている場合は変更箇所が多く大変な作業となりますので、インストール前に決めておくことが重要です。

今回はデフォルトの言語はインストール時のままの「日本語」として進めましょう。ページのコンテンツについても現在追加しているままで大丈夫です。

COLUMN

デフォルトの言語を変更する方法

ロケールを追加する前の場合は、下記の手順で変更することが可能です。

1 ツールバー右上の☰アイコン→［システムと設定］の順にクリックし、「多言語」にある［多言語サポート設定］をクリックします。

2 ロケールに表示されているのがインストール時に選択した設定で、「規定の地域」がデフォルトの言語となります。デフォルトではロケールと規定の地域が一致しているはずです。
ロケールのゴミ箱アイコンの右側にある［編集アイコン］をクリックします。

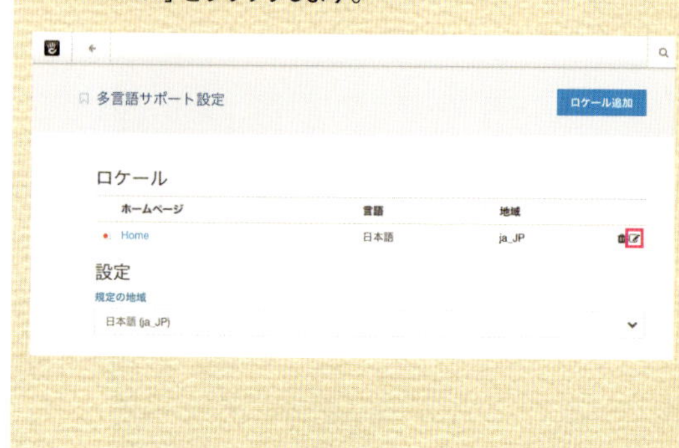

3 「ロケール変更」ポップアップが開くので、言語と国を選択します。アイコンは選択した国によって変わります。選択可能な言語は紹介しきれないので、管理画面で確認してください。
「言語」と「国」を変更し［更新］ボタンをクリックすると、デフォルトの言語が更新されます。ここでは英語とアメリカ合衆国を選択しました。

4 「ロケールが変更されました。」とメッセージが表示されます。ロケールが変更され、規定の地域も変わっていることを確認し[設定を保存]ボタンをクリックします。

5 「デフォルトセクション設定が更新されました。」と表示されたら、デフォルトの言語の変更は完了です。

6 デフォルトの言語が日本語から英語に変更されたので、テンプレートに含まれている下記のコードで出力されるHTMLの内容が変わったことが確認できます。

```
<html lang="<?php echo Localization::activeLanguage()?>">
```

```
<!DOCTYPE html>
...<html lang="ja" class="ccm-toolbar-visible ccm-panel-ready"> == $0
  ▶<head>…</head>
  ▶<body>…</body>
</html>
```

Before

```
<!DOCTYPE html>
...<html lang="en" class="ccm-toolbar-visible ccm-panel-ready"> == $0
  ▶<head>…</head>
  ▶<body>…</body>
</html>
```

After

13-3 サイトを多言語化しよう

解説順のとおりに本書を進めている場合、デフォルト言語のページは準備できているので、別の言語を追加して多言語サイト化します。また、追加した言語のトップページの設定も行ってみましょう。

Step 01 言語を追加する

多言語サイトで使用する言語は、ロケールとして「国」と「言語」の組み合わせで設定します。同じ組み合わせのロケールは追加できないため、デフォルト言語とは違う組み合わせのロケールを追加してみましょう。今回は英語のロケールを追加します。

1 ツールバー右上の アイコン→［システムと設定］の順にクリックし、「多言語」にある［多言語サポート設定］をクリックします。

2 右上にある［ロケール追加］ボタンをクリックします。

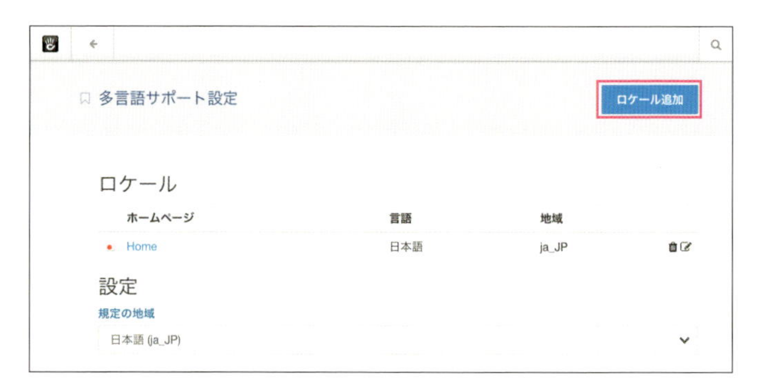

3 「ロケール追加」ポップアップが開くので、以下のとおりに設定し［ロケール追加］ボタンをクリックします。

地域

言語を選択	［英語］
国を選択	［アメリカ合衆国］

ホームページ

テンプレート	［全幅］
ページ名	Home
URLスラッグ	en

4 「ロケールが追加されました。」とメッセージが表示され、ロケールに英語が追加されたことを確認したら、［設定を保存］ボタンをクリックします。

5 「デフォルトセクション設定が更新されました。」と表示されたら、言語の追加は完了です。

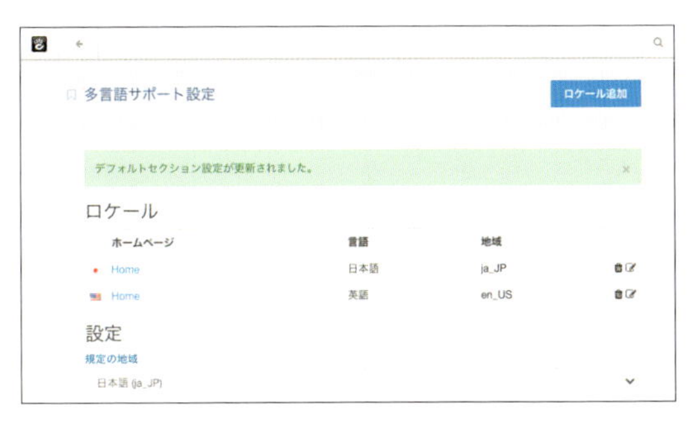

6　フルサイトマップに移動すると、表示が多言語仕様になっており、セレクトボックスで先ほど追加した英語と切り替えることができるようになっています。セレクトボックスから［英語］を選択し、サイトマップの表示を切り替えてみましょう。

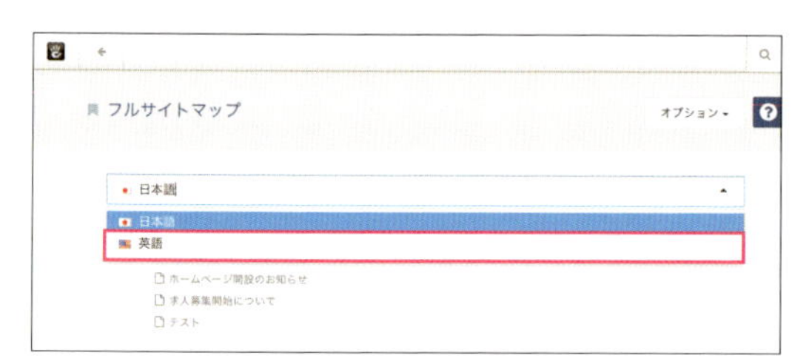

7　先ほど設定した英語のホームページが作成されています。

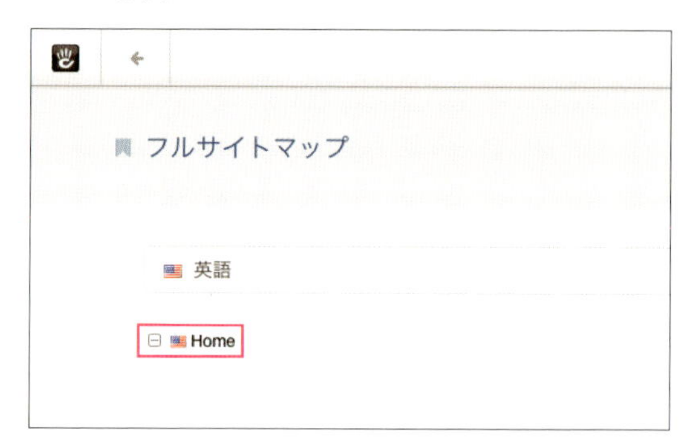

Step 02 グローバルエリアを設定する

フルサイトマップの英語の［Home］→［訪問］の順にクリックして、英語のホームページにアクセスしてみましょう。
サイトを多言語化すると、ツールバーに国旗のアイコンが追加されます。クリックすると表示されるパネルでは、他の言語のページへの移動などができます。

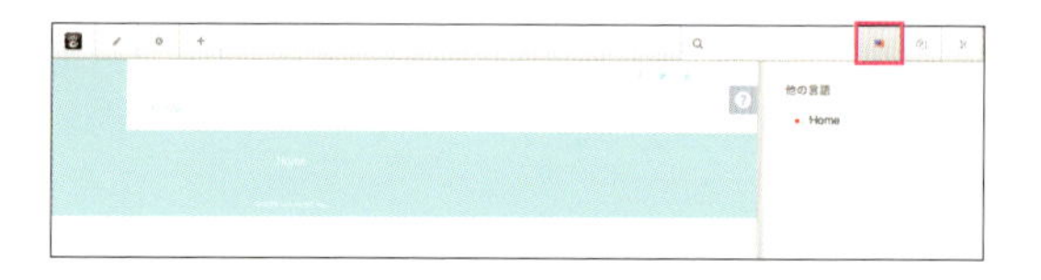

また、グローバルエリアのオートナビを見てみると、日本語サイトのときと表示内容が変わっていることが確認できます。これは多言語化したことにより、自動で英語のトップからの表示になっているためです。しかし、サイト名部分は日本語のままですしリンク先も日本語のホームへのリンクになっているので、英語サイト仕様に変更が必要です。

日本語サイトのホームページ。オートナビには「お知らせ一覧」が表示されています。

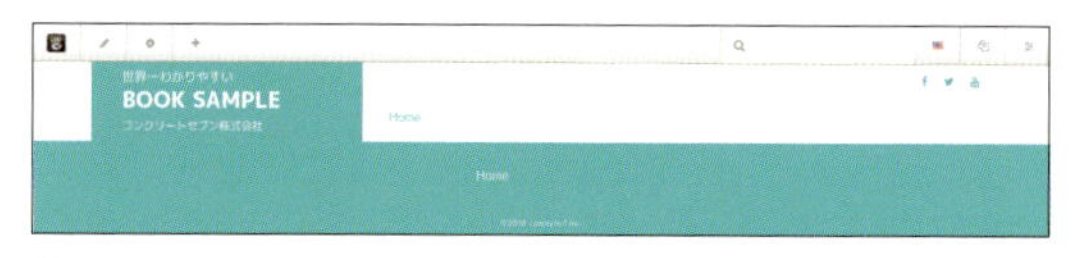

英語サイトのホームページ。オートナビには「Home」しか表示されていません。

グローバルエリアはテーマのテンプレートにエリア名が記載されていますが、多言語設定を行うと管理画面から言語ごとにグローバルエリアを作成することができます。
実際に操作し、英語用のグローバルエリアを作成してみましょう。

1　ツールバー右上の アイコン→［スタックとブロック］の順にクリックし、［グローバルエリア］をクリックします。

2 設置されているグローバルエリアが一覧で表示されます。サイト名部分を変更したいので、[Header Site Title]をクリックします。

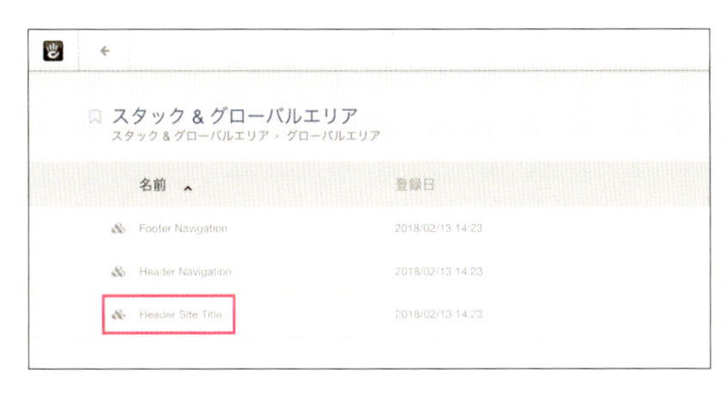

3 上部に「スタック&グローバルエリア>グローバルエリア>Header Site Title>デフォルト」と表示されているのは、今見ているのが「Header Site Title」の「デフォルト」であることを示しています。「デフォルト」は、多言語版のグローバルエリアが作成されていないときに使用されるグローバルエリアです。[デフォルト]のプルダウンメニューから[英語en_US]を選択します。

4 [多言語版のグローバルエリアを作成]ボタンをクリックします。

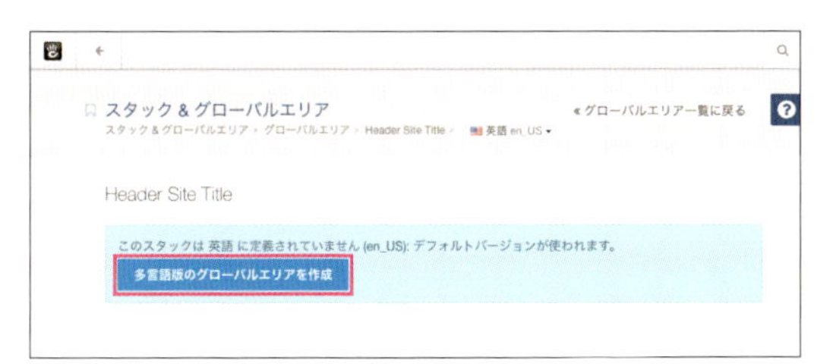

5 デフォルトのグローバルエリアを元に英語用のグローバルエリアが作成されました。今後、英語のページを表示する際は、こちらのグローバルエリアが表示されます。

6 それではブロックを編集します。この画面は編集モードと同じように編集が可能ですので、サイト名が表示されているブロックをクリックし、現れたメニューの[ブロック編集]をクリックします。

7 「世界一わかりやすい」を「Easy to understand」に、「コンクリートセブン株式会社」を「concrete7 Inc.」に変更します。

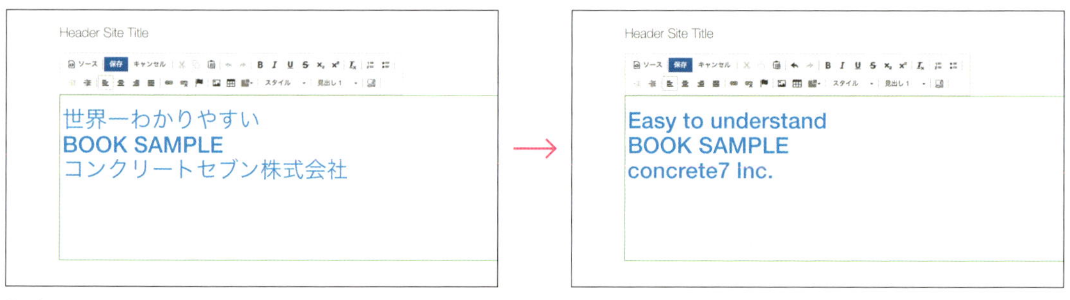

8 テキストが変更できたら、リンクを変更しましょう。文字列「Easy to understand BOOK SAMPLE concrete7 Inc.」をダブルクリックし、「ハイパーリンク」ポップアップが開いたら、[Sitemap]ボタンをクリックします。

9 セレクトボックスで[英語]が選択されていることを確認し、[Home]をクリックします。

10 URLが英語のホームに変更された❶ので、[OK]ボタンをクリック❷します。

11　[保存] ボタンをクリックします。

12　[変更を公開] ボタンをクリックします。

英語のホームページにアクセスすると、英語のグローバルエリアが表示されるようになったことがわかります。グローバルエリア以外のコンテンツは、日本語のホームにあるブロックをクリップボードにコピーして配置したあとにブロック編集するのがおすすめです。ページごとコピーすることはできないので、レイアウトなどはもう一度追加する必要があります。

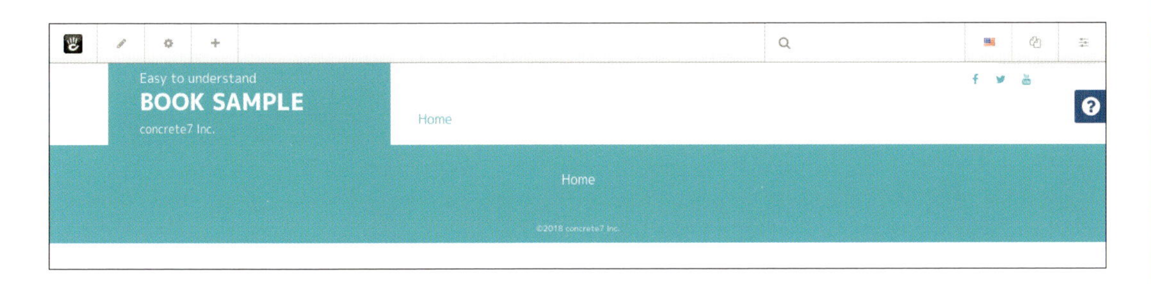

CHECK! クリップボードにコピー

編集モードでブロックをクリックすると現れるメニューの [クリップボードにコピー] をクリックすると、ブロックをクリップボードにコピーできます。コピーしたブロックを配置するには、コンテンツ追加パネルをクリップボードに切り替えて、配置したいエリアにドラッグ&ドロップします。クリップボードへの切り替え方法は3-1 (P.47)で説明しています。

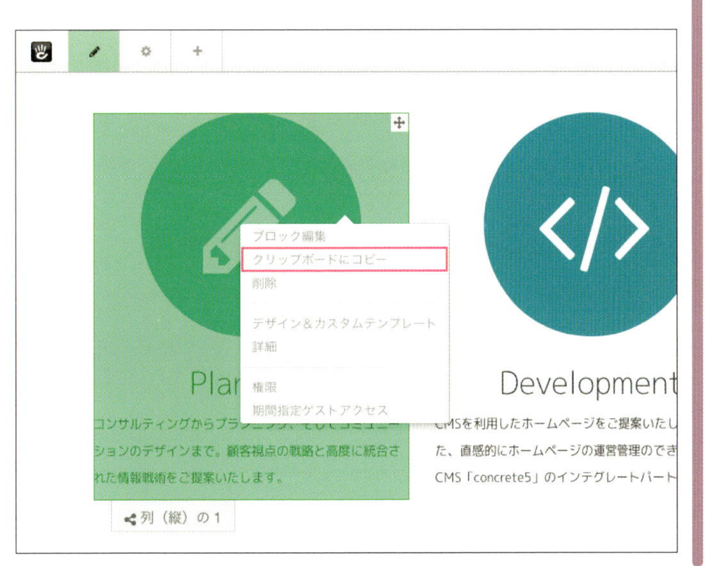

13-4 多言語ページを作成しよう

言語を追加しただけでは、英語のホームページしか追加されません。残りのページをどのように作成していくのか多言語サイト独自の設定を学びましょう。

ページレポートの使い方

ページレポートは未作成のページの確認やそれぞれの言語のページの関連を設定することができる機能です。個別に多言語ページを作成したい場合や、あとから追加したページの関連付けを行うことができます。実際に確認してみましょう。

ページレポートの表示と操作

ページレポートを開くには、ツールバー右上のアイコン→［システムと設定］の順にクリックし、「多言語」にある［ページレポート］をクリックします。

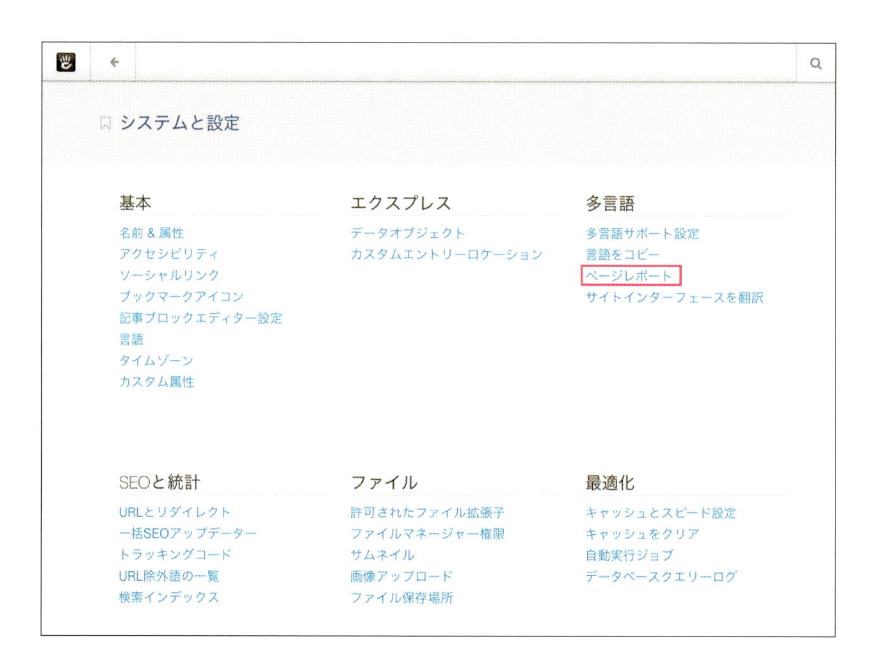

上部で設定を行い、下部に設定した条件のページが表示されるようになっています。

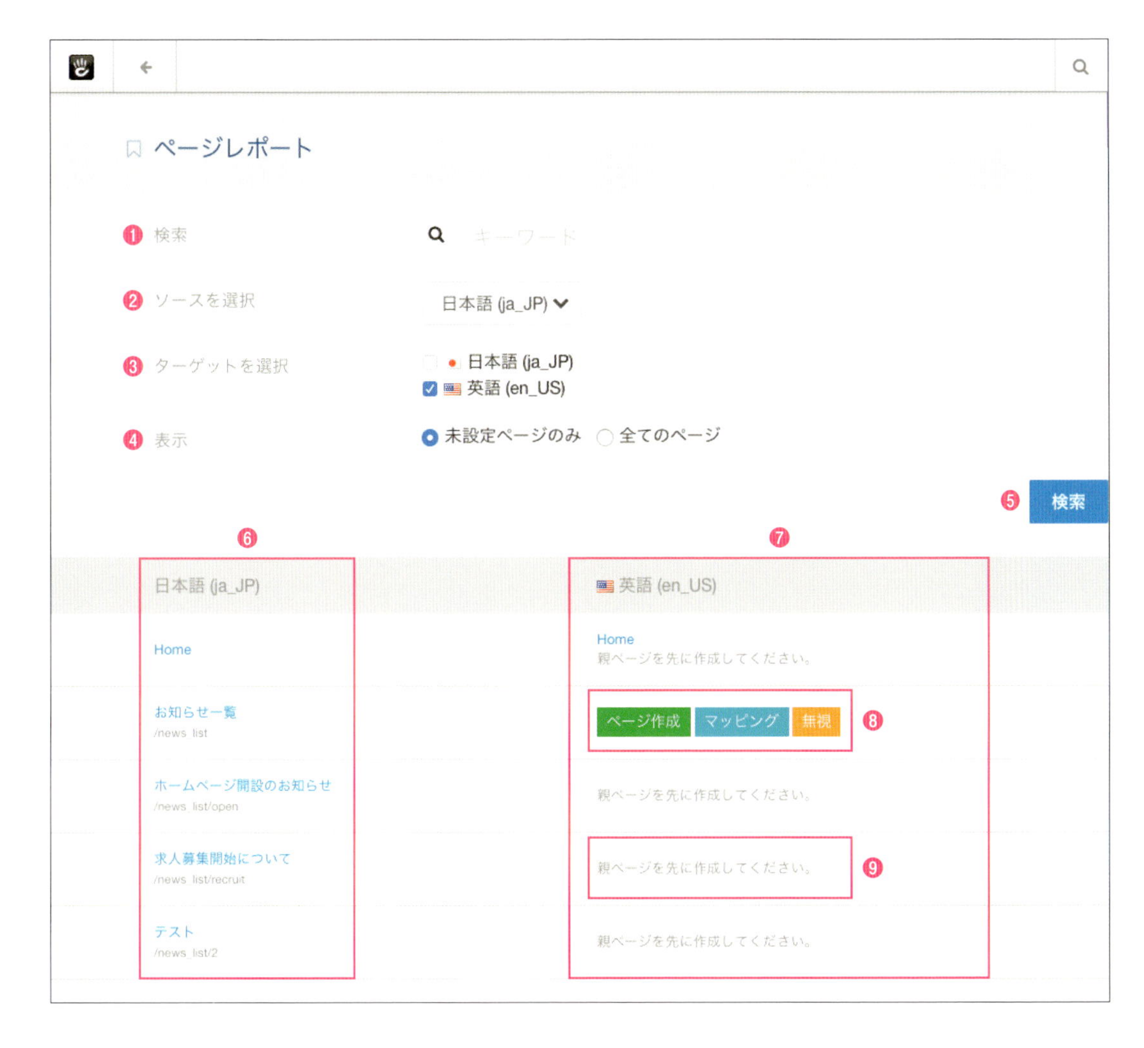

❶検索

キーワードを入力し、ページを絞り込むことができます。

❷ソースを選択

どの言語を基準とするか選択できます。最初はデフォルトの言語になっています。

❸ターゲットを選択

ソースで選択した言語と比較する対象を選びます。

❹表示

「未設定ページのみ」を表示するか「全てのページ」を表示するかを選択できます。

❺［検索］ボタン

クリックすると、❶～❹の設定でページが絞り込み表示されます。

❻下段左

「ソースを選択」で選択した言語のページが表示されます。

❼下段右

「ターゲットを選択」で選択した言語のページが表示されます。すでに多言語設定済みのページがある場合は、ページへのリンクが表示されます。ない場合は「ページ作成」「マッピング」「無視」を行うボタンが表示されます。

❽多言語設定されていないページに表示されるボタン

「ページ作成」は、デフォルトの言語のページを元に新しく対象の言語のページを作成します。

「マッピング」は、すでに作成済みのページを選択してページの関連付けを行います。

「無視」は、そのページを設定の対象から外します。

❾「親ページを先に作成してください。」

このメッセージが表示されているページは、親ページを作成すると上記3つのボタンが表示されるようになります。

ページの関連付けができているページは、言語切り替えブロックやツールバー上部に表示される国旗のアイコンから他の言語のページに切り替えることができるようになります。

「言語をコピー」機能を利用する

ページレポートから1ページずつ多言語ページを作成することも可能ですが、ページ数が多い場合など手間がかかってしまいます。そのようなときは一括で多言語ページを生成してくれる「言語をコピー」という機能があります。今回はこの機能を使ってページを作成してみましょう。

多言語ページの作成

1 ツールバー右上の アイコン→[システムと設定] の順にクリックし、「多言語」にある [言語をコピー] をクリックします。

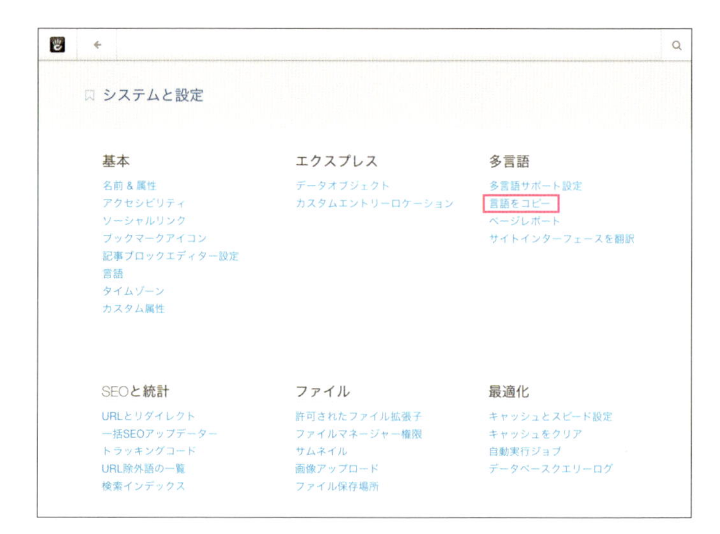

2 「地域ツリーを複製」のコピー元を「日本語（ja_JP）」❶、コピー先を「英語（en_US）」❷になるように選択し、[ツリーをコピー] ボタンをクリック❸します。

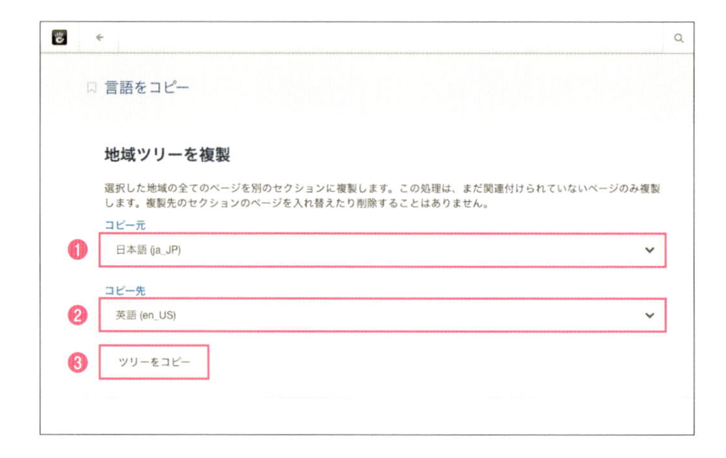

3　「言語ツリーがコピーされました。コピー後のセクションのリンクの再スキャンを行いましょう。」とメッセージが表示されるので、ページ下部にある「言語ツリーを再スキャン」の「言語を再スキャン」を先ほどのコピー先である「英語（en_US）」を選択❶し、［言語を再スキャン］ボタンをクリック❷します。

4　「言語ツリーのリンクが再スキャンされました。」とメッセージが表示されたら、多言語ページのコピーは完了です。あとは各ページを編集モードなどで翻訳していきましょう。

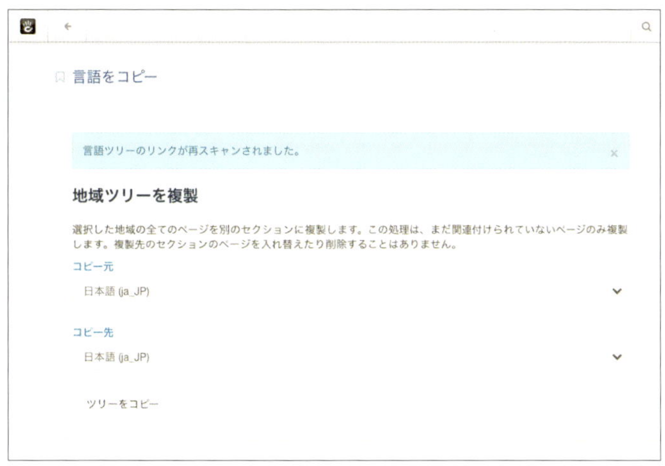

13-5 サイトインターフェースを翻訳しよう

属性の名前やテンプレート内の言葉は通常そのまま表示されます。サイトインターフェースを翻訳する機能を使うことで、管理画面でこれらを翻訳することができ、ページ上で表示できるようになります。

管理画面の表示言語を設定する

concrete5は英語で作成されているCMSですが、管理画面や編集時のインターフェースを表示する際に使用する言語は、ユーザーごとに決めておくことができ、選択肢にある「デフォルト」は「管理画面>システムと設定>基本>言語」で設定されています。

管理画面>メンバー>ユーザー検索>ユーザーの編集の[言語]から表示用の言語を選びます。

管理画面>システムと設定>基本>言語の[既定の言語]でデフォルトの言語が設定されています。

翻訳元である英語を翻訳した言語ファイルがいくつか用意されており、インストールすることで各言語での表示ができるようになります。あらかじめ管理画面に含まれている言語は翻訳されていることが多いですが、自分で追加した属性やテンプレートに含めたテキストなどは、それぞれ翻訳する必要があります。

サイトインターフェースを翻訳する

サイトインターフェースの翻訳は、管理画面で設定した属性やテンプレートに含まれる`t( )`で囲まれているテキスト、エリア名などが翻訳の対象となっています。

▼テンプレート内のテキスト例

```
<?php echo t('Hello, world!'); ?>
```

初期設定

1 ツールバー右上のアイコン→[システムと設定]の順にクリックし、「多言語」にある[サイトインターフェースを翻訳]をクリックします。

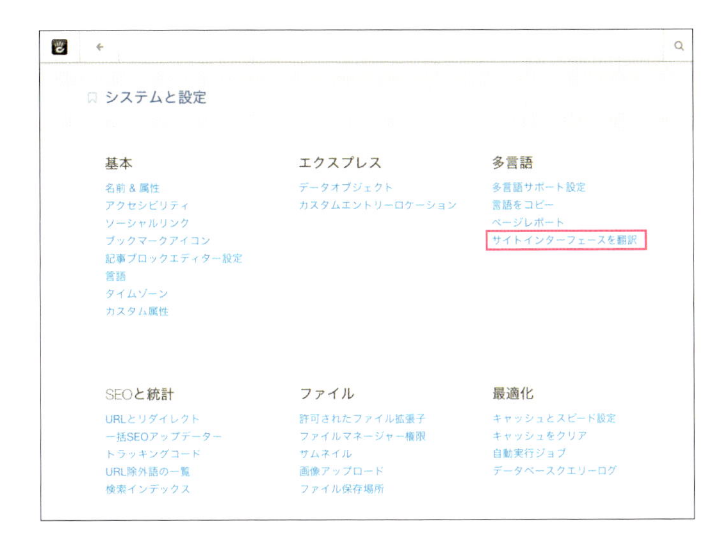

2 「このツールを実行する前に、application/languages/site ディレクトリを作成して書き込み可能に設定する必要があります。また、このディレクトリ内のファイルも書き込み可能である必要があります。」と表示されます。サイトインターフェースを翻訳するには、初期設定として指定されたディレクトリを作成する必要があります。

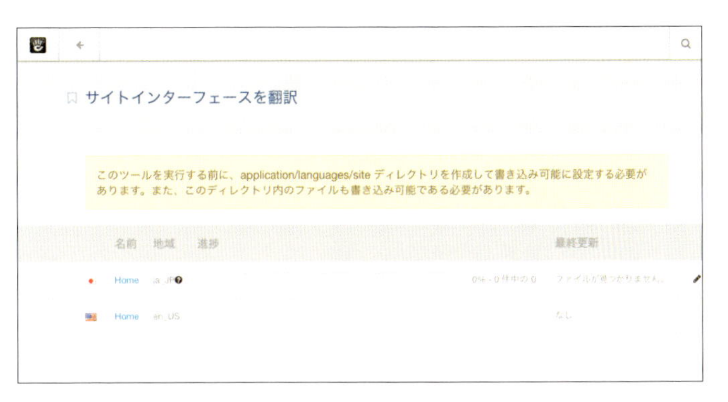

3 ここではローカル開発環境の指定された場所にsiteディレクトリを作成します。本書で作業していたMAMPの場合、下記のようになります。

htdocs/concrete5/application/languages/site

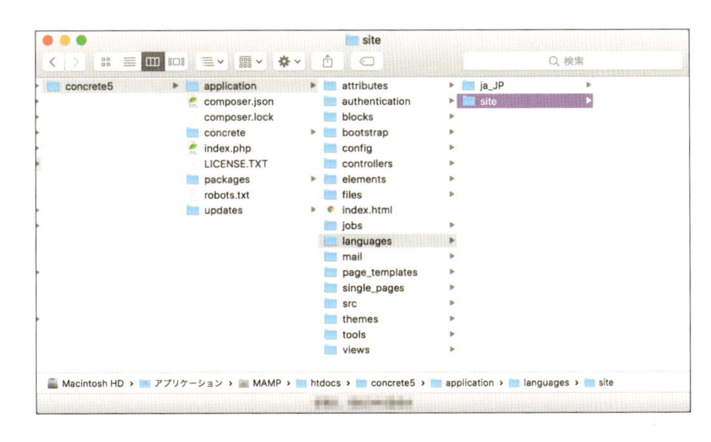

4 siteディレクトリを設置できたら、「サイトインターフェースを翻訳」ページを再読み込みしてみましょう。先ほどまで表示されていたメッセージが消えていくつかのボタンが表示されます。メッセージが消えない場合は、ディレクトリが作成できているか・書き込み権限があるかを確認しましょう。
左側の［文字列を再読み込み］ボタンをクリックします。

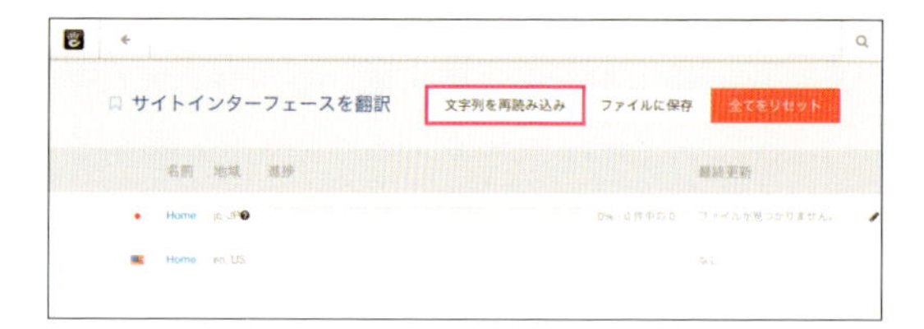

5 「言語が更新されました。」と表示されたら、初期設定の完了です。
今後、翻訳したい文字列が増えたときは「文字列を再読み込み」を行ってください。

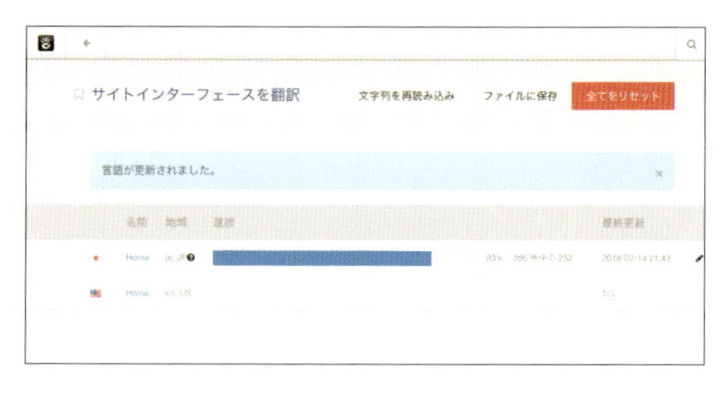

サイトインターフェースの翻訳画面について

翻訳を始めるには、初期設定を終わらせたあとに翻訳したい言語の右側に出ている［鉛筆アイコン］をクリックします。なお、サイトインターフェースの翻訳元であるアメリカ英語は、翻訳することができないので鉛筆アイコンは表示されません。

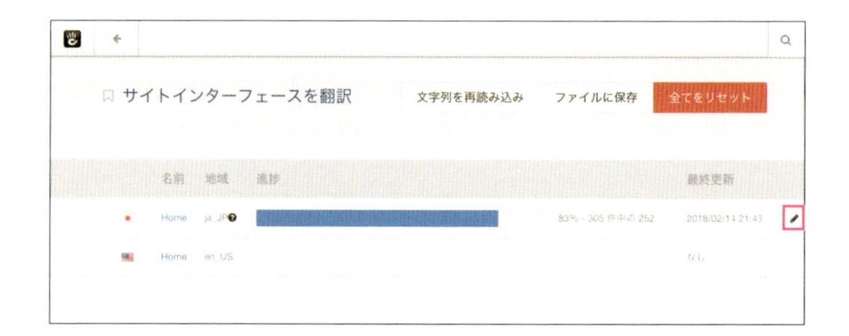

これがサイトインターフェースを翻訳する画面です。大きく3つのブロックに分かれています。

❶：翻訳対象を絞り込むことができます。
❷：左側では翻訳対象を選択します。背景が水色になっているのが選択中の文字列で、背景が緑色になっているのは翻訳済みの文字列であることを示します。
❸：選択した文字列を翻訳します。オリジナルの文字列に対して翻訳を入力することができます。「文脈」ではこの文字列がどこで使用されているかを確認することができます。

サイトインターフェース翻訳の操作

実際に翻訳してみましょう。

1 左側から翻訳対象を選択します。今回は［Home News］を選択します。

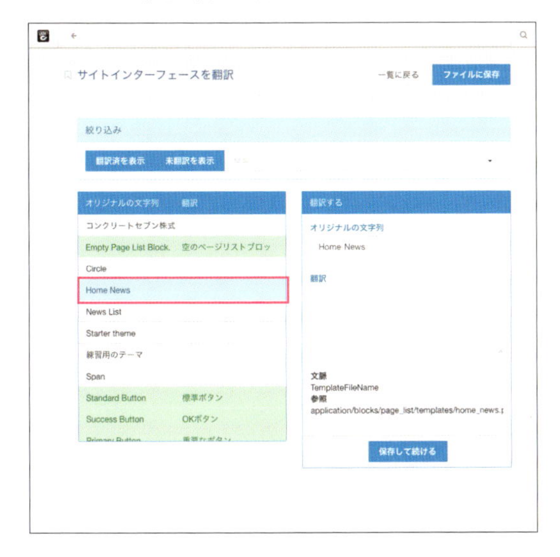

2 右側に「Home News」が表示されました。文脈と参照からホームのページリストで使用しているカスタムテンプレート名であることがわかります。翻訳に「ホームお知らせ一覧」と入力❶し、［保存して続ける］ボタンをクリック❷します。

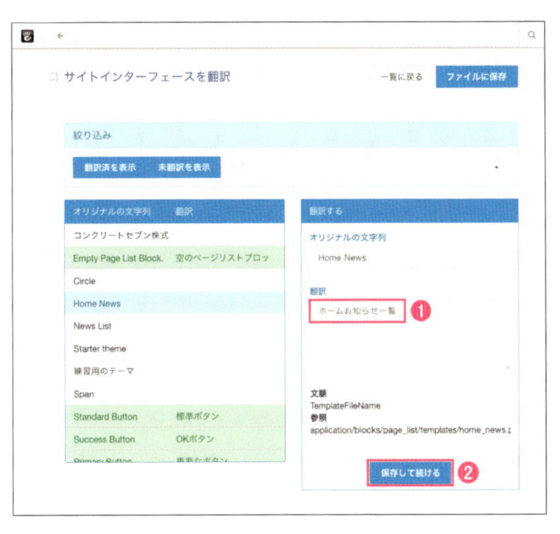

3 翻訳対象が次の文字列に自動で切り替わりました❶。このまま翻訳を続けることもできますが、今回はこの時点で保存をします。右上にある［ファイルに保存］ボタンをクリック❷してください。

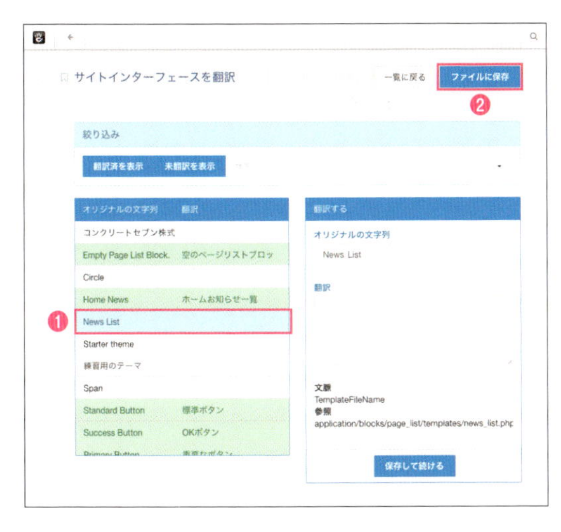

4 正常に保存が完了すると「翻訳がファイルにエクスポートされ、ウェブサイトで利用可能になりました。」とメッセージが表示されるので［OK］ボタンをクリックします。

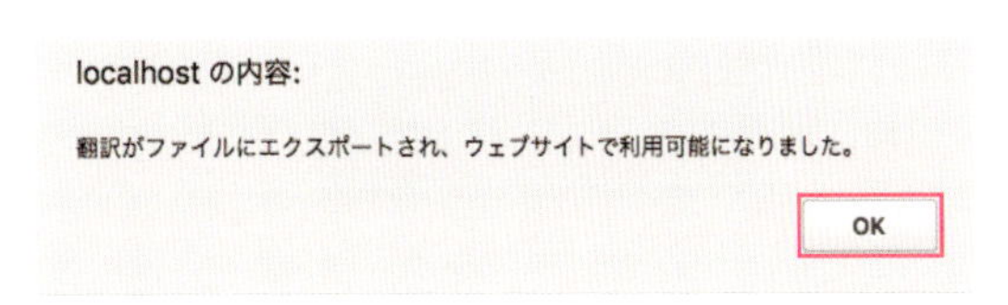

日本語のホームに設置してあるカスタムテンプレート「Home News」を確認してみると、今行った翻訳が反映されて「ホームお知らせ一覧」に変わっていることがわかります。

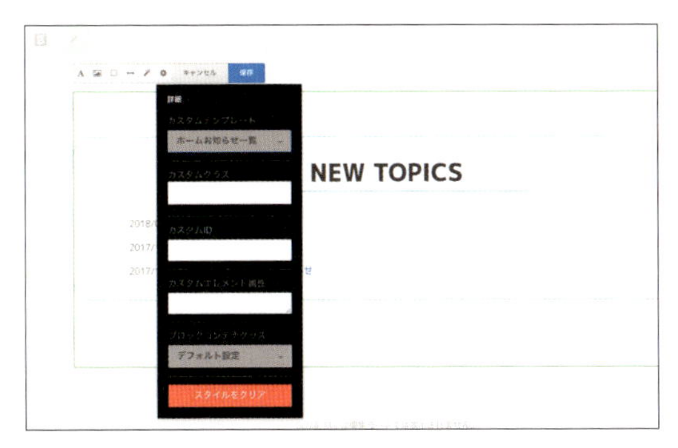

13-6 言語の切り替えメニューを設置しよう

多言語ページが作成できたら、訪問者が表示言語を切り替えできるようにグローバルエリアに「言語切り替え」ブロックを設置しましょう。

言語切り替えブロックを設置する

1 日本語のトップページへ移動し、編集モードに切り替えます。

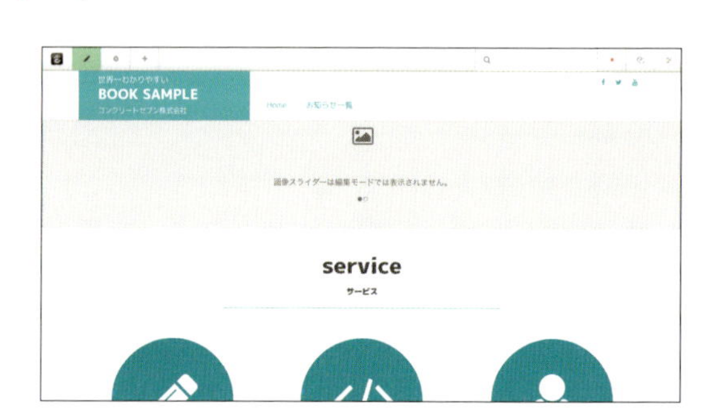

2 ツールバーの[+]アイコンをクリックし、コンテンツ追加パネル（ブロック一覧）の「ナビゲーション」セットにある「言語切り替え」ブロックを、「サイト全体の Header Navigation」エリアに追加済みのソーシャルリンクとオートナビのあいだにドラッグ&ドロップします。

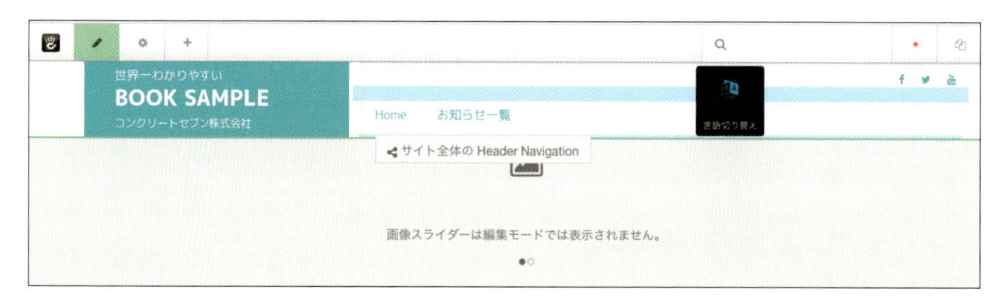

3 「言語切り替えを追加」ポップアップが開いたら、そのまま［新規］ボタンをクリックします。

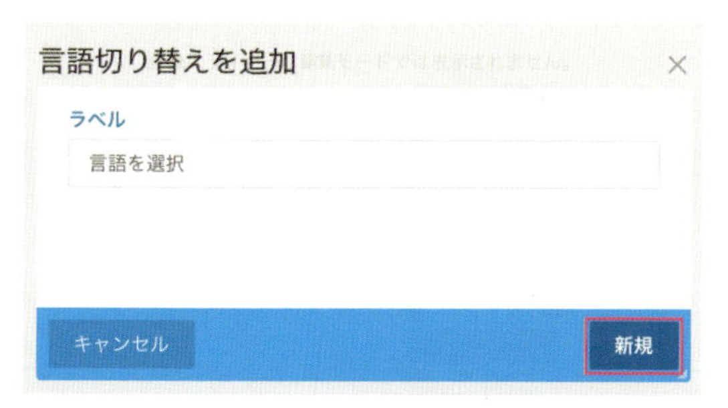

4 追加した「言語切り替え」ブロックをクリックし、現れたメニューの［デザイン&カスタムテンプレート］をクリックします。

5　[歯車アイコン]をクリック❶し、カスタムクラスに「pull-right」と入力❷すると現れる[Add pull-right]をクリック❸し確定できたら、[保存]ボタンをクリック❹します。

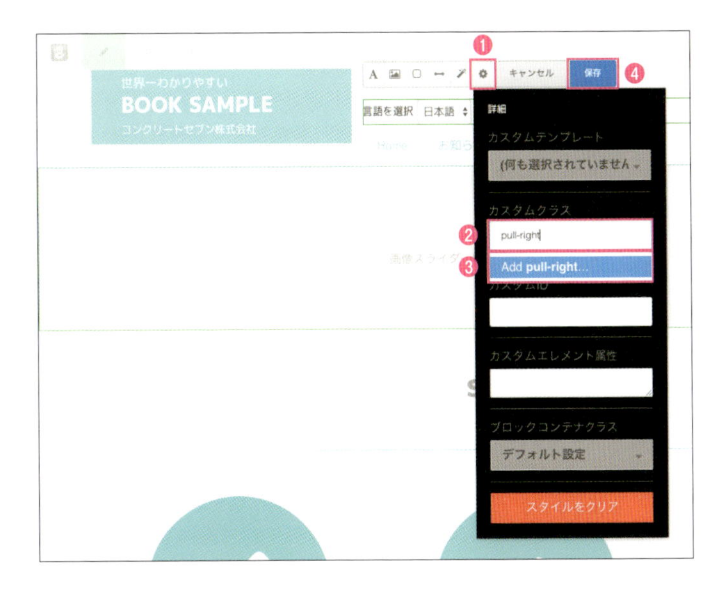

6　アイコンをクリックし、[変更を公開]ボタンをクリックして編集モードを終了します。

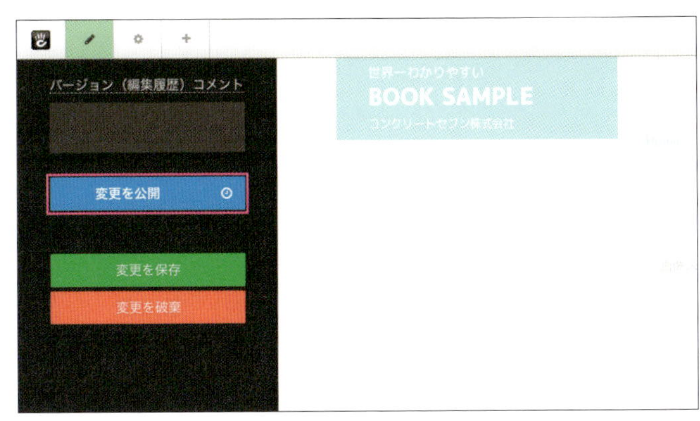

「言語切り替え」ブロックが設置され、訪問者が日本語ページと英語ページを切り替えることができるようになりました。

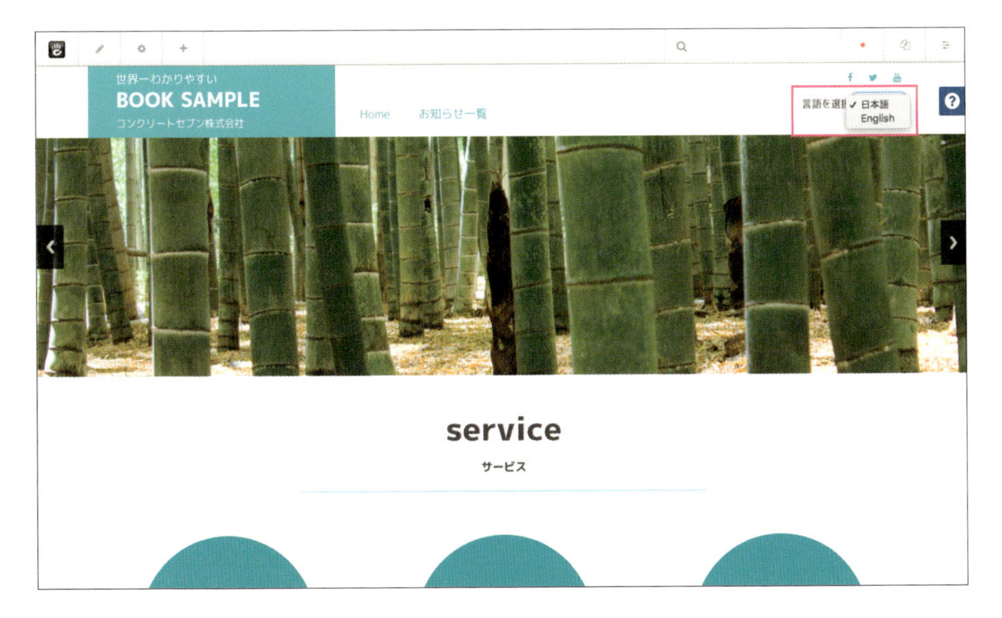

Exercise — 練習問題

以下の設定でロケールを追加してみましょう。

地域

言語	中国語
国	中国

ホームページ

テンプレート	全幅
ページ名	Home
URLスラッグ	zh

❶ツールバーの アイコン→[システムと設定]→「多言語」にある[多言語サポート設定]の順にクリックします。
❷[ロケール追加]ボタンをクリックします。
❸指定のとおり設定し[ロケール追加]ボタンをクリックします。
❹[設定を保存]ボタンをクリックします。

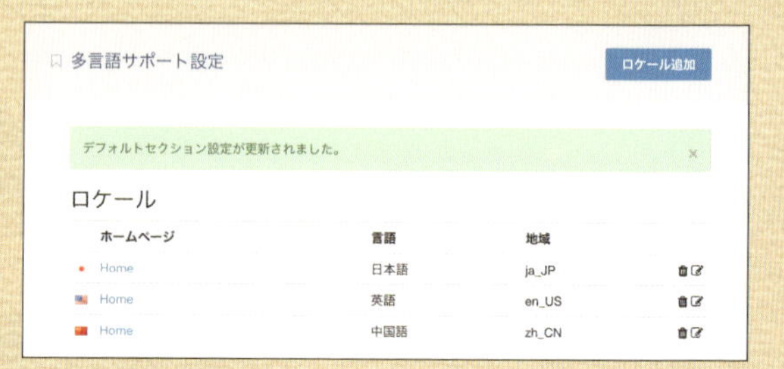

レッスンで追加した「言語切り替え」ブロックですが、
英語ページに切り替えても「言語を選択」のままになってしまいます。
「言語切り替え」ブロックを設置しているグローバルエリア「Header Navigation」の英語用を作成し、「Select Language」と表示されるようにしましょう。

❶ツールバーの アイコン→[スタックとブロック]→[グローバルエリア]の順にクリックします。
❷[Header Navigation]をクリックします。
❸セレクトボックスを[デフォルト]から[英語en_US]に変更し、[多言語版のグローバルエリアを作成]ボタンをクリックします。
❹設置してある「言語切り替え」ブロックをクリックし、ラベルを編集します。
❺[保存]ボタン→[変更を公開]ボタンの順にクリックします。
❻英語のページにアクセスして確認してみましょう。

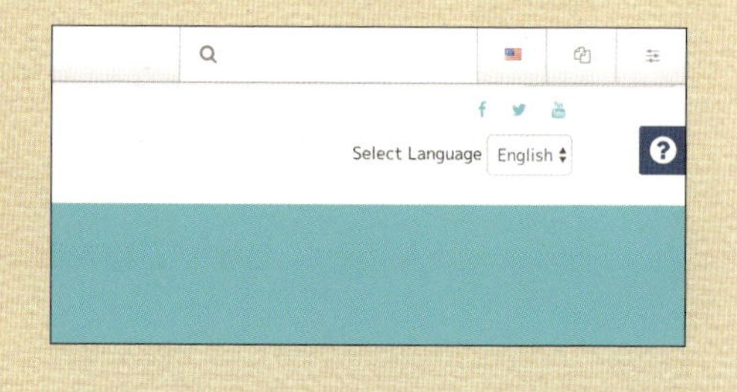

サイトの運営と管理

An easy-to-understand guide to concrete5

Lesson 14

ウェブサイトが完成したらいよいよ公開です。このレッスンではサイトを一般公開する前に確認しておきたいことと、concrete5のサイトを運営するときに必要になってくるトラッキングコードの埋め込みやconcrete5のアップデート方法などを学習します。

14-1 サイト公開前にすること

完成したサイトを一般公開する前に、concrete5の設定を再確認しましょう。開発に適した状態から公開に適した状態に変更します。

Step 01 デバッグ表示を設定する

3-2でデバッグ表示を有効にしました(P.50)が、公開の際にはデバッグ情報が一般のサイト来訪者に公開されないように変更します。デバッグ表示を有効にしたままだと、公開すべきではない情報を表示する可能性があるので、必ず変更するようにしてください。

1 ツールバー右上の アイコン→[システムと設定]の順にクリック❶し、「サーバー設定一覧」にある[デバッグ設定]をクリック❷します。

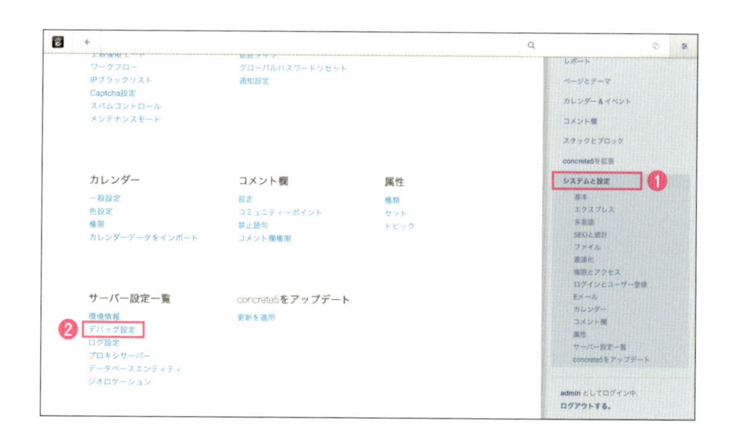

2 「エラーを表示」の[サイトユーザーにエラー情報を表示]のチェックを外し❶、[保存]ボタンをクリック❷します。

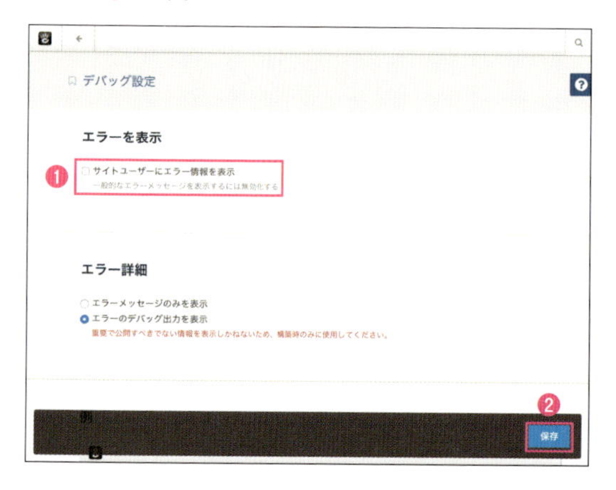

3 「デバッグ設定が保存されました。」とメッセージが表示されたら、設定は完了です。

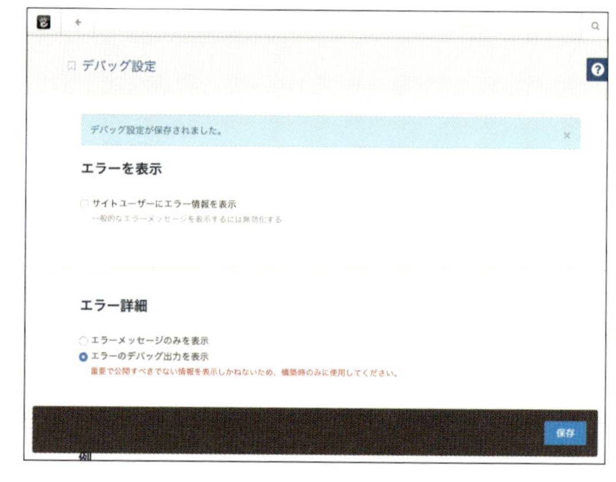

デバッグ設定のパターン

● エラー情報を表示しない

訪問者にはそのページでエラーが発生したことだけを通知し、どのようなエラーかは表示しません。一般的に運用時は以下の設定にします（先述の設定と同じ内容です）。

- ［サイトユーザーにエラー情報を表示］にチェックを入れない
- ［エラー詳細］のどちらを選んでもエラー表示は変わらない

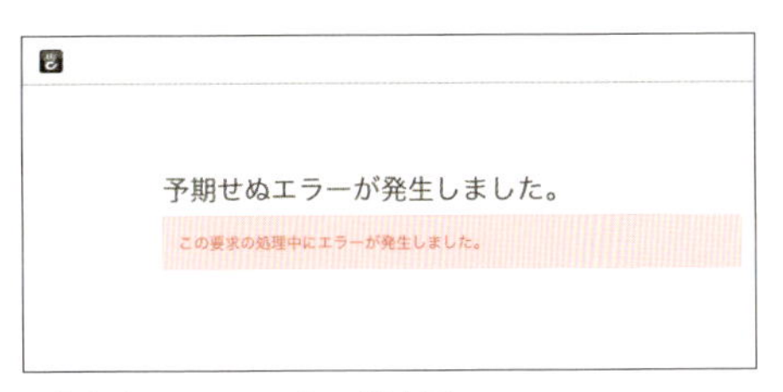

一般的なエラーメッセージ表示

● エラー情報を表示する

簡易的なエラー情報を含めてエラーメッセージを表示します。

- ［サイトユーザーにエラー情報を表示］にチェックを入れる
- ［エラーメッセージのみを表示］にチェックを入れる

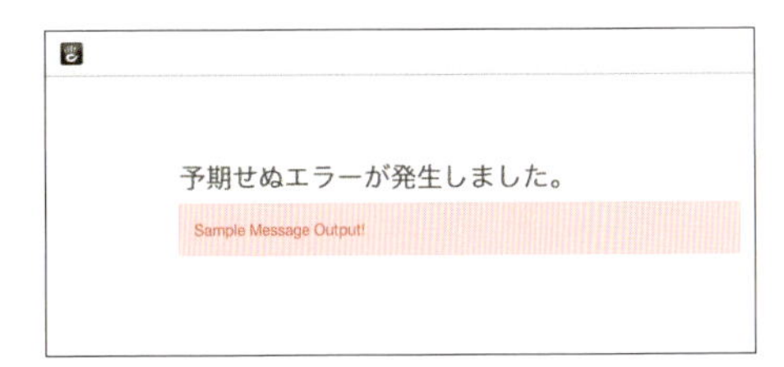

エラー情報を表示

● エラー情報を詳細に表示する

エラーのデバッグ出力を含めて表示します。

- ［サイトユーザーにエラー情報を表示］にチェックを入れる
- ［エラーのデバッグ出力を表示］にチェックを入れる

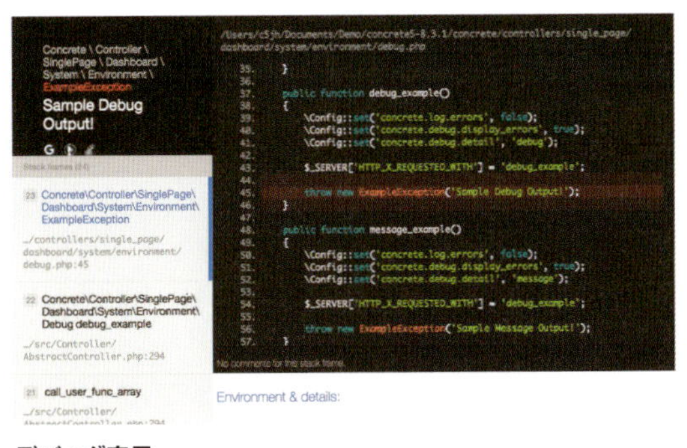

デバッグ表示

Step 02 サイト表示を高速化する

3-2（P.50）で無効にしたキャッシュの設定を有効にし、サイトの高速化をはかります。

1 ツールバー右上の［アイコン］アイコン→［システムと設定］の順にクリック❶し、「最適化」にある［キャッシュとスピード設定］をクリック❷します。

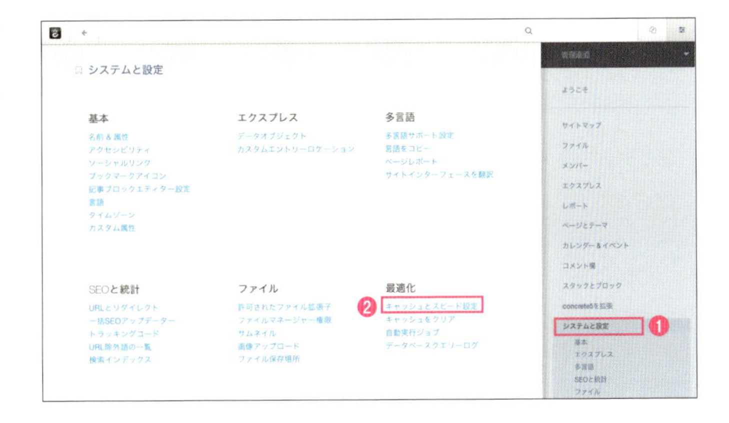

2　サイトの運用指針に合わせて設定を変更します。今回は、下記の項目を［有効］にしてください。

・ブロックキャッシュ
・テーマ CSS キャッシュ
・圧縮 LESS 出力
・CSS と Javascript キャッシュ
・オーバーライドをキャッシュ
・フルページキャッシュの［該当のページ上のブロックで許可されていれば］

「ページのキャッシュを期限切れにする。」はデフォルトの［毎 6 時間］を選択します。
設定したら［保存］ボタンをクリックします。

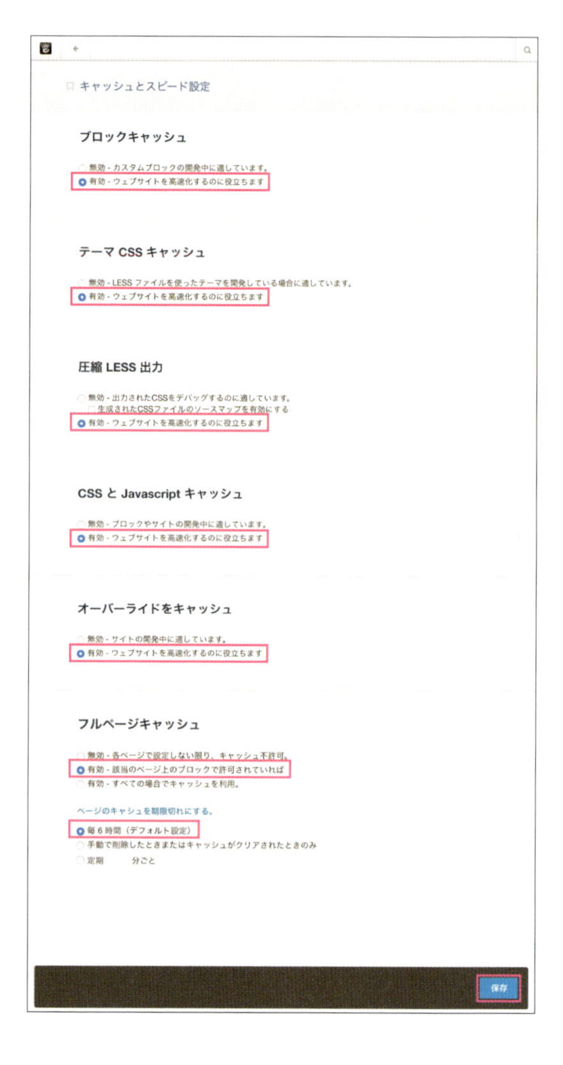

Step 03 トラッキングコードを埋め込む

管理画面からテーマのPHPファイルを直接編集せずにサイトのヘッダーとフッターにコードを挿入することができます。たとえば、アクセス解析のためのコードを追加する際に、この機能を利用してコードを埋め込みます。

1　ツールバー右上のアイコン→［システムと設定］の順にクリック❶し、「SEOと統計」にある［トラッキングコード］をクリック❷します。

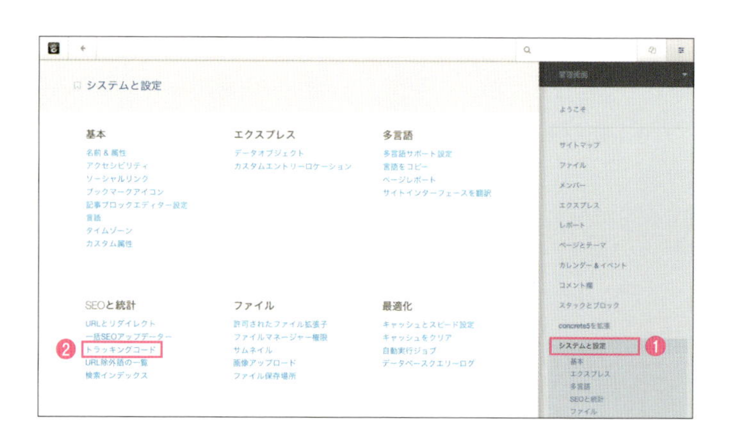

2 「ヘッダートラッキングコード」と「フッタートラッキングコード」に入力欄が分かれており、それぞれテーマに記載されている`<?php Loader::element('header_required'); ?>`と`<?php Loader::element('footer_required'); ?>`部分に出力されます。

アクセス解析サービスなどの指示にしたがって取得したコードを、いずれかもしくは両方に入力して［保存］ボタンをクリックします。

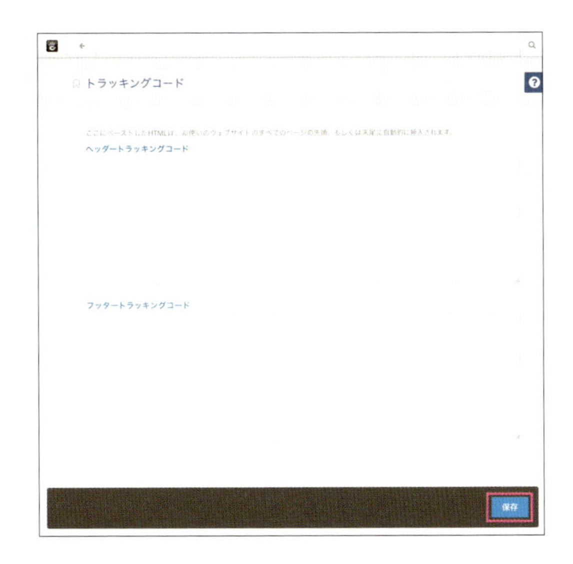

Step 04 URLからindex.phpを除く

concrete5のサイトのURLに含まれる「index.php」は、管理画面から設定することで除くことができます。

1 ツールバー右上のアイコン→［システムと設定］の順にクリック❶し、「SEOと統計」にある［URLとリダイレクト］をクリック❷します。

2 「URLとリダイレクト」ページに移動するので、「プリティーURL」の［URLからindex.phpを除く］にチェックを入れ❶、［保存］ボタンをクリック❷します。

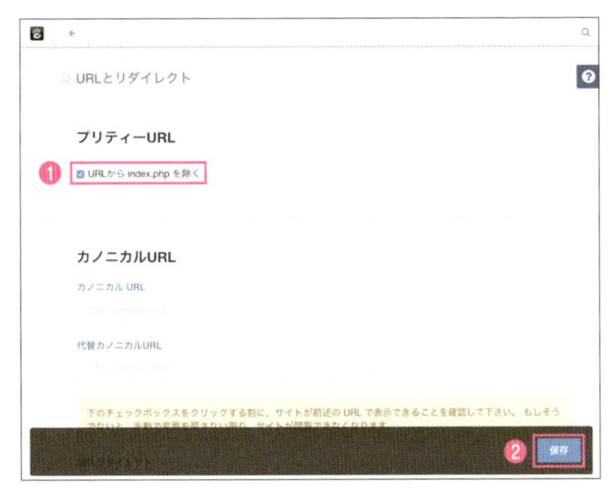

CHECK!　自動で設定が完了しない場合

サーバーによっては自動で設定が完了しないこともあるので、「サーバー設定を読み込めませんでした。」「サーバー設定を書き込めませんでした。」などの表示されたメッセージに応じて、手動でサーバーに合わせて.htaccessなどを作成し、設定する必要があります。

Step 05 adminユーザーIDを変更する

concrete5のスーパーユーザーは権限設定に関係なく、設定を変更したりページを閲覧したりできます。デフォルトではユーザーIDが「admin」となりますので、公開前には他人にわからないようにユーザーIDを変更しましょう。

1 ツールバー右上の☰アイコン→[メンバー]の順にクリック❶し、[admin]をクリック❷します。

2 基本情報の「ユーザーID」に表示された[admin]をクリックすると編集のための吹き出しが現れます。任意のIDを入力❶し、入力欄横の[チェックマーク]アイコンをクリック❷すると、設定を保存します。

Step 06 ブックマークアイコンを設定する

 sample-data ▶ Lesson14

他サイトとの差別化ができるようにブックマークアイコンの設定を行いましょう。concrete5の管理画面からはFavicon、iPhoneのサムネイル、Windows8のサムネイルをそれぞれ設定することができます。

1 ツールバー右上の☰アイコン→[システムと設定]の順にクリック❶し、「基本」にある[ブックマークアイコン]をクリック❷します。

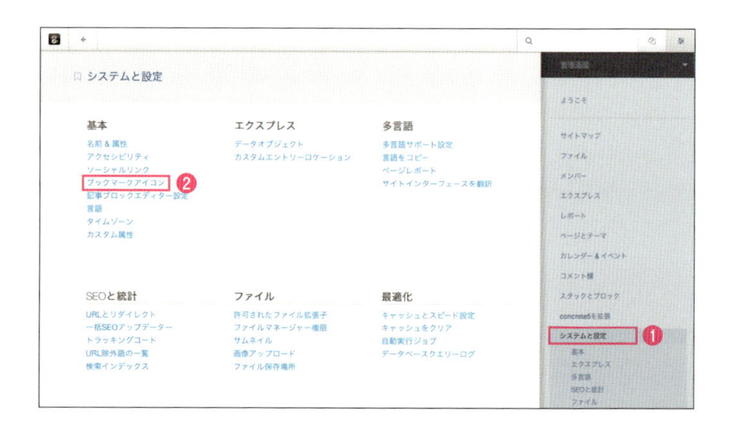

2 Faviconの［ファイルを選択してください］をクリックします。

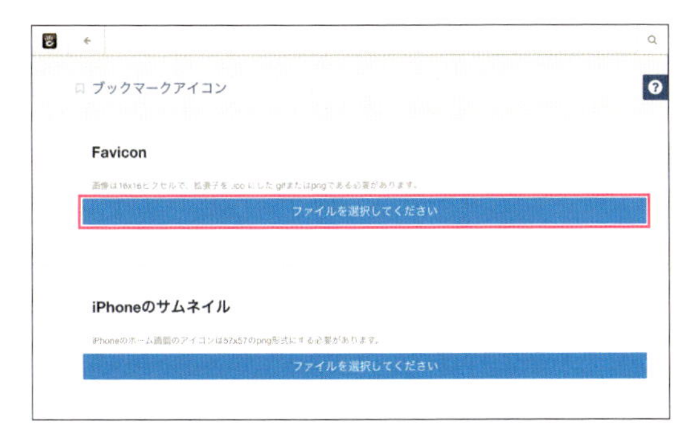

3 ファイルマネージャーが開くので、サンプルデータの「favicon.ico」をアップロードして選択します。

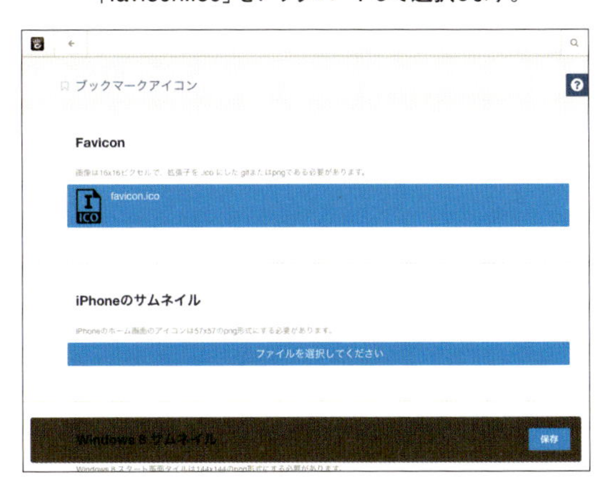

4 同じようにiPhoneのサムネイル、Windows8のサムネイルを追加し設定します。アップロードする画像は、サンプルデータの「iphone.png」と「windows8.png」を使用してください。完了したら、［保存］ボタンをクリックします。

5 保存が完了すると、「アイコンが正常に更新されました。」とメッセージが表示されます。ブラウザでfaviconを確認するときちんと変わったことがわかります。

iPhoneでも確認してみましょう。

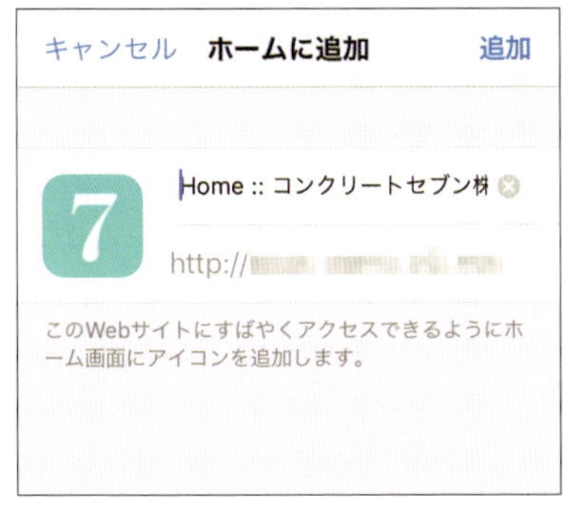

iPhoneの「Safari」で「ホーム画面に追加」する際に表示されるサムネイル画像（左）とホーム画面のアイコン（右）。

Step 07 メンテナンスモードを設定する

メンテナンスモードを有効にしてウェブサイトを開発していた場合は、無効にしてサイトを公開しましょう。

1 ツールバー右上のアイコン→［システムと設定］の順にクリック❶し、「権限とアクセス」にある［メンテナンスモード］をクリック❷します。

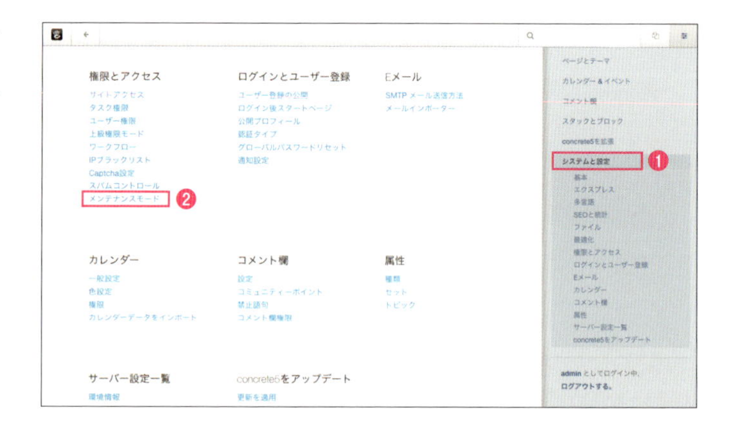

2 ［無効］を選択❶し、［保存］ボタンをクリック❷します。

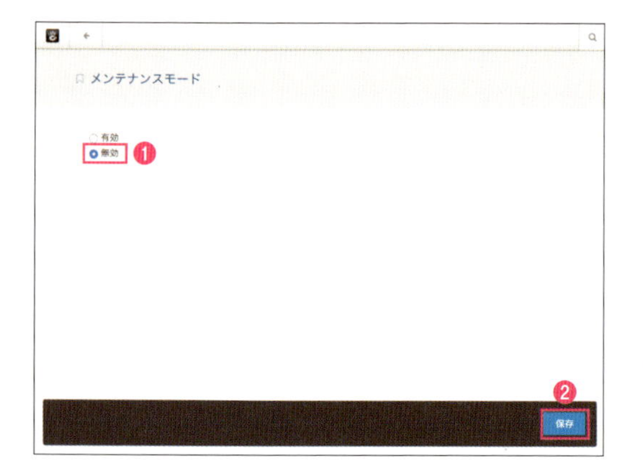

3 これでメンテナンスモードが解除されサイトが公開されました。

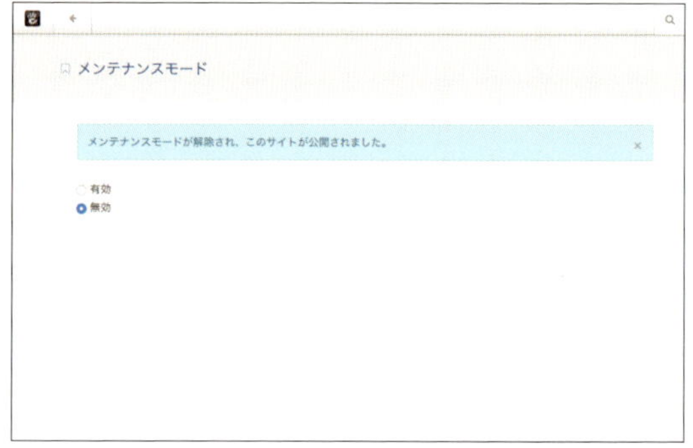

CHECK! メンテナンスモードで閲覧できる権限

どのユーザーがメンテナンスモード中にサイトを表示できるかを管理画面から設定することができます。［システムと設定］の「権限とアクセス」にある［タスク権限］に［メンテナンスモードでサイトを表示］という権限の項目があります。デフォルトでは「管理者」グループのみが許可されていますが、「編集者」グループも追加するなど自由に設定することができます。

管理画面>システムと設定>権限とアクセス>タスク権限

14-2 自動実行ジョブによるメンテナンス処理の実行

concrete5にはメンテナンス処理を簡単にしてくれる自動実行ジョブという機能があります。どのようなジョブが用意されているかを確認し、実際にジョブを実行する方法を学びましょう。

ジョブについて

ジョブはサイトをよりよい状態で運用するための機能です。ジョブはデフォルトで用意されているもの以外に、自作したりアドオンをインストールすることで追加することができます。

ジョブの種類

ここでは、標準で用意されているジョブについて説明します。

・検索エンジンインデックス（更新）

検索エンジンインデックスはconcrete5内の検索インデックスのことです。このジョブを実行することで、concrete5の検索機能が素早く正確に行えるようになります。追加や更新されたページだけインデックスを生成します。例外として、ページ属性「検索インデックスから除く」にチェックが入っているページの検索インデックスは生成されません。

・検索エンジンインデックス（すべて）

「検索エンジンインデックス（更新）」と同じく、concrete5の検索機能が素早く正確に行えるようになります。すべてのページをインデックスします。例外として、ページ属性「検索インデックスから除く」にチェックが入っているページの検索インデックスは生成されません。

・自動化されたグループの確認

concrete5のユーザーグループ機能は、自動的にグループに追加したり削除したりといったことが設定できます。このジョブを実行すると、それらの設定した処理を行います。

・sitemap.xmlファイルを生成する

Googleなどの検索エンジンがサイトをクロールする際に使われるsitemap.xmlファイルを生成します。sitemap.xmlに含めたくないページは、そのページの属性「sitemap.xmlから除く」にチェックを入れてください。

・メール投稿を処理

このジョブを実行すると、concrete5に送信されたメールを処理します。本書では取り扱いませんので説明は省略いたします。

・古いページバージョンを削除

ページバージョンとは、各ページで保存されている更新履歴のことです。そのままにしておくと膨大な量になり、サイトの表示が遅くなってしまう原因となりえます。このジョブを実行すると、各ページの最新の10バージョンを残してページバージョンを削除します。

・ギャザリングを更新

現在実装されていない機能でジョブだけが表示されている状態です。

・統計トラッカー更新

このジョブを実行すると、ファイルやスタックの使用状況などが確認できるようになります。

CHECK!　ジョブの削除

ゴミ箱アイコンが表示されているジョブは削除可能となっていますが、誤って削除してしまった場合は、日本語公式ホームページに掲載されている手順で復活させることができます。

https://concrete5-japan.org/help/5-7/recipes/reinstall-automated-jobs/

ジョブセットとは

ジョブセットは複数のジョブをまとめたものです。いくつかの処理をまとめて実行したいときに設定しておくと便利です。デフォルトでは「デフォルト」セットが用意されています。このセットを編集して利用してもよいですし、新規で自分用の組み合わせのジョブセットを作成してみてもよいでしょう。

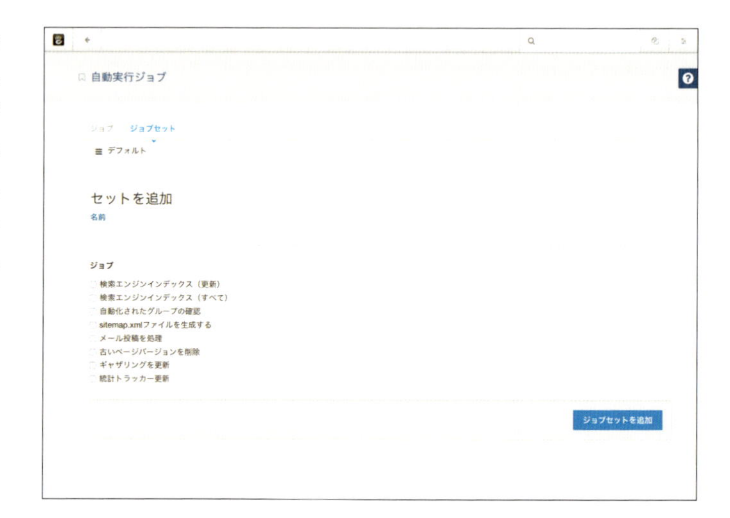

Step 01 ジョブを実行する

それでは実際にジョブを実行してsitemap.xmlファイルを生成してみましょう。

1　ツールバー右上の アイコン→［システムと設定］の順にクリック❶し、「最適化」にある［自動実行ジョブ］をクリック❷します。

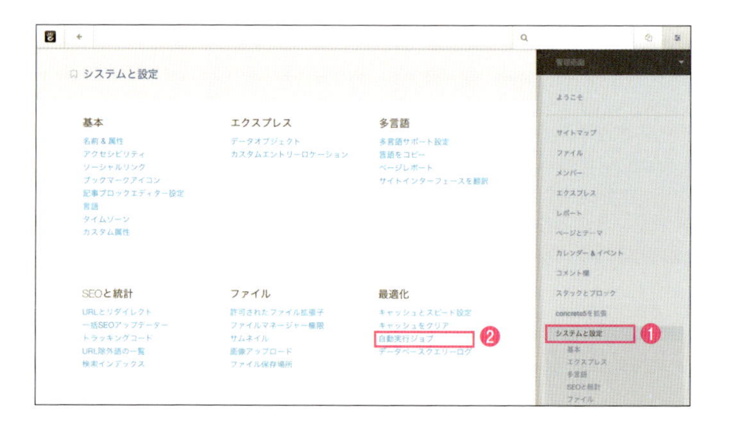

2 「sitemap.xmlファイルを生成する」の横の[実行]ボタンをクリックします。

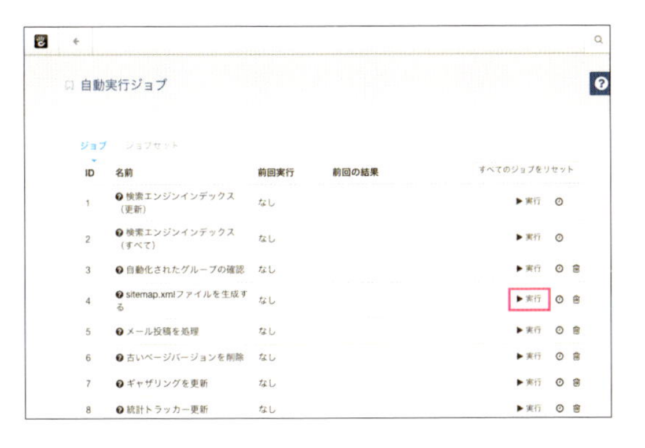

3 処理が開始され、完了すると「前回の結果」にメッセージが表示されます。メッセージ内のリンクをクリックすると、生成されたsitemap.xmlを確認できます。

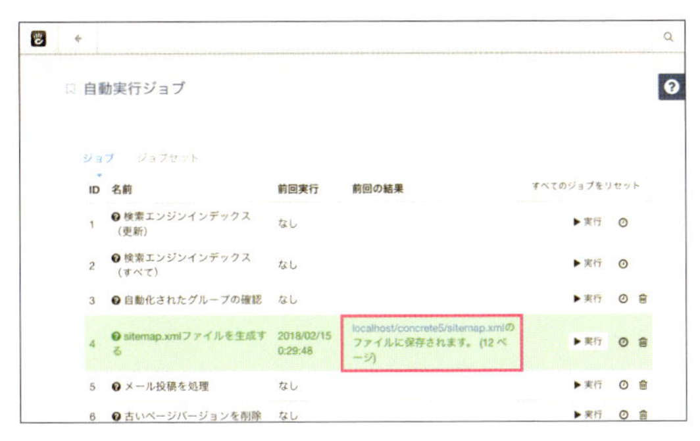

Step 02 ジョブの実行を自動化する

先ほどの手順で毎度ジョブを実行することもできますが、繰り返しの作業を手作業で行うことは不便です。concrete5にはジョブの実行を自動化する方法として「ページにアクセスがあったときに処理する方法」と「cronを利用する方法」の2種類が用意されています。本書では、ページにアクセスがあったときに処理する設定方法を解説します。cronを利用する場合の設定方法については、日本語公式ページ(https://concrete5-japan.org/help/5-7/recipes/set-up-cron/)を確認してください。

ジョブセットを追加する

1 「自動実行ジョブ」ページにある、[ジョブセット]タブをクリックします。

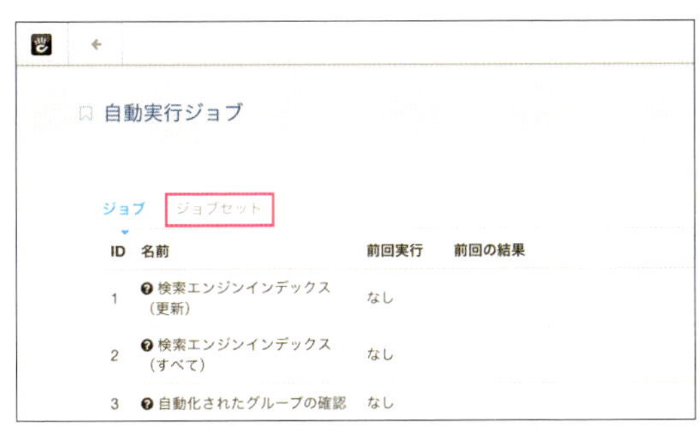

2 「セットを追加」の名前には「定期メンテナンス」と入力❶します。セット名に決まりがあるわけではないので、わかりやすいものをつけるとよいでしょう。今回設定するジョブは最低限必要になる

・検索エンジンインデックス(更新)
・sitemap.xmlファイルを生成する

にチェックを入れます❷。入力が完了したら、[ジョブセットを追加]ボタンをクリック❸します。

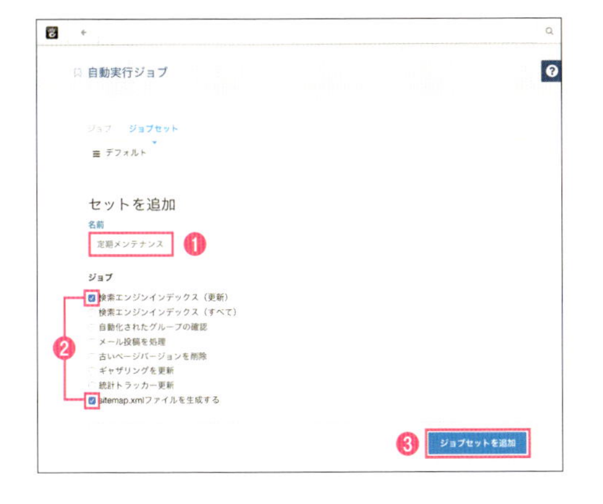

3 「ジョブセットを追加しました。」とメッセージが表示されたら、セットの準備は完了です。

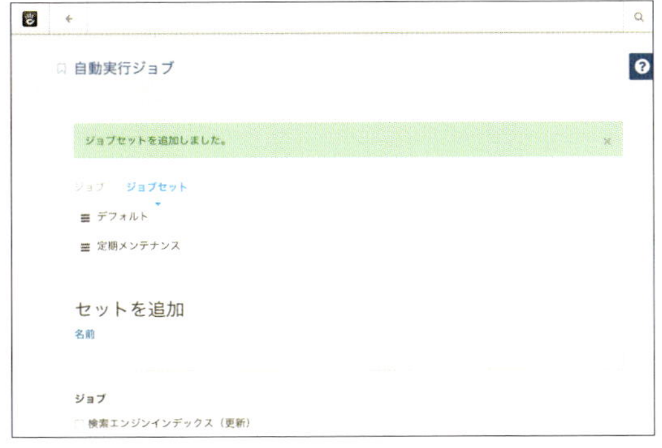

自動化設定をする

1　先ほど追加したジョブセットである［定期メンテナンス］をクリックします。

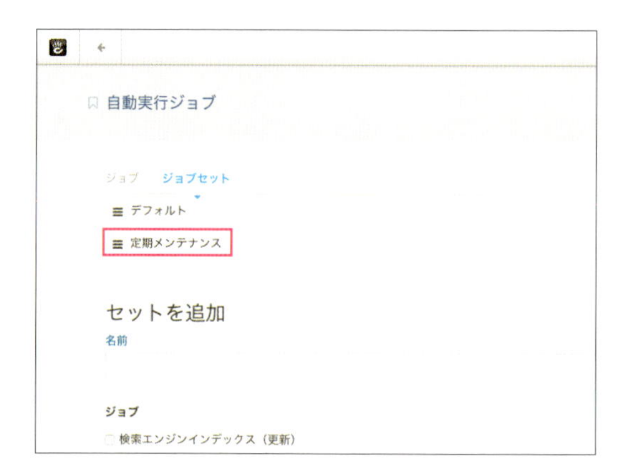

2　ページ下部にある「自動化の方法」の［ページにアクセスがあった時に処理します。］にチェックを入れ❶、［このジョブを処理する］間隔を「1日間」に設定❷しましょう。間隔は基本的にサイトの更新頻度に合わせて設定するとよいでしょう。設定後、［スケジュール設定を更新］ボタンをクリック❸します。

3　「ジョブセットのスケジュールが正常に更新されました。」とメッセージが表示されたら、自動化設定の完了です。

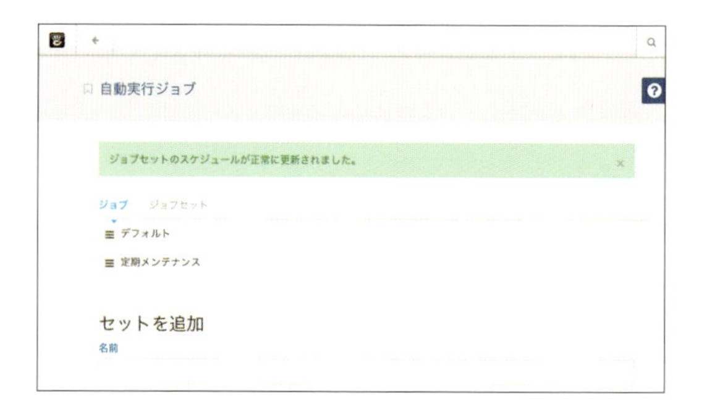

今回設定した自動化の方法は管理画面から簡単に行うことができますが、デメリットもあります。それは、ジョブを実行するタイミングでアクセスしてしまったユーザーのアクセス速度が低下してしまうことです。どのような用途のサイトなのかを考え、自動化する方法を選択するとよいでしょう。

concrete5を
アップデートしよう

concrete5は不定期にアプリケーションの新バージョンが公開されます。
concrete5を新しいバージョンにアップデートする方法を学習します。

Step 01 手動で管理画面からアップデートする

concrete5をアップデートする方法はいくつかありますが、本書では手動でアップデートする方法を説明します。説明に使用している画像はバージョン8.2.1から8.3.1にアップデートする際の表示となります。

他の方法については、concrete5日本語公式サイト（https://concrete5-japan.org/help/5-7/developer/installation/upgrading-concrete5/）を確認してください。

1 アップデート作業を行う前に、concrete5のファイルとデータベースのバックアップを取得しておきます。

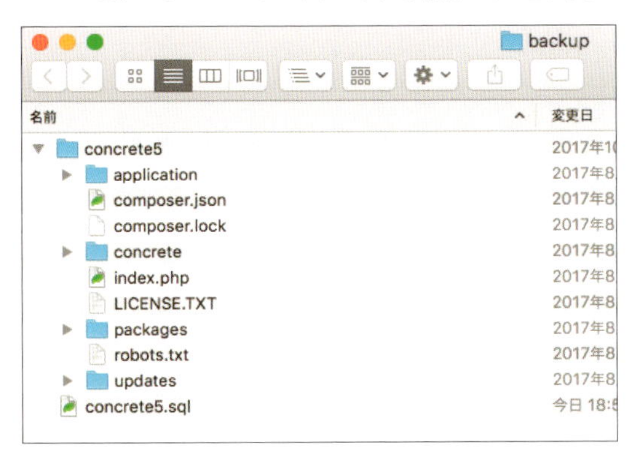

concrete5のファイルとデータベースをエクスポートしたsqlファイルをローカルに保存した状態。

2 日本語公式サイトダウンロードページにアクセスし、最新バージョンをダウンロードします。

https://concrete5-japan.org/about/download/

3 ダウンロードしたzipファイルを解凍します。

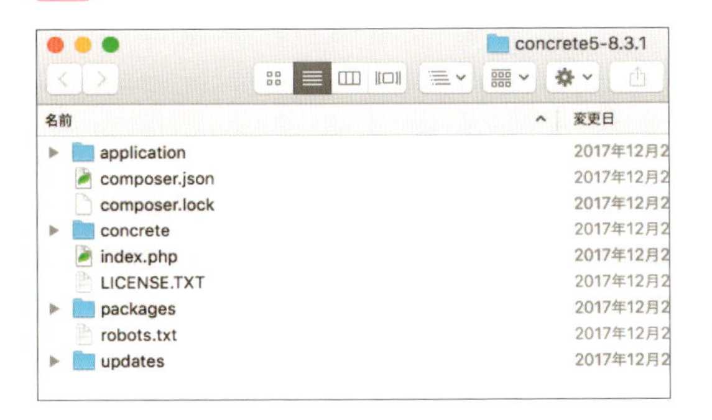

4 concreteフォルダ以外を削除します。concrete5-8.x.xといった名前のフォルダの中に、concreteフォルダが入っている状態になっているはずです。

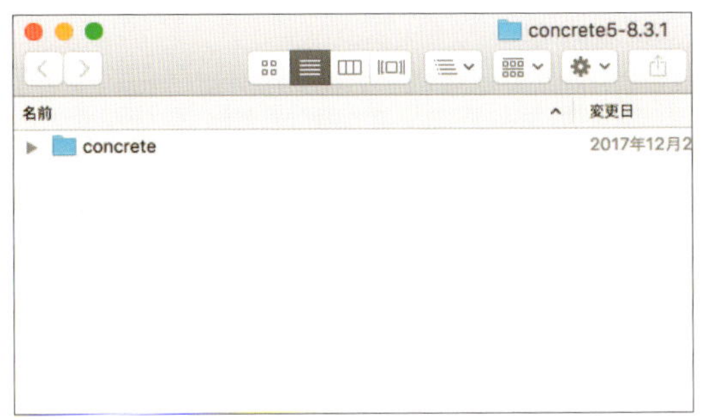

5 concrete5-8.x.xフォルダをサーバー上のupdatesディレクトリにアップロードします。

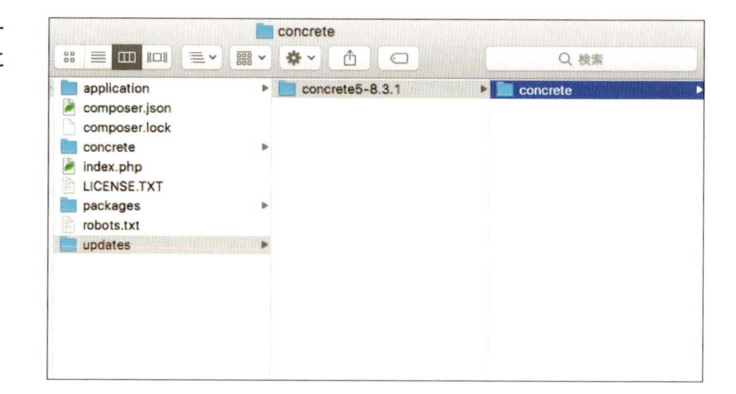

6 ブラウザからサイトにアクセスし、ツールバー右上の☰アイコン→［システムと設定］の順にクリック❶し、「concrete5をアップデート」にある［更新を適用］をクリック❷します。

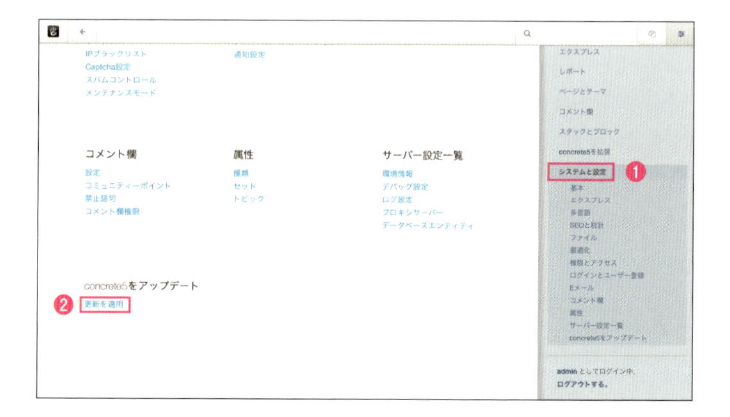

7 5でアップロードしたバージョンが表示されているので、［更新をインストール］ボタンをクリックします。

8 アップデートが完了すると、「8.x.xへのアップグレードが完了しました。」とメッセージが表示されます。［ホームに戻る］をクリックし、正しくサイトが表示されていることを確認しましょう。

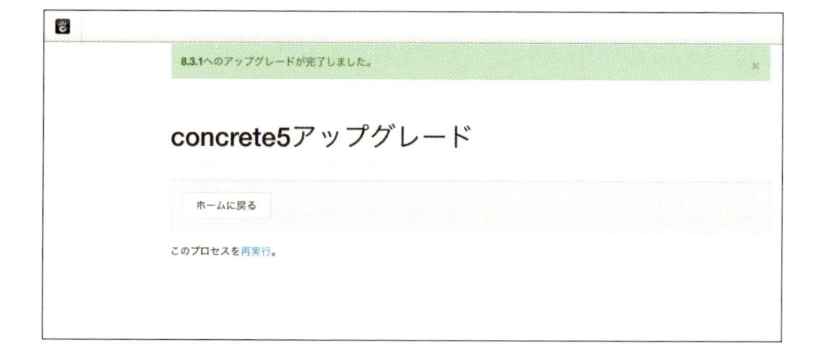

Step 02 表示用の言語を更新する

concrete5はもともと英語で作られており、日本語に翻訳した言語をインストールすることで、日本語表示を実現しています。concrete5をアップデートすると、メニューやメッセージが追加されることがあり、アップデートしただけでは言語は更新されないため、日本語の中に英語の表記が混じった状態となってしまいます。
そのようなときは言語の更新を行いましょう。管理画面から行うことができるので手順を説明します。

英語表記が表示された管理画面パネル

1 ツールバー右上の アイコン→［システムと設定］の順にクリック❶し、「基本」にある［言語］をクリック❷します。

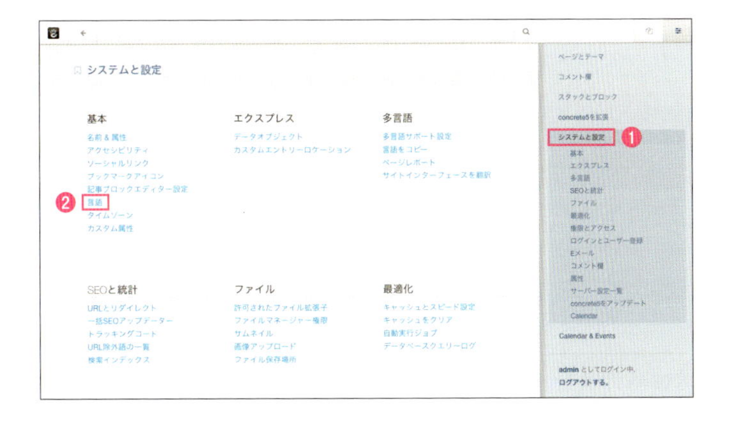

2 右上の［言語のインストール/更新］ボタンをクリックします。

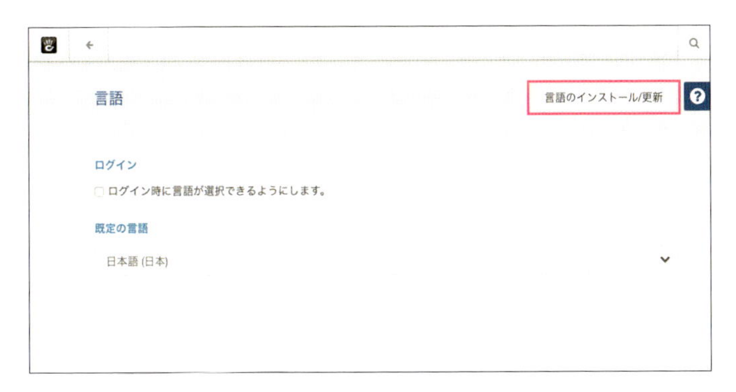

3 ここから言語のインストールや更新を行うことができます。今回は日本語を更新するので「インストールされている言語を更新」の中から「日本語（日本）」を探して、右にある［更新］ボタンをクリックしてください。

4 ボタンの表示が「更新されました」に変わったら、言語の更新は完了です。

5 別のページへ移動すると言語が更新され、先ほど英語で表示されていた部分が日本語表示になっていることを確認できます。

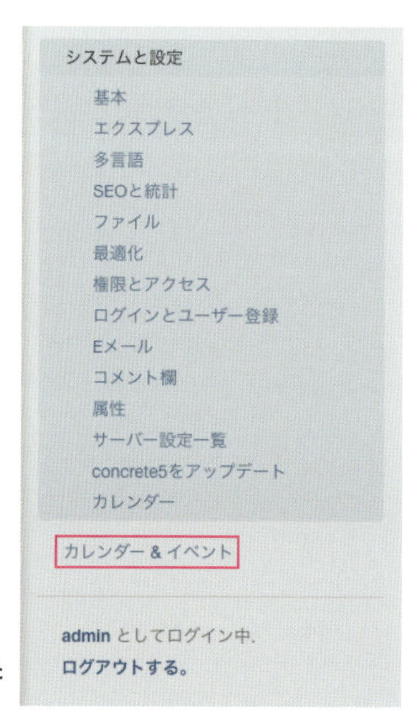

英語表記が日本語の表記に更新された管理画面パネル

14-4 ページバージョンを活用しよう

concrete5はページの変更をバージョンとして管理しています。
ここでは、バージョンを確認する方法とバージョンを戻す手順を説明します。

バージョンを確認する

バージョンを確認する方法には２種類あります。ページ設定パネルから確認する方法とフルサイトマップから確認する方法です。それぞれについて紹介します。

ページ設定パネルから

1　確認したいページに移動し、ツールバーの⚙アイコンをクリックし、[バージョン] をクリックします。

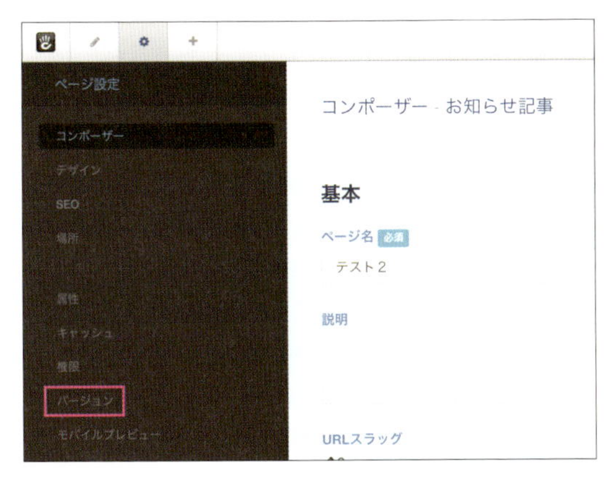

2　選択したページに保存されているバージョンが確認できます。上に表示されているのが新しいバージョンとなっています。背景が青色になっているのが現在公開されているバージョンです。

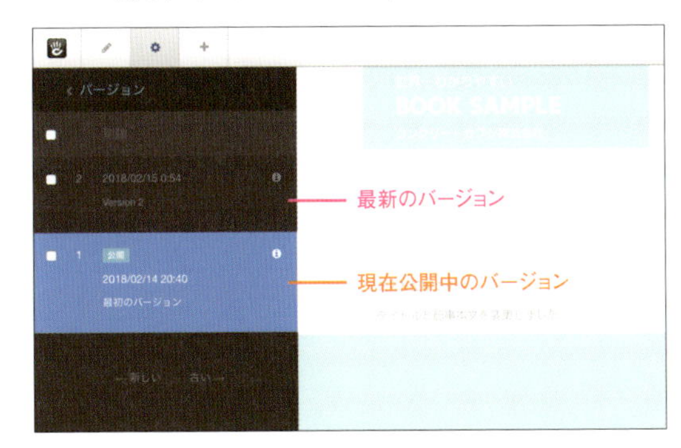

3　バージョンをクリックすると現れるメニューからさまざまなことができます。

承認	選択したバージョンが公開されます。すでに公開中のバージョンは承認できません。
複製	バージョンを複製します。最新バージョンを残しておきつつ、古いバージョンの状態から編集を行いたいときなどに使用します。
新しいページ	選択したバージョンを元に、新しいページを作成します。
削除	選択したバージョンを削除します。現在公開中のバージョンを削除するには、一度別のバージョンを承認する必要があります。削除したバージョンを戻すことはできないので、注意してください。

4 ページ設定パネルでバージョンを確認する場合、それぞれのバージョンの表示を確認することができます。
確認したいバージョンの左側のチェックを入れると、右側にゲストから見た状態が表示されます。複数選択すると、上部に選択したバージョン名のタブが表示されますので、クリックしプレビューを切り替えることができます。

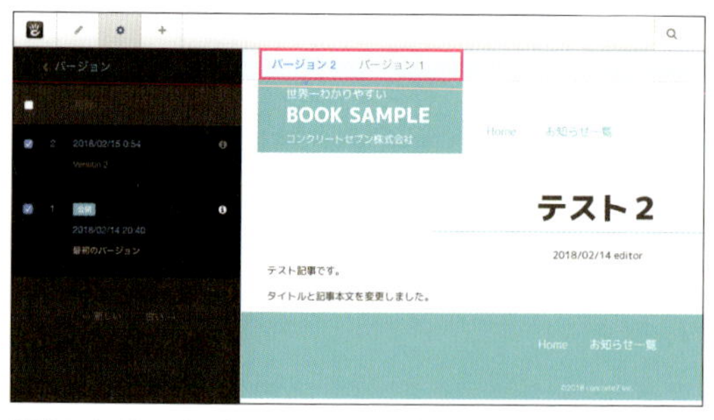

複数のバージョンを選択すると現れるバージョン表示。

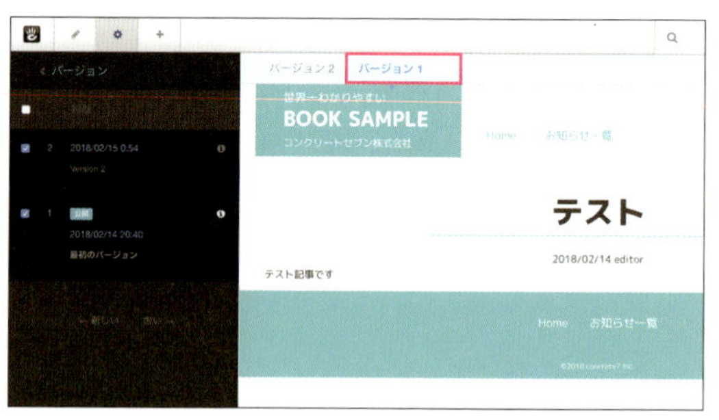

切り替えることでプレビューを確認することができます。

フルサイトマップから

ページの表示がおかしくなってしまいページ設定パネルが表示できないときや、戻すべきバージョンがプレビューしなくてもわかっている場合などは、フルサイトマップからバージョンを確認すると便利です。

1 ツールバーの[アイコン]アイコン→［サイトマップ］の順にクリック❶し、確認したいページをクリックするとメニューが現れるので［バージョン］をクリック❷します。

2 ページ設定パネルから確認したときと同じようにバージョンの一覧が表示され、バージョンをクリックするとP.267の **3** と同じメニューが現れます。

バージョンを戻す

サイトを運営していると、「更新作業中のページを間違えて公開してしまった」「前の状態に戻したい」などの状況になることがあります。そのような状況でもバージョンが残っていれば元に戻すことができます。

1 前の状態に戻したいページにアクセスし、ツールバーの⚙アイコンをクリックします。

2 ページ設定パネルの［バージョン］をクリックします。

3 戻したいバージョンをクリックし、現れたメニューの［承認］をクリックします。

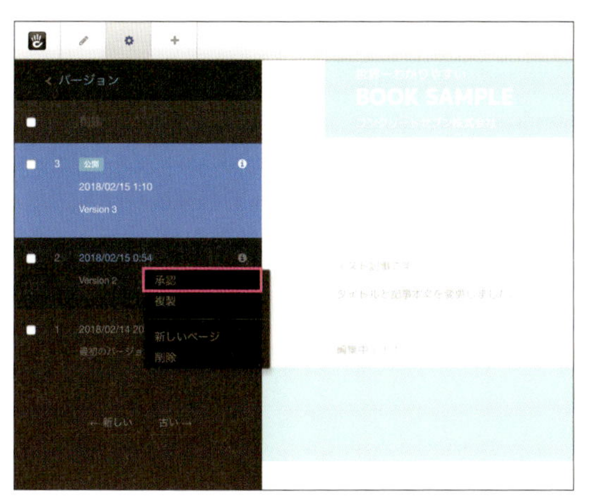

4 これで、公開されているバージョンが変わりました。

最新バージョンで編集を続ける場合は、このまま編集に戻りましょう。公開しているバージョンから編集をしたい場合は、最新バージョンを削除するか、公開しているバージョンを複製してください。

Exercise ─ 練習問題

新しいバージョンのconcrete5が公開されたので、公開中のサイトをアップデートすることになりました。
アップデート作業の前にサイトのバックアップを用意しますが、次のうち正しいバックアップ方法はどれでしょうか。

1. 開発環境のconcrete5のファイルとデータベースのバックアップを用意する
2. 公開中のサイトのconcrete5のファイルをFTPクライアントを使用してローカルPCにダウンロードする
3. 公開中のサイトのconcrete5のファイルをFTPクライアントを使用してローカルPCにダウンロードし、データベースをエクスポートしたファイルをローカルPCにダウンロードする
4. 公開中のサイトのconcrete5のファイルをFTPクライアントを使用してローカルPCにダウンロードし、データベースをエクスポートしたファイルをローカルPCにダウンロードしたあと、ローカル環境で正常にバックアップからサイトが復元できるかを確認する

1. ×
開発環境のサイトが最新である保証はありません。公開中のサイトをアップデートするので公開中のサイトのバックアップを用意しましょう。

2. ×
サイトのバックアップはconcrete5のファイルだけでは不完全です。データベースのデータも用意しましょう。

3. ○
concrete5のファイルとデータベースの2つがそろっているので、サイトのバックアップと言えます。

4. ◎
concrete5のファイルとデータベースの2つがそろっているうえ、きちんと復元できるかを事前に確認しておくと安心できるのでおすすめです。

Q

レッスンでは表示用の言語を更新する方法を紹介しました。その画面から表示用の言語を追加することもできます。実際に表示用の言語を1つ追加してみましょう。

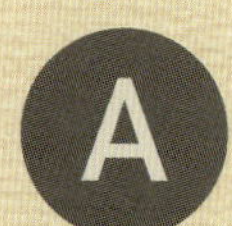

❶ツールバーの[アイコン]アイコン→［システムと設定］→「基本」にある［言語］の順にクリックします。
❷［言語のインストール / 更新］をクリックします。
❸「インストール可能な言語」の中からインストールしたい言語を選び、［インストール］をクリックします。
❹ボタンが「インストールされました」と変わったら、言語の追加は完了です。「言語」ページで追加した言語が選択できるようになりました。

もっとconcrete5を使いこなそう

An easy-to-understand guide to concrete5

Lesson 15

これまでconcrete5の基本からオリジナルのテーマ作成に至るまで学習してきました。concrete5にはまだまだたくさんの機能があります。このレッスンではconcrete5をより使いこなすためにいくつかの機能を抜粋して説明します。

15-1 スタックを使いこなそう

スタックはサイト内の複数箇所で同じコンテンツを表示させたいときに便利な機能です。ここではスタックの使い方について学習しましょう。

スタックとは

ウェブサイトを構築していると、複数のページでコンテンツを共有したいことがよくあります。すでに紹介しているconcrete5の機能としてサイト全体で特定の位置にコンテンツを共有できるグローバルエリアがありますが、スタックは任意のページごとに共通パーツを設置したい場合に使える機能です。複数のページで共通したコンテンツをページから切り離して管理画面で管理することができます。
スタックを利用するには、まず管理画面で作成したあと編集モードでエリアに追加します。

Step 01 スタックを作成する

今回は練習として記事と画像をまとめたスタックを作成します。

1 ツールバー右上の アイコン→［スタックとブロック］の順にクリックし、［新規スタック］ボタンをクリックします。

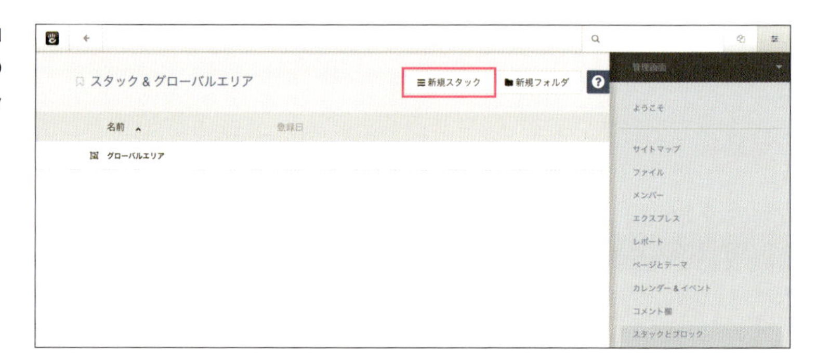

2 ［スタック名］を入力❶し、［スタックを追加］ボタンをクリック❷します。スタック名は日本語で問題ありません。

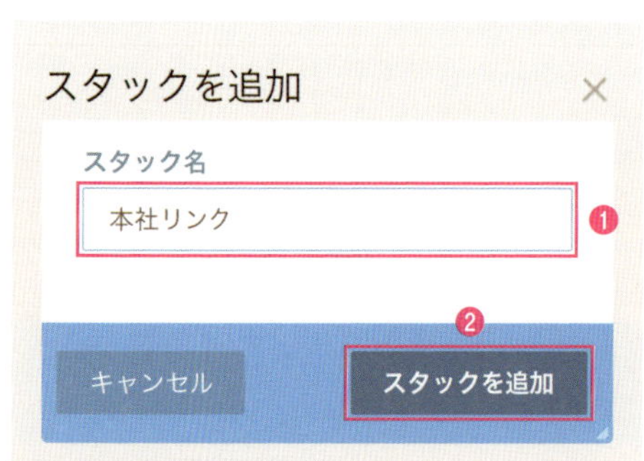

3 スタックが作成され、編集画面に移動します。［新規］→［ブロックを追加］の順にクリックします。

4 ［記事］をクリック❶すると「記事」ブロックが追加されエディターが開くので、入力❷後に［保存］ボタンをクリック❸します。

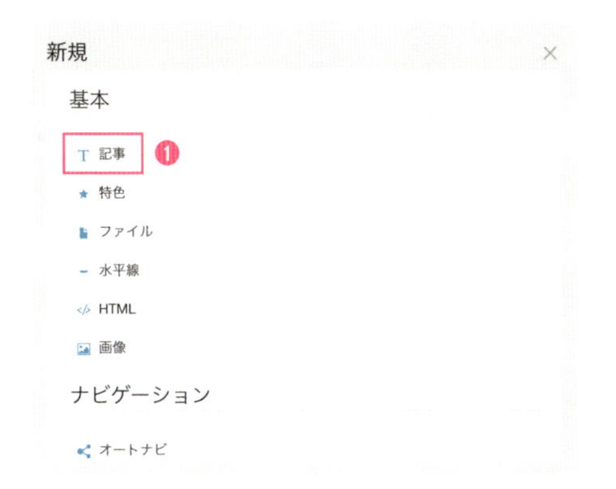

5 同じように**4**の「新規」ポップアップから「画像」ブロックも追加してみましょう。追加する画像はすでにファイルマネージャーに登録されている「image04.jpg」を使用しました。追加できたら、［変更を公開］ボタンをクリックします。
これでスタックの作成が完了しました。次はスタックをエリアに配置してみましょう。

CHECK! スタックの編集画面でできること

メニューから以下のことが行えます。追加したブロックは編集モードと同じように移動や編集ができます。

新規　バージョン履歴　名前変更　複製　スタック使用先　削除
ブロックを追加
クリップボードからペースト

新規（ブロックを追加）：スタックにブロックを追加できます。
新規（クリップボードからペースト）：スタックにクリップボードからブロックを追加できます。
バージョン履歴：スタックは独自にバージョン管理されています。未承認のバージョンを承認したり、バージョンのロールバックや削除が行えます。
名前変更：スタックの名前を変更することができます。
複製：新しいスタック名を設定し、スタックのコピーを作成することができます。
スタック使用先：スタックがどこで使用されているかリスト表示することができます。
削除：スタックを削除することができます。

Step 02 スタックを配置する

Step01 で作成したスタックをページに配置してみましょう。

1 スタックを配置したいページにアクセスし、ツールバーの[+]アイコンをクリックしたら、パネル上部をクリック❶し［スタック］に切り替え❷ます。

2 配置したい［*スタック名*］❶をエリアへドラッグ&ドロップ❷します。

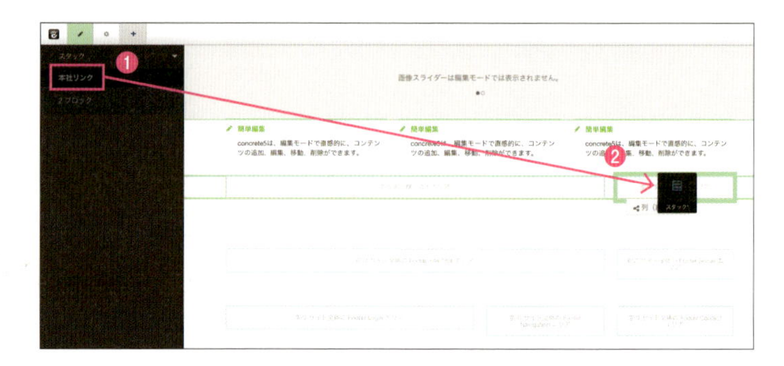

3 スタックがエリアに配置されました。

Step 03 スタックを編集する

次はStep02で配置したスタックを編集してみましょう。

1 編集モードで編集したいスタックをクリックすると現れるメニューの［スタックの内容を管理する］をクリックします。

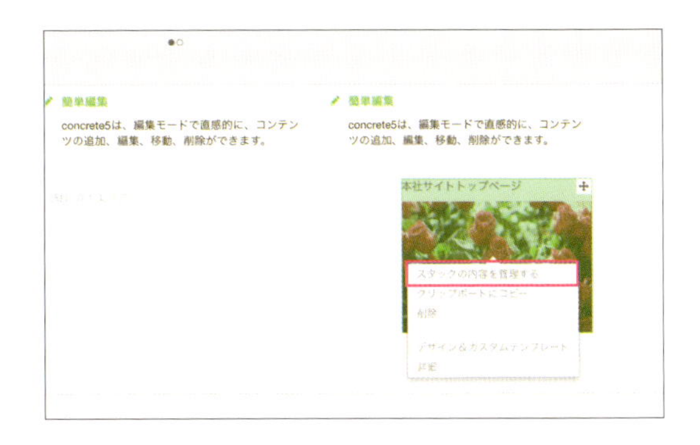

2 該当スタックの編集ページに移動します。編集したいスタックの名前がわかっている場合は、管理画面から直接アクセスしてもかまいません。

3 編集モードと同じようにブロックの追加や削除、編集が行えます。変更を加えたら［変更を公開］ボタンをクリックするまで公開されません。

CHECK! 多言語版のスタック

concrete5のサイトを多言語化している場合は、グローバルエリアと同じように多言語版のスタックを作成することができます。

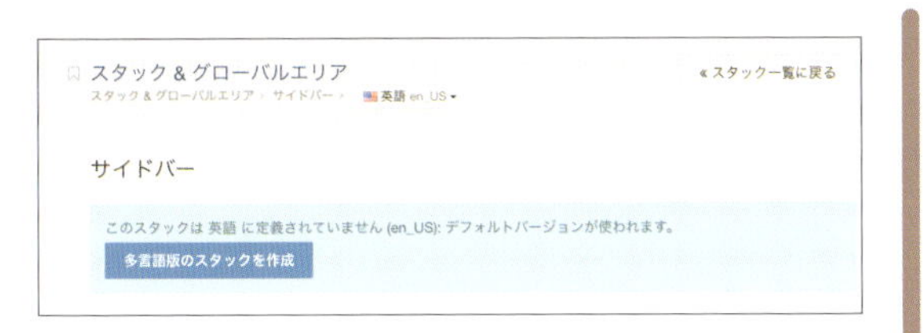

15-2 レスポンシブ画像に対応させよう

画像をレスポンシブ対応にすると、閲覧しているディスプレイの幅によって違うサイズの画像を表示することができます。concrete5では管理画面とテーマ側で設定することでレスポンシブ画像に対応できます。

Step 01 仕様を決める

まずは、レスポンシブ画像の仕様を決めましょう。今回は右記のようにブラウザの表示領域に合わせて、表示される画像のサイズが変化するようにします。

- ブラウザの表示領域の横幅が900px以上のとき
  → 横幅が1140pxの画像を表示
- ブラウザの表示領域の横幅が768px以上のとき
  → 横幅が940pxの画像を表示
- ブラウザの表示領域の横幅が0px以上のとき
  → 横幅が740pxの画像を表示

Step 02 サムネイルを設定する

10-3のサムネイルの設定（P.169）で行ったように「管理画面＞システムと設定＞ファイル＞サムネイル」ページで、レスポンシブ画像で使用するサムネイルのタイプを追加します。

追加するタイプは下記のとおりです。今回は3つのサムネイルタイプを追加します。

CHECK!

concrete5をインストールする際に「フルサイト」を選んだ場合は、すでに「small」と「medium」と「large」のサムネイルタイプが設定されているので、テーマの設定へ進んでください。

【タイプ1】

ハンドル	small
名前	小画像
幅	740
高さ	未入力
サイズモード	「縦横比維持でリサイズ」を選択

【タイプ2】

ハンドル	medium
名前	中画像
幅	940
高さ	未入力
サイズモード	「縦横比維持でリサイズ」を選択

【タイプ3】

ハンドル	large
名前	大画像
幅	1140
高さ	未入力
サイズモード	「縦横比維持でリサイズ」を選択

サムネイル　オプション　タイプを追加

ハンドル	名前	幅	高さ	サイジング	必須
file_manager_listing	ファイルマネージャーサムネイル	60	60	ちょうど	はい
file_manager_detail	ファイルマネージャー詳細サムネイル	400	400	ちょうど	はい
small	小画像	740	自動	縦横比維持	いいえ
medium	中画像	940	自動	縦横比維持	いいえ
large	大画像	1140	自動	縦横比維持	いいえ

サムネイルタイプを追加

Step 03 テーマを設定する

最後にテーマの設定ファイル（page_theme.php）のPageThemeクラス内にコードを記述します。

ソースコード page_theme.php（PageThemeクラス内）

```
1  class PageTheme extends \Concrete\Core\Page\Theme\Theme
2  {
3
4      public function getThemeResponsiveImageMap()
5      {
6          return [
7              'large' => '900px',
8              'medium' => '768px',
9              'small' => '0',
10         ];
11     }
12
13 }
```

この行はテーマによって記述が変わります

※このコードはサンプルのため、実際のファイルの行数とは異なります。

右のソースコードで示した7～9行目※の各行は

' サムネイルタイプのハンドル ' => ' 切り替えの横幅 '

となっています。

以上でレスポンシブ画像の対応は完了です。「記事」ブロックや「画像」ブロックで画像を配置すると、実際のソースコードは下記のように出力されます。

```
<img src="/application/files/4515/1747/6034/image02.jpg" alt="image02.jpg" width="2000" height="852">
```

レスポンシブ画像に対応していない場合

```
<picture>
  <!--[if IE 9]><video style='display: none;'><![endif]-->
  <source srcset="/application/files/thumbnails/large/4515/1747/6034/image02.jpg" media="(min-width: 900px)">
  <source srcset="/application/files/thumbnails/medium/4515/1747/6034/image02.jpg" media="(min-width: 768px)">
  <source srcset="/application/files/thumbnails/small/4515/1747/6034/image02.jpg">
  <!--[if IE 9]></video><![endif]-->
  <img src="/application/files/thumbnails/small/4515/1747/6034/image02.jpg" alt="image02.jpg">
</picture>
```

レスポンシブ画像に対応した場合

ブラウザの表示領域の横幅が900px以上のとき

ブラウザの表示領域の横幅が768px以上のとき

ブラウザの表示領域の横幅が0px以上のとき

15-3 カスタムCSSクラス機能に対応させよう

ウェブサイトをデザインするうえで欠かせないCSSですが、テーマ側であらかじめ設定しておくことにより、クリック操作でデザインの適用ができるようになる機能があります。

カスタムCSSクラス機能について

本書では、これまで学習してきたブロックやレイアウトのデザインを変更するのに使用したカスタムクラスや、ビジュアルエディターから選べるように設定したエディタークラスのことを、まとめてカスタムCSSクラス機能と呼びます。

カスタムクラスとエディタークラス

カスタムクラスは、エリアやブロックを囲むdivに任意のclass属性を編集モードから付与できる機能です。テーマ側で設定をしていなくても使用できますが、あらかじめ設定しておくことでクリックで選択できるようになります。

カスタムクラス

エディタークラスはテーマ側で設定をする必要がありますが、ビジュアルエディターで入力したインライン要素やブロック要素に対してスタイルを適用することができます。

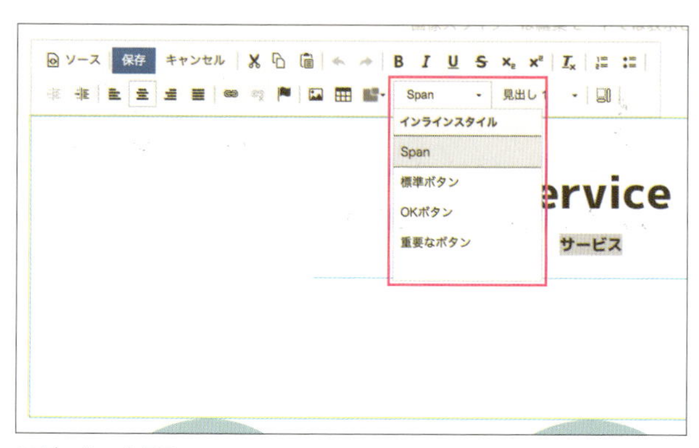

エディタークラス

カスタムCSSクラス機能を設定する

設定はテーマの設定ファイル（page_theme.php）のPageThemeクラス内に下記のようにコードを記述します。

エリアにカスタムクラスを設定する記述

ソースコード page_theme.php

```
public function getThemeAreaClasses()
{
    return [
        'エリア名' => ['クラス名'], // 例なので行ごと削除してから保存してください。
        'Page Footer' => ['area-content-accent'] // Page Footer エリアのメニューに area-content-
accent を表示
    ];
}
```

編集モードでの表示

ブロックにカスタムクラスを設定する記述

ソースコード page_theme.php

```
public function getThemeBlockClasses()
{
    return [
        'ブロック名' => ['クラス名'], // 例なので行ごと削除してから保存してください。
        'image' => ['image-thumbnail'], // 画像ブロックのメニューに image-thumbnail を表示
        '*' => ['my-style'] // 全てのブロックのメニューに my-style を表示
    ];
}
```

編集モードでの表示

エディタークラスを設定する記述

ソースコード page_theme.php

```
public function getThemeEditorClasses()
{
    return [
            ['title' => t('Title Thin'), 'spanClass' => 'title-thin', 'forceBlock' => 1],
            ['title' => t('Standard Button'), 'spanClass' => 'btn btn-default', 'forceBlock'
=> '-1'],
    ];
}
```

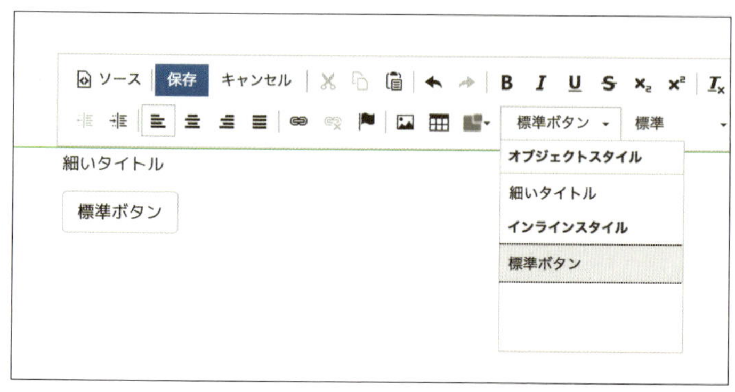

「記事」ブロックでの表示

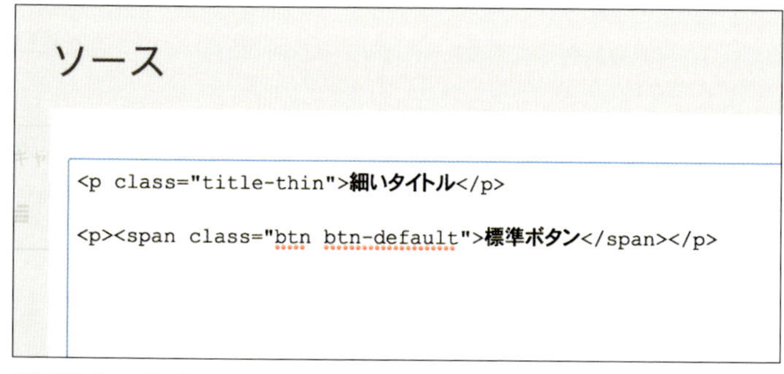

「記事」ブロックでのソース表示

エディタークラスの設定項目

title	エディターの「スタイル」に表示される名前
spanClass	テキストが囲まれるclass属性値
forceBlock	ブロック要素かインライン要素かの設定 0　自動判別（デフォルト） 1　ブロック要素で囲む -1 ブロック要素で囲まない

バージョン8.1.1以降ではさらに詳しくスタイルを設定することもできます。

ソースコード page_theme.php

```
public function getThemeEditorClasses()
{
    return [
        // オブジェクトスタイル(ブロック要素)
        [
            'title' => t('Title Thin'),
            'element' => 'h2',
            'styles' => ['color' => 'Blue'],
        ],
        // インラインスタイル(インライン要素)
        [
            'title' => t('CSS Style'),
            'element' => 'span',
            'attributes' => ['class' => 'my-style'],
        ],
        [
            'title' => t('Marker: Yellow'),
            'element' => 'span',
            'styles' => ['background-color' => 'Yellow'],
        ],
    ];
}
```

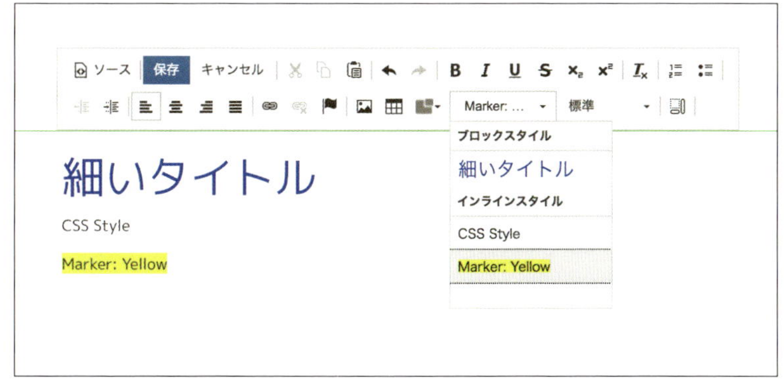

「記事」ブロックでの表示

ソース

```
<h2 style="color:Blue;">細いタイトル</h2>

<p><span class="my-style">CSS Style</span></p>

<p><span style="background-color:Yellow;">Marker: Yellow</span></p>
```

「記事」ブロックでのソース表示

15-4 アセットシステムを使ったCSS/JavaScriptの依存管理

Lesson09で使用したアセットシステムについて、実際に使用する手順とともに詳しく説明します。

アセットシステムとは

アセットシステムはCSSやJavaScriptをグループで管理し、不要なファイルを読み込んだり、複数回同じファイルを読み込んで干渉してしまうことを防ぐ機能です。また、複数のファイルを結合して圧縮することができます。
CSSやJavaScriptはテーマのテンプレートファイルで直接読み込むこともできますが、ブロックがjQueryを必要としていた場合、テーマですでにjQueryを読み込んでいるかどうかを判別することができません。そのため、ブロックとページのテンプレートで同じJavaScriptを2回読み込んでしまいエラーになり、concrete5のインターフェースが動かなくなってしまう可能性があります。そういった問題を回避するためにconcrete5のアセットシステムを利用してCSSやJavaScriptを読み込むようにしてください。

アセットシステムを使う

ここではアセットシステムを利用してコアに含まれているjQueryとFont Awesomeをテーマで使用する手順を説明します。アセットを使うには、アセットのハンドルと種類を確認し、それらをテーマの設定ファイルに記述します。

アセットのハンドルと種類を確認する

1　concrete/config/app.phpをテキストエディターで開きます。このファイルはコアで定義されているアセットを確認できますが、CSSやJavaScriptなどのアセットのほかにもさまざまな設定を定義しているコアのファイルなので、絶対に編集などはせずに確認するだけにしてください。

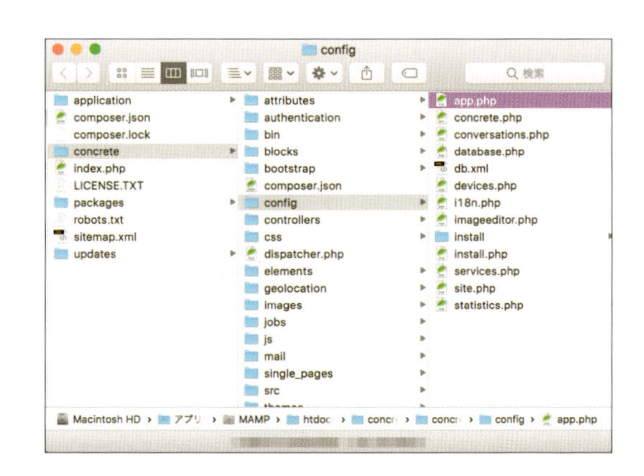

2　CSSやJavaScriptなどのアセットは、連想配列として定義されており、"assets"というキーのところで確認できます。

ソースコード app.php

```
/*
 * Assets
 */
'assets' => [
// ここに定義されている
],
```

3 この中から読み込みたいアセットのハンドルとアセットの種類を探します。下記はjQuery部分の記述です。

ソースコード app.php

```
'jquery' => [
    [
        'javascript',
        'js/jquery.js',
        ['position' => Asset::ASSET_POSITION_HEADER, 'minify' => false, 'combine' => false],
    ],
],
```

上記の場合、アセットのハンドルは'jquery'、アセットの種類は'javascript'です。

4 Font Awesomeは下記の記述です。

ソースコード app.php

```
'font-awesome' => [
    ['css', 'css/font-awesome.css', ['minify' => false]],
],
```

アセットのハンドルは'font-awesome'、アセットの種類は'css'です。

以上で、アセットの確認ができました。

アセットを読み込む設定をする

アセットのハンドルと種類を調べたら、テーマからそれらを読み込む設定をします。
テーマの設定ファイル(page_theme.php)のPageThemeクラス内に下記を追加します。

ソースコード page_theme.php

```
public function registerAssets()
{
    $this->requireAsset('css', 'font-awesome');
    $this->requireAsset('javascript', 'jquery');
}
```

以上で、このテーマを使用しているページでjQueryとFont Awesomeが読み込まれるようになります。

INDEX

さ

た

な

は

ま

や

ら

わ

アートディレクション　山川香愛
カバー写真　川上尚見
カバー&本文デザイン　原 真一朗（山川図案室）
本文レイアウト　SeaGrape
イラスト　角田綾佳
編集担当　橘 浩之

世界一わかりやすい
concrete5
導入とサイト制作の教科書

2018年4月29日　初版　第1刷発行

著　者	庄司早香、菱川拓郎
監　修	コンクリートファイブジャパン株式会社
発行者	片岡　巌
発行所	株式会社技術評論社 東京都新宿区市谷左内町21-13 電話 03-3513-6150　販売促進部 03-3513-6160　書籍編集部
印刷／製本	共同印刷株式会社

ISBN978-4-7741-9651-0　C3055　Printed in Japan

●**お問い合わせに関しまして**

本書に関するご質問については、右記の宛先にFAXもしくは弊社Webサイトから、必ず該当ページを明記のうえお送りください。電話によるご質問および本書の内容と関係のないご質問につきましては、お答えできかねます。あらかじめ以上のことをご了承の上、お問い合わせください。
なお、ご質問の際に記載いただいた個人情報は質問の返答以外の目的には使用いたしません。また、質問の返答後は速やかに削除させていただきます。

宛先：〒162-0846
東京都新宿区市谷左内町21-13
株式会社技術評論社　書籍編集部
「世界一わかりやすいconcrete5
導入とサイト制作の教科書」係
FAX：03-3513-6167

●**技術評論社 Webサイト**
http://gihyo.jp/book/

著者略歴

庄司早香（Hayaka Shoji）

1991年（平成3年）千葉県生まれ。
新卒で印刷会社にDTPデザイナーとして入社。DTP業務のほか、販促企画、Webサイト制作に携わる中、concrete5に出会う。その後、コンクリートファイブジャパン株式会社でデザイナーとして従事、現在はフリーランスとして活動。concrete5ユーザーコミュニティーでは、エバンジェリストとしてイベントに登壇するなど活動。求職者支援訓練の講師経験もある。concrete5の基本機能をいかしたサイト構築を得意とし、手がけたサイトは大学などの教育機関、公共企業体、コーポレート、ショッピングセンターなど幅広い。主にマークアップからCMSの構築まで担当。concrete5の好きな機能はページ属性と権限。

菱川拓郎（Takuro Hishikawa）

Lesson01（1-1、1-3、1-4）
Lesson08（8-2）

大阪のWeb制作会社にてマークアップエンジニア、神戸のWebサービス運営会社にて企画・開発ディレクターとして勤務ののち、2010年よりフリーランスのディレクター兼エンジニアとして独立。2009年に出会ったオープンソースCMS「concrete5」に惚れ込み、2012年にコンクリートファイブジャパン株式会社を設立、代表取締役社長に就任。「世界を相手に戦う日本企業をサポートする」をミッションに、concrete5を中心にした様々なサービスの提供を行なっている。近著に『concrete5 公式活用ガイドブック』（マイナビ）、『エンジニアのためのWordPress開発入門』（技術評論社）。CPIエバンジェリスト、Mautic Meetup Tokyo オーガナイザーとしても活動。